DIE BESIEDELUNG DES MARS

AUFBRUCH IN DIE ZUKUNFT

Florian M. Nebel

Motor
buch
Verlag

Einbandgestaltung: Frank Zähringer

Bildnachweis: Sofern nicht anders vermerkt stammen die Bilder vom Autor bzw. aus dessen Archiv.
Cover-Bild: NASA/JPL-Caltech

ISBN 978-3-613-04259-9

1. Auflage 2020

Sie finden uns im Internet unter www.motorbuch-verlag.de

Innengestaltung: WS – WerbeService Linke, 76185 Karlsruhe
Druck und Bindung: DZS Grafik, d.o.o., 1210 Ljubljana-Sentvid
Printed in Slovenia

Inhalt

Vorwort

Liebe Leserin, lieber Leser,

der Mars fasziniert uns Menschen nicht erst seit Beginn des Raumfahrtzeitalters. Aber seitdem eben besonders, denn er wird über kurz oder lang der erste planetare Außenposten der Menschheit im All werden. Dieses Buch ist sowas wie eine Machbarkeitsstudie mit Kostenschätzung. Mein Ziel war es herauszufinden, ob eine Besiedlung des Mars mit heutiger Technologie machbar und finanzierbar ist. An manchen Stellen ist diese Frage einfach, an anderen etwas schwieriger zu beantworten, entsprechend geht das Buch manchmal etwas mehr in die Tiefe, manchmal etwas weniger.

Nicht alle Probleme, die mit einer Marsreise zu tun haben, sind heute schon gelöst. Manche Dinge werden so kommen, wie ich sie umrissen habe, andere nicht. Dennoch hoffe ich, dass das Buch inspiriert und vielleicht neue Denkanstöße gibt.

Oft werde ich gefragt: Warum habe ich dieses Buch geschrieben? Als Kind des oben schon genannten Raumfahrtzeitalters, das mit Star Trek, Star Wars und anderen Science-Fiction-Filmen aufgewachsen ist, träume ich natürlich davon, den Anfang einer dieser Utopien mitzuerleben, den Anfang der Besiedlung des Weltraums. Mich hat persönlich interessiert, ob es technisch und finanziell möglich ist, den Mars zu besiedeln. Existierende Literatur hat mir zu sehr auf hypothetischen zukünftigen Technologien aufgesetzt und darüber hinaus die Frage nach der Bezahlbarkeit weitgehend ignoriert.

Der wichtigste Aspekt einer zukünftigen Marssiedlung ist für mich Nachhaltigkeit. Die Besiedlung des Mars wird enorm viel Geld kosten. Ich denke für dieses Geld sollte man auch etwas mehr bekommen als Erinnerungsfotos, Museumsstücke und Helden. Wenn man sich dieser Aufgabe annimmt, dann sollte man es auch, tun um zu bleiben. Für immer.

In diesem Sinne ist meine Vision von einer Marssiedlung gestaltet. Ich hoffe sie setzt sich durch. Leider ist bis dahin noch ein gesellschaftlicher Wandel notwendig. Zu abwegig ist vielen noch der Gedanke einer Reise zum Mars ohne Wiederkehr. Ich hoffe dieses Buch kann hier etwas Überzeugungsarbeit leisten und aufzeigen, dass ein Umzug von der Erde zum Mars vielleicht sogar besser ist, als nur ein paar Monate „Urlaub“ dort zu verbringen.

Nun wünsche ich viel Freude bei der Lektüre und freue mich, wenn Sie das Buch gut unterhält und idealerweise Ihr Wissen über den Mars und seine mögliche Besiedelung vertieft.

Dr. Florian M. Nebel
Pfaffenhofen, im Frühjahr 2020

Für Yvonne und Phoebe

Reflektion von Mars und Milchstrasse im Stoney Lake in Kanada. [1B]

Geschichte von Mensch und Mars

Mars – der rote Planet, der kleine Bruder der Erde, Gott des Krieges. Seit Beginn des Sonnensystems zieht er seine Bahnen, mal nah, mal fern, durchstreift er den Nachthimmel, fordert uns heraus: Kommt doch wenn ihr könnt!

Beim Blick in den Nachthimmel haben unsere Vorfahren schon Objekte erkannt, die sich schneller bewegen als alle anderen, darunter auch den Mars, das vierthellste Objekt am Nachthimmel, nach Mond, Venus und Jupiter. Die älteste dokumentierte Erfassung des roten Planeten geht auf die Sternenkarte des Ägypters Senenmut zurück, datiert auf 1534 v. Chr. Bereits den alten Ägyptern war bekannt, gelegentlich eine Rückwärtsbewegung ausführt, bei der es von der Erde aus betrachtet, für eine gewisse Zeit, so aussieht, als ob sich der Mars rückwärts, entgegen seiner eigentlichen Umlaufrichtung bewegt.

Chinesische Aufzeichnungen zur Marsbeobachtung gehen bis auf die Zhou Dynastie, 1045 v. Chr., zurück. Es dauerte allerdings bis 618 n. Chr., ehe das Verhalten des roten Planeten am Nachthimmel bekannt war.

Im Neubabylonischen Reich, 626 bis 539 v. Chr., fanden bereits systematische Beobachtungen des Nachthimmels statt. Das Verhalten des Mars wurde studiert und die synodische Periode, die Zeit zwischen zwei größten Annäherungen an die Erde, wurde bereits ziemlich akkurat auf 779 Tage bestimmt. Die Babylonier assoziierten den Himmelskörper mit Nergal, ihrem Gott für Krieg und Pestilenz.

Beeinflusst von dieser Verbindung assoziierten die Griechen den Himmelskörper mit ihrem Kriegsgott, Ares, und prägten das Wort *planeton* als Sammelbegriff für jene Himmelskörper die sich gegenüber den Fixsternen bewegten. Plato und später sein Schüler Aristoteles beschäftigten sich mit dem Abstand der Planeten von der Erde. Basierend auf eigenen, ägyptischen und babylonischen Beobachtungen von Okulationen, dem blockieren der Sicht auf einen Himmelskörper durch einen anderen, Schlussfolgerten die beiden Gelehrten hinsichtlich des Abstands von der Erde: Mond, Sonne, Venus, Merkur, Mars, Jupiter, Saturn und anschließend die Fixsterne.

Bereits zu dieser Zeit setzte sich das geozentrische Weltbild durch ehe es im 2. Jahrhundert n. Chr. Im römisch besetzten Ägypten durch Ptolemäus perfektioniert wurde. Vom römischen Kriegsgott, Mars, leitet sich bis heute der Name des Planeten ab. Das von Ptolemäus aufgestellte geozentrische Weltbild hatte 14 Jahrhunderte bestand, ehe es im 16. durch die Erfindung des Teleskops, ins Wanken gebracht und später gestürzt wurde.

1610 war es Galileo Galilei der den Mars als erster Mensch durch ein Teleskop beobachtete. Noch waren Teleskope zu primitiv um Details der Marsoberfläche zeigen zu können. Galilei setzte sich zum Ziel herauszufinden ob es Marsphasen, ähnlich den Mondphasen gab. Seine Beobachtungen zeigten allerdings lediglich eine Veränderung der sichtbaren Größe des Planeten. Erst im Jahr 1645 gelang es dem Polen Johannes Hevelius die Phasen des Mars zu beobachten.

Etwa zur selben Zeit beschrieb der Jesuit Daniello Bartoli zwei auffallend dunkle Flecken auf der Marsoberfläche. Während der Erde Mars Oppositionen, Zeiten geringstem Abstand zwischen Erde und Mars, in den Jahren 1651, 1653 und 1655 bestätigten die italienischen Astronomen Giovanni Riccioli und Francesco Grimaldi diese Beobachtung.

Vier Jahre später, 1659, veröffentlichte der holländische Astronom Christiaan Huygens die erste Karte vom Mars die neben dem heute Syrtis Major Planum genannten Region mit niedriger Reflektivität auch eine Polkappe zeigt. Huygens, war auch der erste der die Rotation des Mars zu ungefähr 24 Stunden bestimmte. Die Messung wurde erst 1666 durch den Italiener Giovanni Cassini überboten, der mit seinen Beobachtungen den Marstag zu 24 Stunden und 40 Minuten bestimmte, nur 3 Minuten neben der heute akzeptierten Rotationszeit. 1672 identifizierte Cassini eine weiße Kappe am Nordpol.

Die Polkappen wurden von dort ab, das Ziel weiterer Beobachtungen. 1704 beobachtete Cassinis Landsmann Jaques Maraldi, dass die Kappe am Südpol in ihrer Größe zeitlich variiert. Von 1777 bis 1784 beobachtete der deutschstämmige Brite Sir William Herschel, die Polregion und beobachtete jahreszeitliche

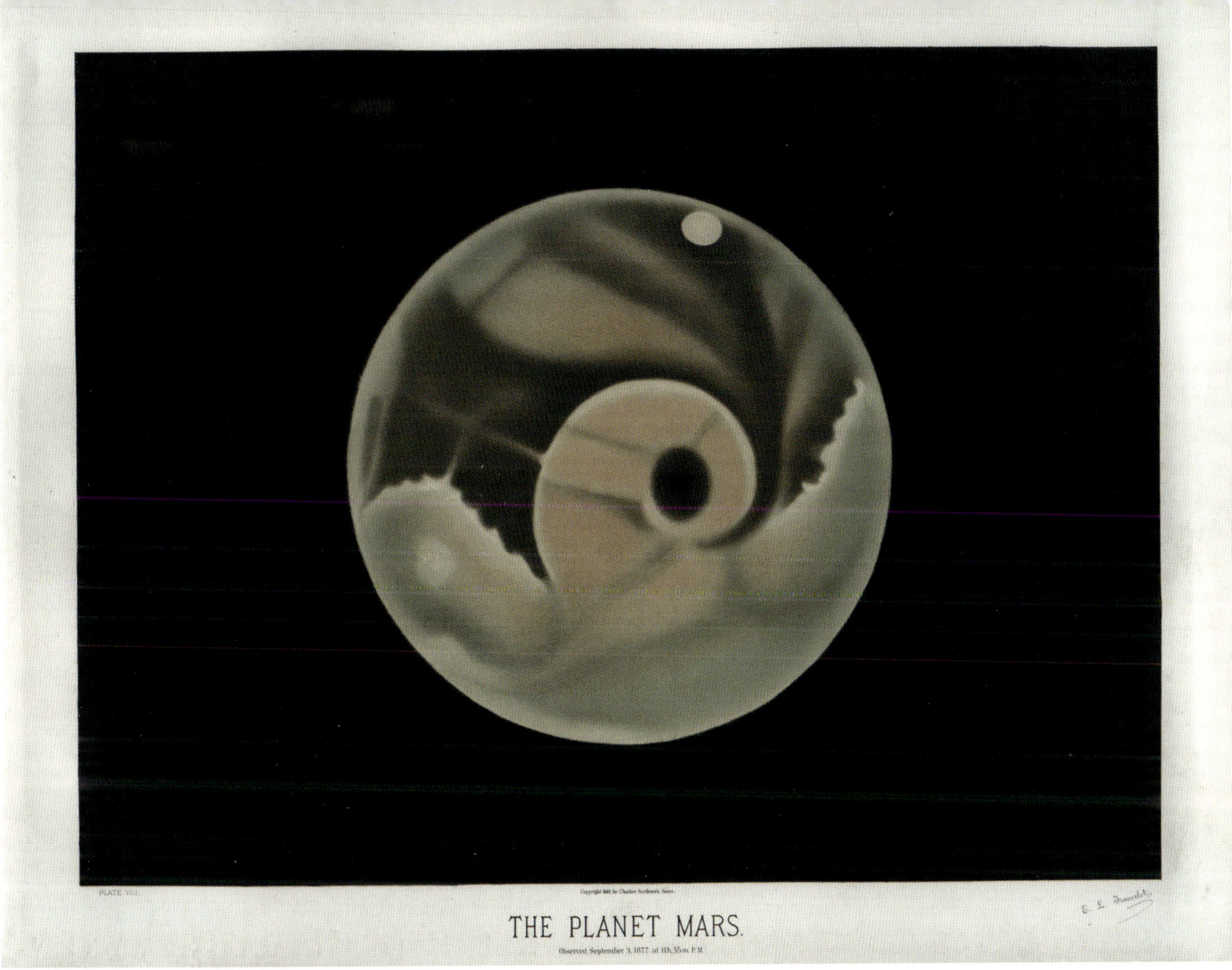

Der Mars in der Vorstellung von 1877. [2]

Schwankungen. Daraus folgerte er korrekt, dass die Region mit Eis bedeckt ist. Basierend auf seinen Marsbeobachtungen folgerte Herschel 1781, dass die Einwohner des Mars sich ähnlicher klimatischer Bedingungen erfreuen, wie wir auf der Erde.

Durch die Weiterentwicklung des Teleskops durch den Deutschen Joseph von Frauenhofer Anfang des 19 Jahrhunderts, erhielt die Marsbeobachtung weiteren Auftrieb. Seine Landsleute Johann Mädler und Wilhelm Beer verwendeten ein von Frauenhofer gebautes 95 mm Teleskop für ausgedehnte Beobachtungen. Sie wählten eine markante Stelle südlich des Äquators, Sinus Meridiani, als Referenzpunkt. Später wurde der Nullmeridian des Mars dorthin gelegt. Mädler war es schließlich der, nach 10 Jahren Beobachtung, die erste detaillierte Karte des Mars anfertigte.

Um 1862 war die Rotationsgeschwindigkeit des Mars bis auf 0,1 Sekunden genau bestimmt.

1867 begann der französische Astronom Pierre Janssen und sein britischer Kollege William Huggins damit den Mars mit Spektrometern zu beobachten. Sie verglichen ihre Messungen mit spektrometrischen Untersuchungen am Mond und kamen zu dem Ergebnis, dass die Marsatmosphäre wasserhaltig ist. Ihre Beobachtung wurden 1872 von dem Deutschen Astronom Herman Vogel in und 1875 vom Briten Edward W. Maunder bestätigt, gerieten jedoch später in Zweifel und sind heute Widerlegt.

Herschels Schlussfolgerung über moderate Temperaturen und eine dichte Atmosphäre kombiniert mit den Ergebnissen Eis an den Polen und Wasserdampf in der Atmosphäre zeichnete ein Bild eines bewohnbaren und einladenden Himmelskörpers.

Erst 1877 gelang es dem Amerikaner Asaph Hall die beiden Monde des Mars entdecken. Der größere der beiden wurde Phobos benannt, nach dem griechischen Gott der Furcht, Sohn von Ares und Venus. Der äußere der beiden Monde, wurde nach Phobos Zwillingsbruder, dem Gott des Terrors, Deimos genannt.

Die Mars Opposition in 1877 war besonders nah, und daher ausgezeichnet für Beobachtungen geeignet. Giovanni Schiaparelli aus Italien nutzte diese Gelegenheit und erstellte bis 1884 die folgende Karte:

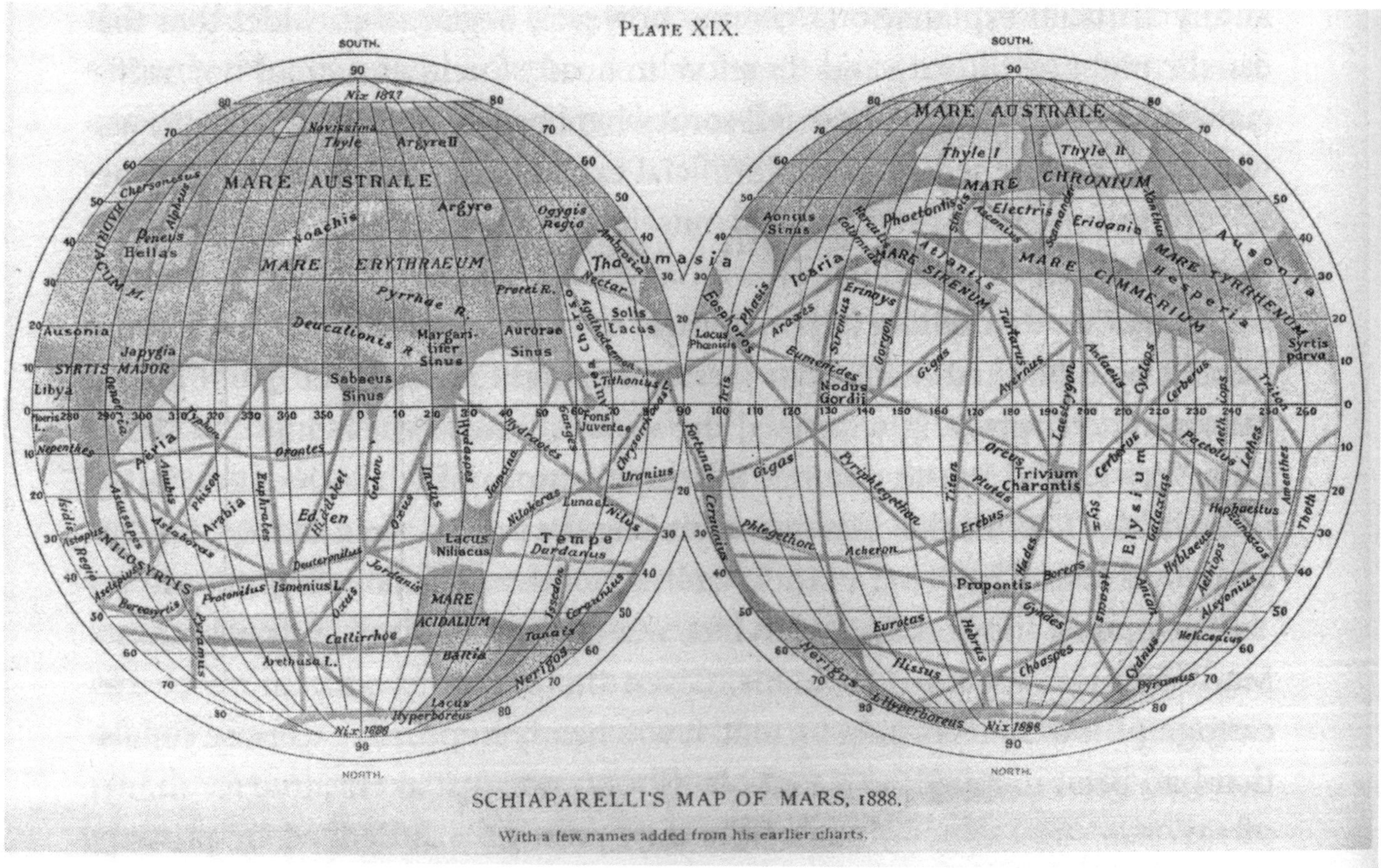

Historische Marskarte von Giovanni Schiaparelli (1888). [3]

Schiaparelli erkannte verschiedene Oberflächeneigenschaften die er als „canali" bezeichnete und mit den Namen berühmter irdischer Flüsse kennzeichnete. Hinzu kam, dass seine Wortwahl fälschlicherweise als Kanal übersetz wurde. Auf diese Weise wurde der Illusion, es handle sich beim Mars um einen warmen Planeten mit Jahreszeiten, Regen und Flüssen, weiter Auftrieb verliehen. In seinem 1892 erschienen Werk *La planète Mars et ses conditions d'habitabilité* beschrieb Camille Flammarion wie sehr diese Kanäle von Menschen gemachten Strukturen ähnelten und einer intelligenten Rasse benutzt werden könnten um Wasser zu verteilen. Die Idee, dass es auf dem Mars, im vergleich zum Menschen fortschrittliche Einwohner gibt, erschien Flammarion äußerst plausibel. Als immer mehr Beobachtungen die Kanal ähnlichen Strukturen bestätigten verbreitete sich auch die Meinung, über intelligente Marsbewohner.

Bessere Teleskope zeigten später, dass es sich bei Schiaparellis canali lediglich um eine Anreihung von Einzelobjekten handelt. Flammarion selbst war es der 1909 in eigenen Beobachtungen mit einem modernen 84 cm Teleskop keine Kanäle mehr erkennen konnte.

Es dauerte bis 1924 ehe Herschels Mythos vom warmem Mars widerlegt werden konnte. Die amerikanischen Astronomen Seth Barnes Nicholson und Edison Pettit verwendeten ein 2,54 m Teleskop auf Mount Wilson für Messungen der vom Mars reflektierten Energie. Auf diese Art bestimmten sie die Temperatur an den Polen auf -68 °C und 7 °C am Äquator. Später im selben Jahr ermittelten ihre Landsleute William Coblentz und Carl Otto Lampland die nächtliche Temperatur auf -85 °C. Der Traum vom einladenden Klima war beendet. Zwei Jahre später beendete Walter Sydney Adams Hoffnungen auf Wasserdampf in der Marsatmosphäre und bestätigte eine extrem trockene, wüstenähnliche Atmosphäre. 1929 wurde auch Herschels Annahme einer dichten Atmosphäre zerschlagen. Der Franzose Bernard Lyot bestimmte über Reflektionsmessungen die Obergrenze für die Marsatmosphärendruck von 24 mbar.

1947 erkannte Gerard Kuiper, dass die Marsatmosphäre doppelt so viel Kohlendioxid enthält wie die Erdatmosphäre.

Mit dem Advent der Raumfahrt in den 60er Jahren, unternahm die Sowjetunion mehrere Versuche ein unbemanntes Raumschiff zum Mars zu senden. Überschattet vom Wettlauf zum Mond erinnert sich heute kaum jemand an den etwa zeitgleich statt findenden Wettkampf um die erste erfolgreiche Marsmission. Wie schon zuvor, bei der ersten unbemannten und bemannten Mission in den Erdorbit, eröffnete die Sowjetunion das Rennen und unternahm zum Beginn des Jahrzehnts zahlreiche Versuche zum Mars zu gelangen. Nach fünf gescheiterten Missionen gelang es den Amerikanern 1964 im zweiten Anlauf mit der Raumsonde Mariner 4 am Mars vorbeizufliegen und übermittelte 21 Bilder.

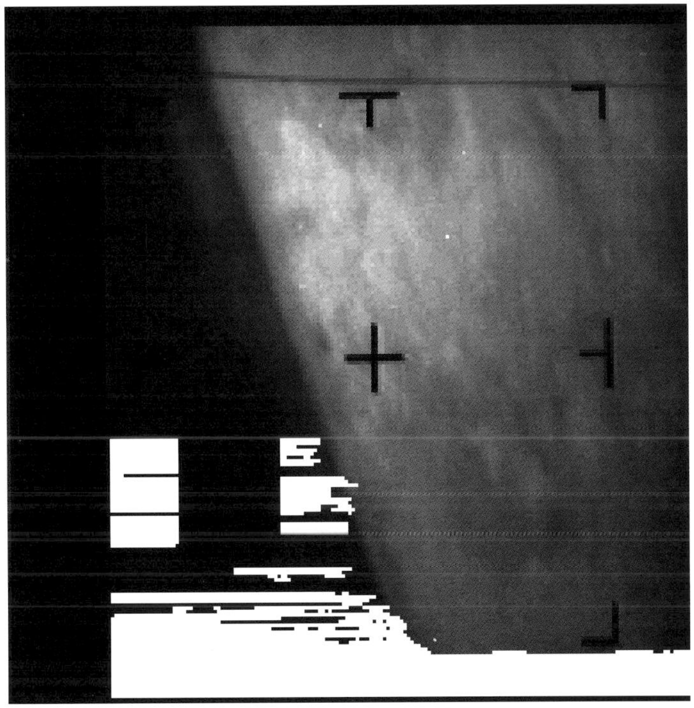

Erstes Bild von Mariner 4 (1964). [4]

Nach der gelungenen Mission blieb die NASA auf der Erfolgstrasse und flog mit Mariner 6 und 7 zwei weitere Male planmäßig am Mars vorbei, während drei weitere sowjetische Missionen scheiterten bevor das Jahrzehnt vorbei war.

1971 ist bis heute das Jahr mit den meisten zum Mars gestarteten Raumsonden. USA und UdSSR lieferten sich einen bissigen Kampf um den ersten künstlichen Marsbegleiter. Mariner 8 und Kosmos 419, die ersten Versuche der beiden Supermächte

Schärfstes Bild von Mariner 4 (1964). [5]

Mariner 9 – erster Künstlicher Marssatellit (1971). [6]

in den Marsorbit zu gelangen, scheiterten schon beim Start. Die USA entschieden schließlich auch diesen Wettlauf für sich. Mariner 9 erreicht den Marsorbit 14 Tage vor der sowjetischen Sonde Mars 2.

Mit der Sonde Mars 2 verlor die Sowjetunion zwar das Rennen zum Marsorbit, gewann allerdings den Wettstreit um die das erste von Menschen gemachte Objekt auf der Marsoberfläche. Mars 2 sollte nicht nur den Orbit erreichen sondern auch einen Rover auf die Marsoberfläche bringen. Während das Orbitmanöver funktionierte war die Landung des Rovers weniger erfolgreich. Der 4,5 kg schwere Prop-M zerschellte an der Oberfläche. Trotzdem ist er das erste von Menschen gemachte Objekt auf dem roten Planeten.

Der Fehlschlag inspirierte eine Reihe von Folgemissionen. Welcher der beiden Blöcke würde es schaffen zuerst einen Rover sicher auf der Marsoberfläche zu landen?

Wissend um ihre Erfolgsquote mit Marsmissionen, schickte die Sowjetunion neben Mars 2 auch noch die baugleiche Schwester-

Bei der Landung zerschellt: Mars Rover Prop-M (1971) – erstes von Menschen gemachtes Objekt auf dem Mars. [7]

Erstes Bild vom Mars mit erkennbarem Inhalt (1976). [9]

Das erste Landschaftsbild auf einer fremden Welt! (1976). [10]

sonde Mars 3 auf den Weg. Lediglich 5 Tage später traf Mars 3 am Mars ein. Landemodul und Orbiter trennten sich planmäßig, der Orbiter gelangte in die Umlaufbahn, das Landemodul stieg zur Oberfläche ab. Am 2. Dezember 1971 um 13:52 setzte das Mars 3 Landemodul sicher auf der Oberfläche auf. Der Rover übermittelte noch ein Bild und stoppte seine Funktion 14,5 Sekunden nach der Landung. Das erhaltene Bild hat 70 Zeilen, die keinerlei Informationen Preisgeben.

Mit ungebremsten Enthusiasmus unternahm die Sowjetunion die Missionen Mars 4 bis Mars 7. Keine der Missionen war ein spektakulärer Erfolg oder Fehlschlag. Es gelang allerding nicht den Mars 3 Erfolg zu wiederholen. Kein weiteres Bild wurde von der Marsoberfläche übermittelt. Dieser Erfolg blieb den beiden Viking Sonden, der NASA, im Juli und September 1976 vorbehalten. Die Viking Missionen waren ein fantastischer Erfolg für die NASA und die Marsforschung. Viking 1 übermittelte am 20 Juli 1976 das erste Foto vom Mars auf dem auch etwas zu erkennen war. Viking 1 war für etwa 6 Jahre in Betrieb, ehe ein falsches Kommando von der Erde die für die Ausrichtung der Antenne zuständige Software überschrieb. Während seiner Einsatzdauer führte Viking 1 zahlreiche Experimente durch und untersuchte unter anderem den Boden nach Spuren von Leben.

Auch die Schwestersonde, Viking 2 landete erfolgreich und blieb für 1281 Marstage in Betrieb ehe am 11. April 1980 die Batterien versagten. Beide Viking-Lander übermittelten auch Farbfotos zu Erde. Das Bild zeigt, das erste Viking 2 Farbfoto.

Auch den zugehörigen Orbitern gelangen Zahlreiche Fotos vom Mars.

Das abgebildete Bild zeigt ausgetrocknete Flussbette die starke Hinweise auf fließendes Wasser in Folge von Regenfällen liefern. Offenbar war die Vergangenheit des Mars weit weniger trocken als seine Gegenwart.

100 Jahre nachdem Schiaparelli über wasserführende „canali" auf dem Mars spekuliert hatte gibt es nun tatsächlich eindeutige Hinweise darauf, dass es diese Wasserführenden Kanäle zumindest irgendwann einmal auf dem Mars gegeben hat. Vielleicht hat sich in dieser Zeit sogar Leben auf dem Mars entwickelt. Auftrieb erhielt diese These durch den 1984 in der Antarktis entdeckten Meteoriten Allan Hills 84001. Obwohl seine Materialzusammensetzung sich von bis dahin entdeckten Marsmeteoriten unterscheidet wird auch Allan Hills 84001 dem Mars zugeordnet. 12 Jahre nach seiner Entdeckung wurden dort fossile Bakterien nachgewiesen. Dieser Nachweis und seine Implikationen sind bis heute umstritten. Die Suche nach Leben auf dem Mars geht also weiter.

Das bekannteste Marsfoto der Viking Missionen wurde am 25. Juli 1976 vom Viking 1 Orbiter aufgenommen: Das Gesicht auf dem Mars.

Die schwarz-weiße Aufnahme die scheinbar ein Gesicht und mehrere Strukturen zeigt die von Staub bedeckte Pyramiden sein könnten hat die Phantasie von Science-Fiction Autoren Weltweit angeregt, besonders wenn man an Pyramiden und Sphinx in Ägypten denkt. Waren diese Strukturen die Zeugen einer lange vergangenen Zivilisation? Die Antwort musste die Welt 30 Jahre warten.

Nach dem großartigen Erfolg der Viking Missionen ließ das Interesse am Mars in den 80er Jahren ab. Lediglich die Sowjetunion unternahm in ihren letzten Jahren noch zwei auf dem Marsmond Phobos zu landen. Die Mission Phobos 1 verlor den Kontakt zur Erde schon auf dem Weg zum Mars, Phobos 2 gelang zwar in den Marsorbit, verlor aber den Kontakt bevor die Landefähre gestartet werden konnte.

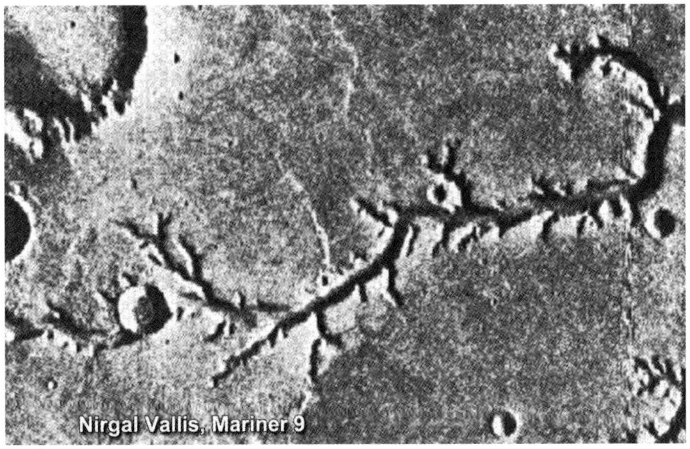

Nirgal Vallis aufgenommen 1971 von Mariner 9. (Nasa) [11]

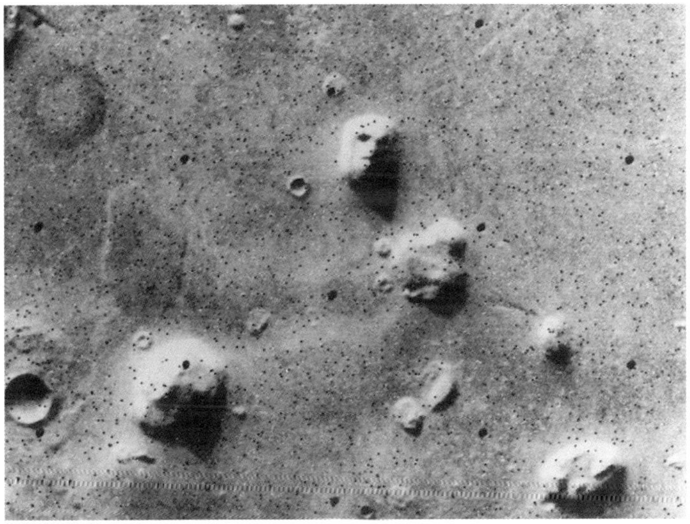

Das Gesicht auf dem Mars (1976). [12]

Die 90er Jahre wurden zum Seuchenjahrzehnt der NASA. Nach 10 Jahren Abwesenheit vom Mars startete die NASA am 25. September 1992 den Mars Observer, einen Beobachtungssateliten, der Funkkontakt riss jedoch ab, befor der Marsorbit erreicht wur-

[13]

de. 1997 erreichte der Mars Global Surveyor den Marsorbit. Die Sonde kartierte den gesamten Planeten von der Ionosphäre bis zur Oberfläche. Bis 2006 unterstützte er weitere Marsmissionen in dem er Beobachtungsdaten während der Abbremsung in der Atmosphäre lieferte und geeignete Landeplätze für Marsrover auswählte und deren Telemetrie zur Erde weiterleitete. Die NASA erklärte die Mission für beendet nachdem sich MGS 2006 in den sicheren Modus geschaltet hatte und nicht wieder aktiviert werden konnte.

Obwohl erst nach dem Global Surveyor gestartet erreichte der Mars Pathfinder mit seinem 10,6 kg schweren Sojourner Rover den roten Planeten noch vor dem Global Surveyor. Kurz zuvor war die russische Mission, Mars 96, schon beim Start gescheitert. Auch Mars 96 sollte einen Rover zum Mars bringen.

Sojourner war ausgestattet mit 2 0,3 Megapixel Digitalkameras, sowie Sensoren zur Bodenuntersuchung und Messung von Atmosphäreneigenschaften wie Temperatur, Luftdruck und Windgeschwindigkeit. Der Rover blieb für 85 Tage in Betrieb.

Zum Ende des Jahrtausends standen Marsreisen unter einem zunehmend schlechten Stern. Die 1998 reihten sich die Japaner in die Liste der unglücklichen Marsreisenden ein. Die Sonde Nozomi verlor Kontakt zur Erde auf dem Weg zum Mars. Ein Jahr später wurde es besonders unangenehm für die NASA als die 328 Mio. USD teure Sonde Mars Climat Orbiter am 23. September 1999 mit dem Planeten kollidierte nachdem es eine unglückliche vermischen von metrischen und imperialen Einheiten in der Software gab. Nur wenig später am 3. Dezember 1999 setzte sich die Pechsträhne fort als der Mars Polar Lander, aufgrund unzureichend getesteter Hardware, eine Bruchlandung erlitt.

Gestärkt durch die Fehlschläge erreichte mit 2001 Mars Odyssey eine weiterer Orbiter der NASA den roten Planeten. Mars Odyssey ist ausgestattet mit Spektrometern und bildgebenden Sensoren um nach Spuren von Wasser und Vulkanischer Aktivität zu suchen, darunter der Infrarotsensor THEMIS, sowie das Gammas Strahlen Spektrometer GRS und der russische Hoch Energie Neutronen Detektor (HEND).

Zusätzlich zu den Sensoren funktioniert der Orbiter als Telekomunikationssatellit für Rover auf der Oberfläche. Mars Odyssey ist heute noch in Betrieb.

2003 folgte die erste Europäische Marsmission, Mars Express. Die Mission nutzte den geringsten Abstand zwischen Erde und

Sojourner (1997): 85 Tage auf dem Mars im Einsatz. [14]

2001 Mars Odyssey: Liefert bis heuet Daten und Kommunikation mit Rovern. [15]

Spirit (2004): Steckt seit 2009 im Marssand fest, vollständiger Kommunikationsverlust 2010. [16]

Opportunity (2004): Wurde im Juni 2018 von einem Sandstrum begraben. [17]

Mars seit 60.000 Jahren und bestand aus einem Orbiter und einem Lander – Beagle 2. Während es der ESA im ersten Versuch gelang eine Sonde in den Marsorbit zu bringen, hatte Beagle 2 weniger glück. Das Schicksal des Landers ist bis heute unbekannt. Der Orbiter ist heute noch in Betrieb und mit zahlreichen Instrumenten ausgestattet. Mars Express erstellt hochauflösende Bilder der Oberfläche, und verwendet Radar zur mineralogischen Kartierung und Analyse der oberen Bodenschichten bis in den Permafrostbereich. Darüber hinaus beobachtet Mars Express Atmosphärenströmungen, Zusammensetzung und die Interaktion der Atmosphäre mit dem Weltraum.

Im Januar 2004 erreichen die beiden Mars Exploration Rover, Spirit und Opportunity, den roten Planeten. Beide landen sicher in Äquatornähe. Neben verschiedenen Kameras sind die 185 kg schweren Rover mit verschiedenen Experimenten für geologische Untersuchungen der Marsoberfläche und den obligatorischen Klimamessungen ausgerüstet. Spirit (engl. für Geist), legte bis zum 1. Mai 2009 insgesamt 7,73 km auf der Marsoberfläche zurück, ehe er, wie schon mehrfach zuvor passiert, im Sand stecken blieb. Alle Versuche den Rover aus seiner misslichen Lage zu befreien scheiterten. Fortan verrichtete er seinen Dienst als stationäre Sensorplatform. Am 22. Mai 2010 endete schließlich die Kommunikation vollständig. Nach 2210 Marstagen, endet die ursprünglich für 90 Tage geplante Spirit Mission.

Drei Wochen nach Spirit landete Opportunity (engl. Gelegenheit) auf der anderen Seite vom Mars. Opportunity ist heute, 10 Jahre nach seiner Landung immer noch aktiv und mobil.

Zu den Aufgaben von Spirit und Opportunity gehört primär die Suche nach Wasser und Hinweisen auf Wasser. Dazu werden Gesteins und Bodenproben untersucht. Um Steine besser untersuchen zu können haben die Rover ein Röntgen und ein Mösbauerspektrometer an Bord. Besonderer Schwerpunkt bei der Mineraliensuche liegt auf eisenhaltigen Verbindungen die sich in Anwesenheit von Wasser gebildet haben könnten.

Nach seiner Landung untersuchte Opportunity zuerst seine Umgebung im Eagle Crater. Unter anderem wurde mit seinem rechten Vorderrad der Sand aufgegraben um auch die darunter liegenden Schichten untersuchen zu können. Nach dem er Eagle Crater verlassen hatte untersuchte er seinen eigenen Hitzeschild, für die Ingenieure des Landemoduls eine erstmalige Gelegenheit der Inspektion nach der Landung. In der Nähe des Schildes fand der Ro-

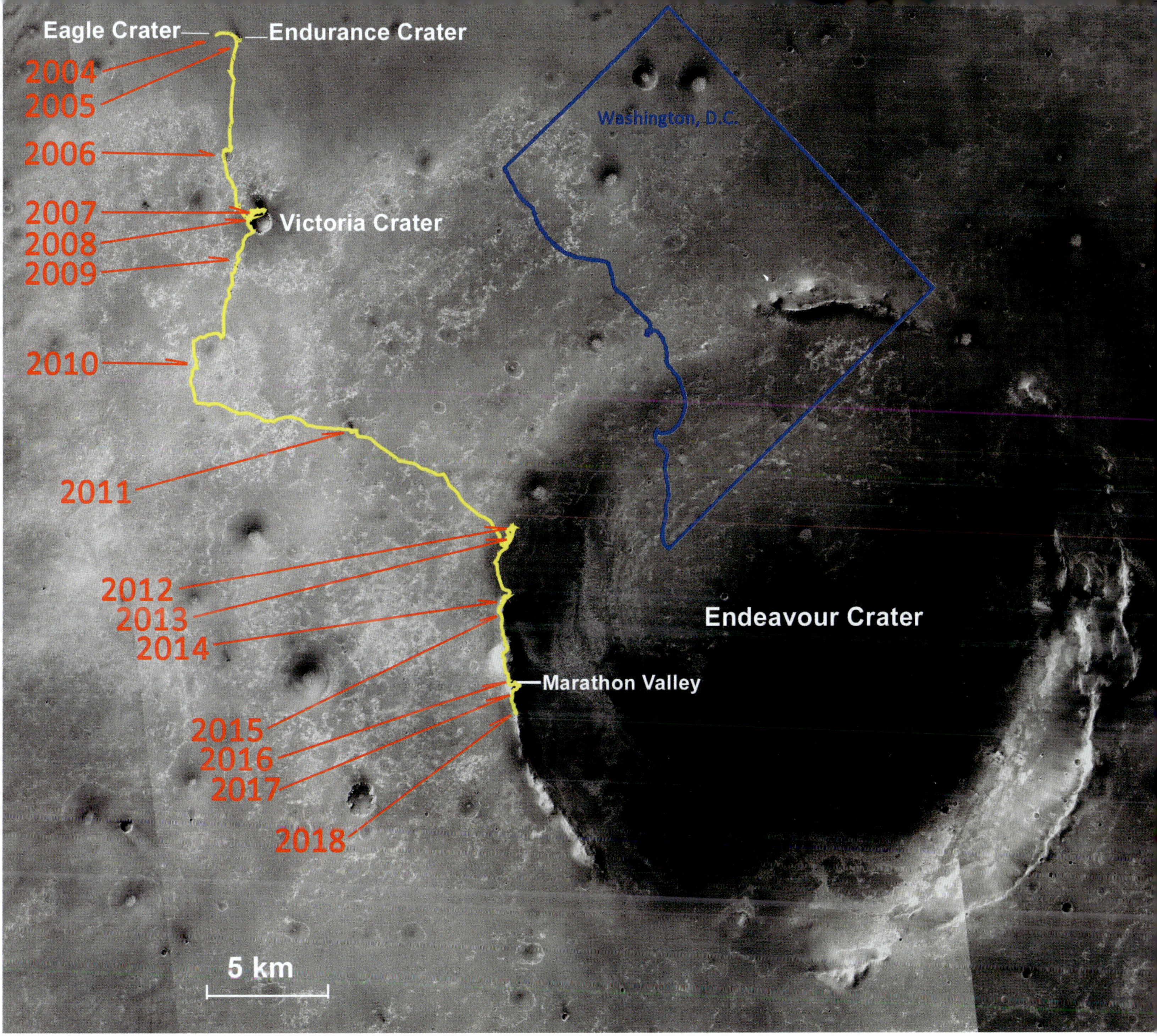

Opportunitys Erkundungsweg in einem Zeitraum von 14 Jahren. [18]

ver den ersten Meteoriten auf einem anderen Planeten, er wurde Heat Shield Rock getauft.

Anschließend machte sich Opportunity auf die unten gezeigte Reise. Bis Juni 2013 legte der Rover nahezu 37 km zurück. Die Reise war nicht immer einfach. Wie auch sein Zwilling Spirit, musste Opportunity zahlreiche Sandstürme und Marswinter überstehen. Im April 2005, schien Opportunitys Mission beendet zu sein. Der Rover musste zunehmend sandiges Gebiet überqueren. Vermutlich bedingt durch die starke Beanspruchung durch das Graben, zeigte Opportunitys rechtes Vorderrad Verschleißerscheinungen, zur Entlastung des Rades musste der Rover fortan rückwärtsfahren. Wenig später gruben sich alle sechs Räder tief in den Sand. Er war festgefahren. Sechs Wochen knobelten die Bediener auf der Erde wie sie Opportunity weiter fahren lassen konnten.

Im November 2005 traten die ersten Probleme mit dem Instrumentenarm auf, der sich nicht mehr richtig einfahren lies. Nach einigen Wochen des Tüftelns hatten die Ingenieure auch für dieses Problem eine Lösung und verstauten den Arm an anderer Stelle. Opportunity erreichte den Viktoria Krater den er sehr genau untersuchte. Immer wieder bedeckte Sand und Staub die Solarzellen des Rovers, reduzierten so die verfügbare Energie. Wenn die Batterie zur Neige ging und die Nächte lang und kalt wurden, hatten Opportunitys Fahrer immer wieder damit zu tun, ein Leersaugen der Batterie durch die Heizung zu verhindern, die bei -37°C automatisch anspringt um die Elektronik vor dem Erfrieren zu retten.

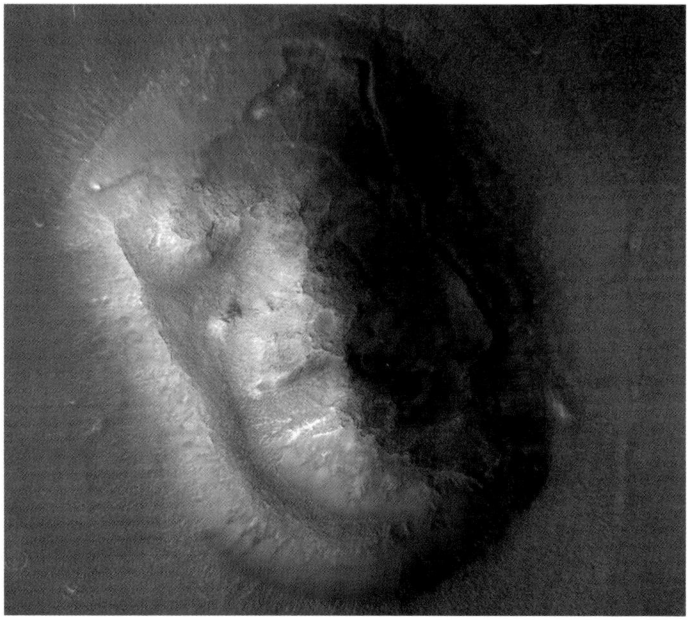

Gesicht auf dem Mars (2007). [19]

Der Rover hatte allerdings auch Glück. Winde reinigten seine Solarzellen regelmäßig. Er untersuchte den Krater gründlich, umrundete ihn zum Teil und fuhr auch in den Krater hinein. Während dieser Zeit geriet er in einen Planetenweiten Sandsturm. Auch diesen überdauerte er Erfolgreich. Als die Gefahr bestand, dass das rechte Vorderrad bald ausfallen würde, wurde der Rover aus dem Krater heraus gefahren. Jetzt versagte der Einfuhrmechanismus des Instrumentenarms vollständig. Während die Ingenieure daran arbeiteten wie man auch mit defektem Arm fahren kann, erstellte der Rover großzügiges Panoramafoto.

Es wurde auch für dieses Problem eine Lösung gefunden, Opportunity konnte weiterfahren, neuen Zielen entgegen. Die Reise von Opportunity endete im Juni 2018. Ein Planetenweiter Sandsturm bedeckte den Rover mit Sand und Staub. Opportunity begab sich in seinen Winterschlaf-Modus. Das letzte Funksignal setzte der Rover am 10. Juni 2018 ab. Am 12. Februar 2019 erklärte die NASA die Mission offiziell für beendet.

In den folgenden Jahren nach der Spirit und Opportunity Landung verbesserte sich die Erfolgsquote der NASA bei Marsmissionen weiter. 2006 konnte mit dem Mars Reconnaissance Orbiter (MRO) ein weiterer Beobachtungssatellit in den Marsorbit gebracht werden. Wie seine Vorgänger ist MRO mit zahlreichen Beobachtungsinstrumenten, wie Kameras, Radar und Spektrometern ausgestattet um die Oberflächenbeschaffenheit und vor allem auch mögliche Eisablagerungen zu untersuchen. Zur Unterstützung von zukünftigen Missionen ist MRO mit einem Leistungsfähigen Telekomunikationssystem ausgestattet.

Das bekannteste Experiment an Bord von MRO ist das hochauflösende Kameraexperiment HiRISE. Die 800 Megapixel Kamera liefert brillante Bilder von der Marsoberfläche. Die Auflösung ist so gut, dass nach über 30 Jahren, das Rätsel um das Gesicht vom Mars gelöst werden konnte. Das Foto unten zeigt eine HiRISE Aufnahme des Gesichts.

Phönix (2008): Die bisher nördlichste Marslandung. [20]

Wassereis unter dem Marsboden (2008). [21]

Das hochauflösende Bild entlarvt die Viking 1 Aufnahme als optische Illusion. Bei dem Gesicht handelt es sich nicht um Überreste einer alten Zivilisation.

Am 25. Mai 2008 landet der Phönix soweit nördlich auf dem Mars wie vor ihm noch keine andere Mission. Mit fast 70 N ist de Landeplatz nicht weit vom Polareis am Nordpol entfernt. Mit Einbruch des Marswinters im November 2008 versiegt die Stromversorgung, der Phönix stellt die Kommunikation ein. Trotz der gerade im Vergleich mit Spirit und Opportunity kurzen Dafür wird die Mission als Erfolg betrachtet. Ausgerüstet mit einem kleinen Bagger, hat Phönix im Marsboden gegraben und konnte nur knapp unter der Oberfläche den ersten visuellen Beweis für Wassereis aus nächster Nähe liefern. Die Unterscheidung zwischen Wassereis und Trockeneis wurde anhand der Sublimationsgeschwindigkeit nach der Freilegung vorgenommen. Bei den atmosphärischen Bedingungen auf dem Mars geht Wassereis, wie gefrorenes CO2 direkt in die Gasphase über.

Das Bild zeigt eine Grabung mit der Phönix Schaufel. Links am Marstag 20 rechts am Marstag 24. Der Einschub in der rechten oberen Ecke zeigt eine Vergrößerung des untern linken Ecks des Aushubs. Innerhalb von vier Tagen sind die freigelegten Eisstücke sublimiert.

Im Jahr 2011 vereinten Russland und China ihre Kräfte für einen weiteren Versuch einer Landung auf dem Marsmond Phobos. Die Fobos-Grunt getaufte Mission scheiterte beim Verlassen des Erdorbits. Die Raumsonde fiel auf die Erde zurück und verglühte in der Atmosphäre.

Mehr Geschick zeigte die NASA mit dem Mars Science Laboratory und dem zugehörigen Rover Couriosity. Der Rover ist mit nahezu 900 kg die bisher schwerste auf dem Mars abgesetzte Nutzlast. Angetrieben durch eine Radioisotopenbatterie ist der Rover nicht auf Solarstrom angewiesen und kann rund um das Jahr funktionieren. Die Lebensdauer der Batterie beträgt etwa 80 Jahre.

Wie schon die anderen Rover ist auch Curiosity mit Experimenten vollgeladen. Der Rover soll nach organischen Kohlenstoffverbindungen suchen und anderen chemischen Verbindungen die als Bausteine des Lebens bekannt sind.

Gesteinsproben werden auf ihre Zusammensetzung hin analysiert, dabei kann Curiosity die chemische, mineralogische und sogar Isotopenkomposition ermitteln. Ferner soll der Rover versuchen, die Entwicklung der Marsatmosphäre seit der Planetenentstehung auf die Spur zu kommen, um so eine mögliche Erklärung für die deutlichen Hinweise auf flüssiges Wasser in der Marsvergangenheit zu erhalten.

In Vorbereitung auf eine bemannte Marslandung vermisst der Rover auch das gesamte Strahlungsspektrum auf der Oberfläche.

Insgesamt befinden sich zurzeit zwei aktive Rover auf der Marsoberfläche und sechs Orbiter im Marsorbit.

Couriosity (2012): Der nuklearbetriebene Rover sucht im Gale Crater nahe des Äquators nach Spuren von Leben. [22]

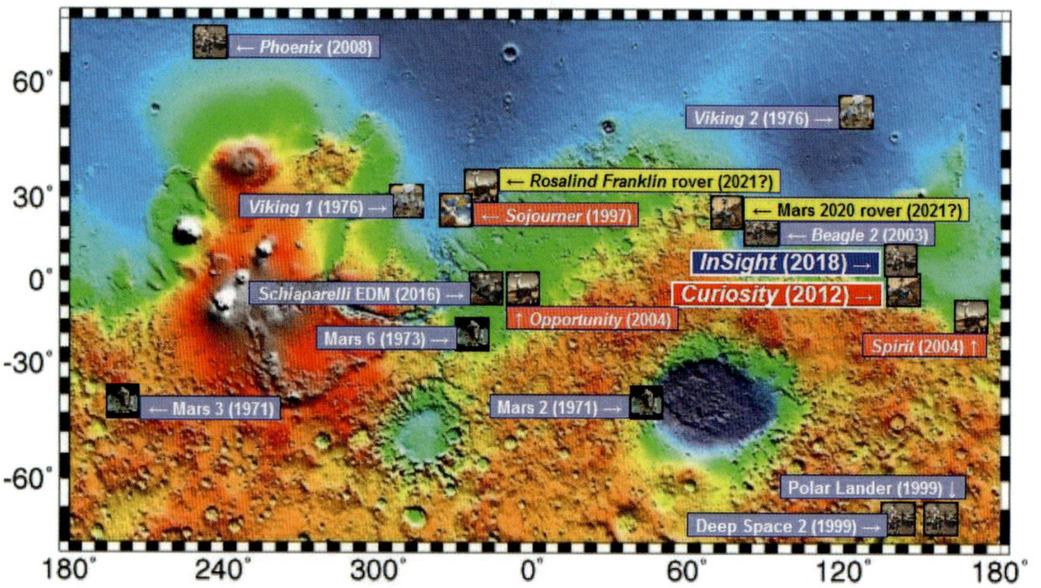

Übersicht der Marslandungen. [23]

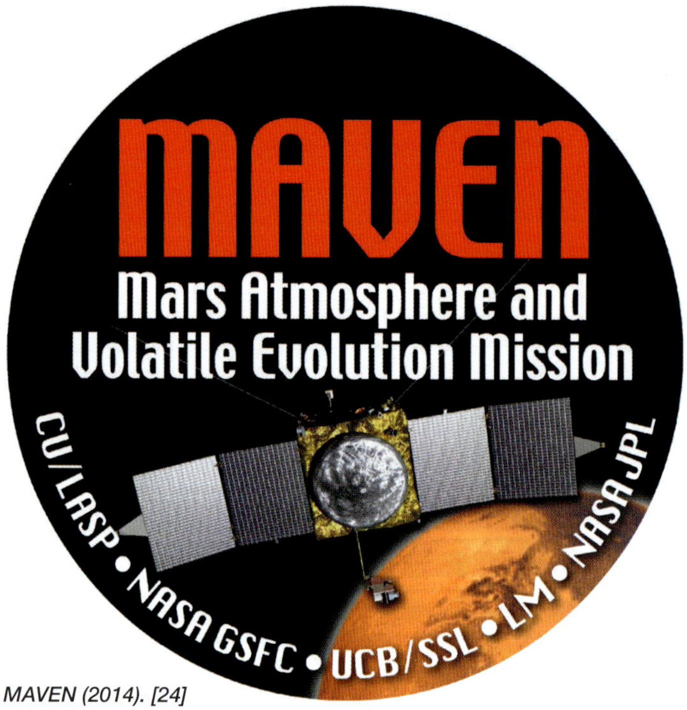

MAVEN (2014). [24]

Seit dem 22. September 2014 umkreist die NASA Sonde MAVEN auf einer hochelliptischen Bahn (nächster Punkt 144 km, fernster Punkt 6228 km) den Mars. Durch weiteres Absenken der Umlaufbahn wurden mehrere „Deep-Dive" Manöver durchgeführt, bei denen MAVEN in die Marsatmosphäre eintaucht. Die Untersuchung der Marsatmosphäre, besonders der Ursprung der Methanvorkommen, gehört zu den Zielen der Mission.

Nach Beendigung der Primärmission im November 2015 wurde die Mission bis 2018 verlängert.

Bisherige Ergebnisse der MAVEN Mission zeigen, dass die Marsatmosphäre vom Sonnenwind in die Weiten des Alls geblasen werden, da der Mars anders als die Erde kein Magnetfeld mehr besitzt um sich vor dem Sonnenwind zu schützen. Auf diese Weise verliert der Mars im überwiegend Wasserstoff. Der Sonnenwind erzeugt Wasserstoff durch Wechselwirkung mit dem im Marsboden gespeicherten Wasser. Wasserstoff, als leichtestes aller Gase, steigt durch die dünne Marsatmosphäre schnell in die obersten Atmosphärenschichten und gelangt von dort durch den Sonnenwind in den Weltraum.

Inoffiziell auch als *Mangalyaan* (Hindi für Mars-Reisender) bezeichnet hat die indische Mars Orbiter Mission am 24. Septem-

Mars Orbiter Mission (2014): Erste indische Marsmission. Auch als Mangalyaan (Hindi für Mars-Reisender) bezeichnet. [25]

ber 2014 den Mars Orbit erreicht. Als erste indische Marsmission liegen die Ziele der Mission im Erreichen der Umlaufbahn. Zum wissenschaftlichen Programm gehören Untersuchungen zum Verbleib des Wassers und dem Methangehalt der Atmosphäre.

Obwohl die Mission nur auf eine Verweildauer im Orbit von 6 Monaten geplant war, umkreist die Sonde den Mars bis heute und übermittelt regelmäßig Daten.

Die Europäisch-Russische Kooperation besteht aus zwei Missionsteilen. Die erste Mission startete am 14. März 2016 zum Mars und erreichte die Umlaufbahn am 19. Oktober 2016. Der ExoMars Trace Gas Orbiter (TGO), setzte den Marslander Schiaparelli ab. In Folge eines technischen Fehlers misslang die Landung und Schiaparelli zerschellte am Marsboden. Dem Mars Reconnaissance Orbiter gelangen am 21. Oktober 2016 Fotos von der Absturzstelle aufzunehmen.

ExoMars (2016): Orbiter erreichte den Marsorbit erfolgreich. Mars Lander Schiaparelli zerschellte bei der Landung. [26]

TGO untersucht ebenfalls die Gaszusammensetzung der Marsatmosphäre und versucht vor allem die Quellen der Methanspuren in der Atmosphäre zu finden. Die Ergebnisse werden für den zweiten ExoMars Missionsteil, der 2020 starten soll, berücksichtigt. Im zweiten Teil der Mission soll eine Landeplattform und Rover auf dem Mars abgesetzt werden.

Zu den aktiven Missionen gehört auch der InSight Lander, der auf dem Phönix Konzept aufsetzt. InSight ist am 26.11.2018 in der Elysium-Region gelandet. Das Hauptziel ist die Erforschung des Entstehungsprozesses des roten Planeten. Die Mission soll noch bis 2020 andauern.

Das holländische Projekt Mars One hat den ambitionierten Plan verfolgt bemannte Landungen auf dem Mars ab 2026 durchzuführen. Freiwililge wurden unter vielen tausend Interessenten ausgewählt. 2015 begann der zugehörigen Aktiengesellschaft das Geld auszugehen. Der Konkurs wurde 2019 erklärt.

Wie realistisch diese Vorhaben sind werden die folgenden Kapitel zeigen.

Motivation und Ziele einer Marssiedlung

Warum sollte ein, in gemäßigtem Klima lebender, Mitteleuropäer seine Sachen packen, seinen Wohnsitz aufgeben und an den Südpol ziehen, wo die Temperaturen im tiefen zweistelligen Minusbereich liegen und fünf Monate im Jahr keine Sonne scheint? Ein Grund liegt nicht unbedingt auf der Hand und trotzdem ist das IceCube Neutrino Observatorium am Südpol ein beliebter Arbeitsplatz unter Astroteilchenphysikern. Es gibt sogar eine Warteliste.

Warum sollten Menschen die Erde verlassen wollen um den Rest ihres Lebens auf einem komplett lebensfeindlichen Himmelskörper um das Überleben zu kämpfen? Die Frage ist nicht minderschwer zu beantworten, trotzdem hat das Projekt MarsOne bereits über 200.000 Freiwillige gefunden die sich dafür beworben. Der Grund liegt in der menschlichen Natur. Die Geschichte der Menschheit ist voll von Menschen, die nicht mit dem Status Quo zufrieden waren, die Geschichte der Menschheit ist auch eine Geschichte der Expansion, bei der immer mehr und immer unwirtlichere Regionen besiedelt wurden. Der Gedanke fremde Welten zu entdecken, zu erforschen und zu besiedeln ist so alt wie die Menschheit selbst. Ohne dieses Verlangen gäbe es nur ein kleines Dorf in Afrika in dem wir seit 200.000 Jahren leben. Dasselbe Verlangen hat Menschen in den Weltraum und, zumindest kurzfristig, zum Mond, getrieben. Jetzt ist die Zeit gekommen in der wir technisch in der Lage sind zu einem anderen Planeten zu reisen. Noch wächst die Erkenntnis, dass es möglich ist; bemannte Missionen zum Mars werden immer konkreter und finden mehr und mehr Zustimmung. In nicht allzu ferner Zukunft wird der Traum einen anderen Planeten zu besiedeln Realität werden. Wenn unsere Nachfahren in 200.000 Jahren von fernen Welten auf die heutige Zeit zurück blicken werden sie feststellen: Hätte man das Wagnis Mars nicht in Kauf genommen, würden wir immer noch auf einem kleinen Planeten im Sonnensystem festsitzen.

Entwicklung der Menschheit

Für den Enthusiasten ist der treibende Aspekt die Entwicklung der Menschheit hin zu einer idealen utopischen Gesellschaft. Eine Marssiedlung wird dieses Ziel sicherlich nicht in einem Schritt erreichen, nähert sich diesem Ziel jedoch an.

Extraterrestrische Arche

Eine Marssiedlung, wie klein auch immer, stellt einen Überlebensraum für die Menschheit außerhalb der Erde dar. Abhängig von der Größe der Siedlung kann mehr und mehr irdischen Lebensformen auf dem Mars eine Chance gegeben werden, eine irdische Katastrophe von globalem Ausmaß zu überstehen. Die Notwendigkeit für einen sicheren Überlebensraum wird schon länger gesehen, so hat z. B. die norwegische Regierung auf Spitzbergen den Svalbard Global Seed Vault errichten lassen, um Saatgut vor einer globalen Katastrophe zu beschützen. Mögliche Ursachen für eine globale Katastrophe gibt es viele. Meteoritenoinschläge haben bereits in der Vergangenheit der Erde ihr Potential gezeigt, die vorherrschende Weltordnung zu zerstören. Ein ähnliches Ausmaß an Zerstörung wird vom Ausbruch eines der sieben bekannten Supervulkane erwartet, deren bekannteste Vertreter im Yellowstone Nationalpark (USA), bei Neapel (Italien) oder bei Taupo (Neuseeland) liegen. Jede dieser Katastrophen hat das Potential, eine weltweite Tragödie auszulösen.

Angewiesen ist die Menschheit auf diese „Hilfe“ allerdings nicht. Seit dem Kalten Krieg verfügen die Supermächte über ausreichend Zerstörungskraft, um jedes Leben auf der Erde mehrfach auszulöschen. Auch nach Jahren der Abrüstung ist die Gefahr eines Atomkriegs mit der weitgehenden Auslöschung der Menschheit nicht gebannt. Eine autonome Siedlung auf dem Mars bietet einer kleinen Gruppe Menschen die Chance, jede irdische Katastrophe unter Garantie zu überleben.

Zu guter Letzt ist der Mars der erste Planet im Sonnensystem der das Ende unserer Sonne überdauern wird. In etwa 7 Mrd. Jahren von heute wird die Sonne allen Wasserstoff verbrannt haben, der Teilchenstrom der die äußeren Schichten der Sonne, und damit ihre Oberfläche, dort hält wo sie heute ist, wird versiegen, die Sonne wird kollabieren. Durch die immer größer werdende Verdichtung steigt die Temperatur im Sonneninneren bis sich ein neues Feuer entzündet. Das Heliumfeuer. Die Fusion von Heliumkernen zu, überwiegend, Kohlenstoff, wird mehr Energie pro Zeit freisetzen. Der Teilchenstrom nimmt entsprechend zu, die Sonne bläht sich auf, wird zu einem roten Riesen und wird in dieser Phase Merkur, Venus und Erde verschlingen und für immer vernichten. Der Mars wird der erste Ort sein, an dem Menschen dem Ende der Erde entkommen können.

Auch wenn dieses Schicksal die Menschheit erst in unzähligen Generationen ereilt und sich in Zeiten der quartalsweisen Optimierung nahezu niemand für Dinge in so ferner Zukunft interessiert, ist es doch unvermeidlich. Es kann deshalb mit absoluter Sicherheit festgestellt werden: Die Menschen werden irgendwann jenseits der Erdumlaufbahn siedeln müssen oder vergehen.

Förderung des Weltfriedens

Neben der Möglichkeit der plötzlichen Zerstörung der Zivilisation schöpft die Menschheit schleichende Maßnahmen im großen Stil aus. Klimawandel, Überbevölkerung, Wassermangel und sich ausbreitende lokale Konflikte haben langfristig das Potential, das Leben auf der Erde verhältnismäßig unattraktiv zu machen. Eine internationale Marssiedlung bietet die Chance, die Möglichkeiten einer Welt ohne Grenzen und politische Unterschiede aufzuzeigen. Nach einer Besiedlung des Mars teilt sich der menschliche Lebensraum nicht mehr in Deutschland, Frankreich und Italien, oder Amerika und Europa, sondern in Mars, vielleicht Mond und Erde. Eine internationale Marssiedlung würde automatisch als „Der Mars“ oder „Marsbürger“ wahrgenommen werden. Das sollte auch eine Veränderung in der Wahrnehmung der restlichen Menschheit bewirken: als Erdbürger. Sobald dieses Gefühl der Zusammengehörigkeit auch in das politische Denken eingesickert ist und beginnt, das politische Handeln zu prägen, kann auch die Erde ein besserer Ort, ein grenzenloser Ort, werden.

Kolonialisierung des Weltraums

In der Ausbreitung des menschlichen Siedlungsgebiets liegt eine der Hauptmotivationen für eine Siedlung auf dem Mars. Dabei geht es nicht primär darum, mit dem Mars einen Planeten zu besiedeln, der irgendeiner Form besser ist als die Erde. Selbst auf einer postapokalyptischen Variante der Erde, in der sich die Menschheit selbst an den Rande der Ausrottung gebracht hat, die Atemluft radioaktiv ist, die Böden verseucht und die Gewässer toxisch, selbst in solch einer Welt ist es noch angenehm im Vergleich zur Umwelt auf dem Mars. Obwohl wir all dies wissen, wollen wir trotzdem noch zum Mars. Zum Einen der Herausforderung wegen, sich dieses unwirtliche und lebensfeindliche Land untertan zu machen und zum anderen, weil wir wissen, dass irgendwo in den Weiten des Weltraums andere, erdähnliche Planeten sind, die darauf warten besiedelt zu werden. Ein Schritt zum Mars, ist nur der nächste Schritt auf diese lebensfreundlichen Planeten zu. Auch wenn der Weg zu extrasolaren Planeten weit und beschwerlich ist, wird man das Ziel niemals erreichen, wenn man nicht bereit ist den nächsten Schritt zu gehen. Eine Kolonisierung des Mars ist der nächste Schritt.

Idealerweise ist eine Siedlung auf dem Mars der zweite Schritt zur Kolonisierung des Weltraums, nach einer Siedlung auf dem Mond. Es kann allerdings sein, dass das Verlangen zu groß wird, dass die Sehnsucht so stark wird, dass ein Schritt übersprungen wird und eine Siedlung auf dem Mars tatsächlich schon der nächste Schritt wird. Auf dem Mars gibt es zwar keinen angenehmen Lebensraum, trotzdem sind Lorbeeren zu ernten: Der Erste zu sein. Erster sein zu wollen war schon immer eine starke Motivation. Dieses Verlangen wird sicher auch die Reise zum Mars beschleunigen.

Wird der Schritt einer Mondsiedlung übersprungen, wird eine Marssiedlung die erste menschliche Siedlung außerhalb der Erde. Viele wertvolle Erfahrungen werden in diesem Fall zuerst auf dem Mars gemacht werden. Darunter sind der Bau einer Siedlung unter lebensfeindlichen Bedingungen, Landwirtschaft außerhalb der Erde, Verwendung von lokalen Baustoffen auf einem unbekannten Himmelskörper, Langzeitauswirkungen von niedriger Gravitation auf Menschen.

Forschung und Wissenschaft

Neben der menschlichen Entwicklung bietet der Mars einen ganzen Planeten voller wissenschaftlicher Möglichkeiten. Im Folgenden werden einige davon kurz angerissen.

Suche nach Leben

Die Möglichkeit von Leben auf dem Mars beflügelt seit der Entdeckung der Gräben durch Schiaparelli die menschliche Fantasie und treibt die Erkundung und Erforschung des Mars an. Die Idee der Marsmenschen ist tief in der irdischen Kultur verwurzelt. Als Viking 1 1976 ein Gesicht und Pyramidenähnliche Strukturen auf dem Mars holographierte, heizte das 30 Jahre lang Spekulationen an, wie das Gesicht dort wohl hingekommen sei. Gibt es zusammenhänge mit den Pyramiden in Ägypten?

Alle Spekulationen und Träume wurden 2006 durch die deutlich schärferen Bilder des Mars Reconnaissance Orbiters zerstört, der zeigte, dass es sich bei den Viking Fotos nur um eine optische Illusion gehandelt hatte.

Wissenschaftlich gesehen ist intelligentes oder hochentwickeltes Leben auf dem Mars heute extrem unwahrscheinlich. Niemand geht davon aus bei einer weiteren Erkundung und Erforschung des Roten Planeten auf Marsmenschen, Pflanzen oder Tiere zu stoßen. Die Existenz von einfachen Lebensformen auf dem Mars, die zumindest während der Noachischen Periode vor 4,1 bis 3,7 Mrd. Jahren gelebt haben könnten, gilt aber als extrem wahrscheinlich. Zu dieser Zeit waren die Bedingungen auf Erde und Mars vergleichbar. Indirekte Hinweise auf irdisches Leben machen es wahrscheinlich, dass einfachste Lebensformen bereits vor 4,1 Mrd. Jahren entstanden sind. Eine ähnliche Entwicklung auf dem Mars ist naheliegend. Viele Menschen sind deshalb überzeugt bei ausreichend gründlicher Suche Hinweise auf dieses primitive Leben auch auf dem Mars zu finden. Es ist sogar vorstellbar auf dem Mars Nischen zu finden in denen sich dieses Leben seit 4 Mrd. Jahren, im Wesentlichen unverändert, halten konnte.

In der Erforschung des Mars bietet sich der Menschheit daher die großartige Gelegenheit eine Zeitkapsel der frühen Erdgeschichte zu untersuchen und Erkenntnisse über die Entstehung des Lebens auf der Erde und im Weltraum zu gewinnen. Wenn auf zwei untersuchten Planeten nachgewiesen werden könnte, dass etwa 450 Millionen Jahre nach der Entstehung des Planeten bereits die ersten Lebensformen entstanden sind, dann wäre bewiesen, dass die Entstehung von Leben kein unendlich großer Zufall sondern unausweichliches Ergebnis der richtigen Umweltbedingungen ist.

Noch spektakulärer wäre die Entdeckung, wenn sich die frühen Lebensformen auf Mars und Erde gleichen. Damit würde naheliegen, dass sich unter den richtigen Umweltbedingungen nicht nur Leben sondern sogar ähnliches Leben entwickelt.

Auch wenn kaum Zweifel daran besteht, bei hinreichend intensiver Suche Hinweise von Leben auf dem Mars zu finden, so ist es doch noch ein großer Unterschied hier absolute Gewissheit zu haben. Erst diese Gewissheit wird es erlauben andere Erkenntnisse, z. B. aus der Erforschung extrasolarer Planeten, ins richtige Licht zu rücken. Es müsste dann davon ausgegangen werden, dass sich auch auf bewohnbaren extrasolaren Planeten Leben entwickelt hat. Einige dieser Planeten sind Milliarden Jahre älter als die Erde. Spätestens dann sollte auch die Frage erlaubt sein: Was kann eine Zivilisation erreicht haben die eine Milliarde Jahre älter ist als die unsere?

Die Suche nach Leben auf dem Mars ist daher mehr als die Suche nach Erkenntnissen über frühe biologische Prozesse. Es ist die Suche nach dem Platz des Menschen in der Schöpfung. Sind wir allein oder gibt es unzählige andere Zivilisationen im Universum?

Stationsbau

Unabhängig davon ob Mond oder Mars als erstes besiedelt werden ist der Stationsbau auf dem Mars eine neue technische und menschliche Herausforderung. Wegen der großen Entfernung ist es nicht möglich, zeitnah Hilfe von der Erde zu schicken. Die Fehlertoleranz für eine Station auf dem Mars ist entsprechend niedriger als auf dem Mond.

Die größere Distanz bewirkt ebenfalls eine schwierigere Kommunikation, bis zu 20 Minuten kann ein Signal zwischen den beiden Planeten unterwegs sein. Audio- oder Videokommunikation ist mit dieser Zeitverzögerung kaum möglich. Auch Datenaustausch der auf Interaktion aufbaut, wie beispielsweise das Internet, sind über diese Distanz nur mit sehr viel Geduld machbar. Speziell um das letzte Problem zu mitigieren, müssen ganz andere

Wie ein Wasserfall fällt Staub, getrieben von Wind, in die Caldera des Marsvulkans Albor Tholus. [26B]

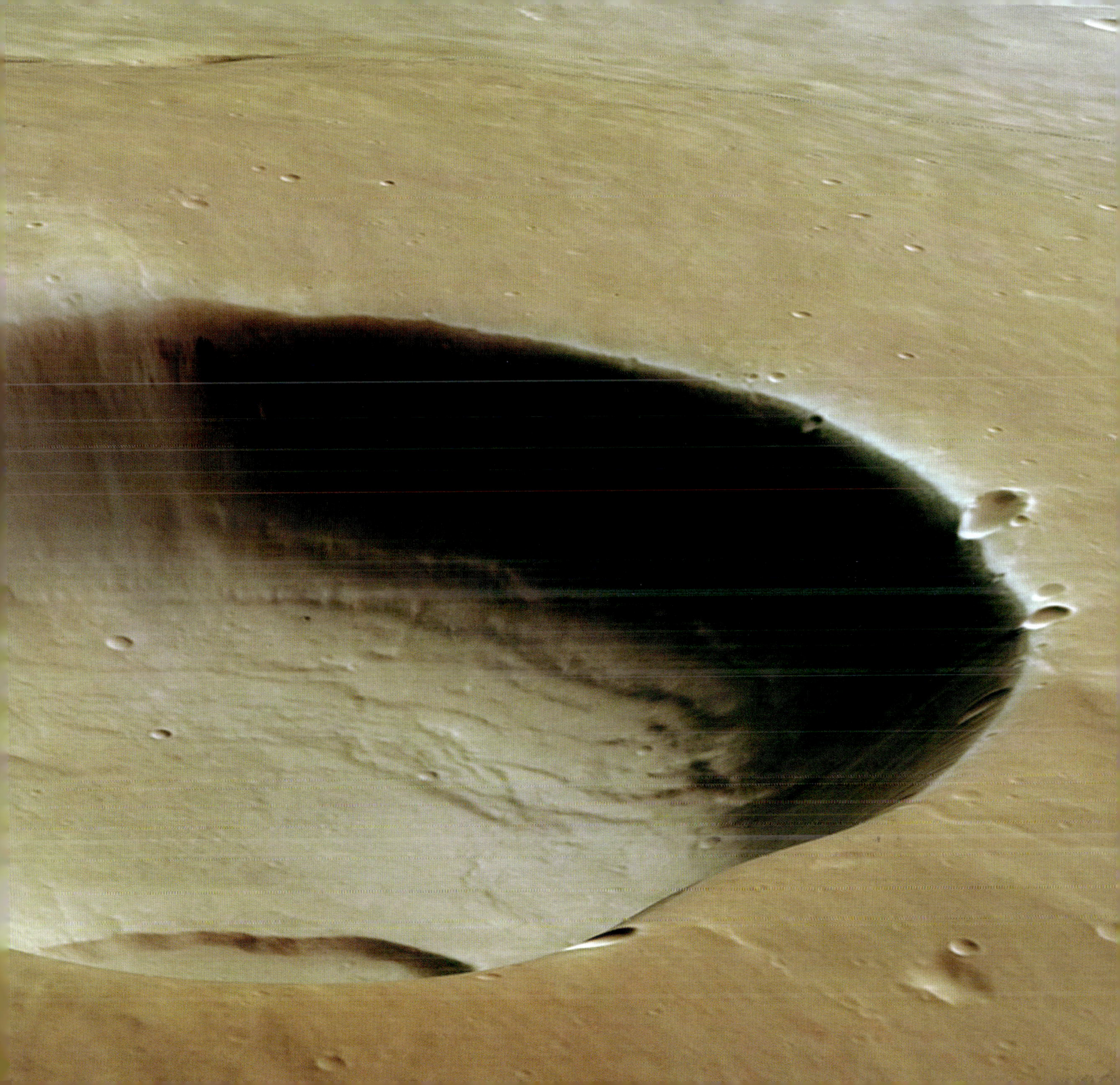

technische Lösungen angewandt werden als bei einer Mondsiedlung. Diese Lösungen werden entsprechend aufwändiger und damit schwerer und teurer sein.

Die Umweltbedingungen auf Mars und Mond unterscheiden sich ebenfalls dramatisch. Da Mars- und Erdtage sich sehr ähnlich sind, und der Marsboden zur Landwirtschaft geeignet ist, bietet sich hier eine Basis an der Oberfläche eher an als auf dem Mond. Außerdem gibt es auf dem Mars Wasser und Atmosphäre, ein erheblicher Standortvorteil gegenüber dem Erdtrabanten.

Bei aller Ähnlichkeit, die zwischen Siedlungen auf Mars und Mond bestehen werden, sind die Standorte doch unterschiedlich genug um beim Bau einer Siedlung auf dem Mars einen technischen Fortschritt zu erzielen. Dieser technische Fortschritt wird in Spin-Off Technologien enden, die in abgewandelter Form auch auf der Erde Einsatzmöglichkeiten haben werden. Vorstellbar sind Erkenntnisse in der Verarbeitung der Atmosphäre, etwa: Wie entziehe ich der Atmosphäre effizient CO2 und gewinne daraus Sauerstoff? Auf der Erde könnte mit dieser Technologie gegen den steigenden Gehalt des Treibhausgases in der Erdatmosphäre vorgegangen werden. Andere Erkenntnisse liegen, wie es auch beim Bau auf dem Mond der Fall ist, im Stationsbau unter Extrembedingungen. Dies kann auch auf irdische Bauvorhaben abfärben, angefangen von einfachen Verbesserungen wie leistungsfähigen Dämmstoffen hin zur Anwendung beim Bau von Unterwasserbehausungen.

Marsforschung

Das überragende Forschungsziel einer Siedlung auf dem Mars ist die Erkundung des Planeten und die Suche nach einheimischen Lebensformen. Der bisher agilste Mars-Rover ist Opportunity mit einer durchschnittlichen Fahrleistung von 3,7 km pro Jahr. Es kann davon ausgegangen werden, dass ein bemanntes Marsfahrzeug pro Tag ein Vielfaches dieser Strecke zurücklegen kann. Gesteinsproben können eingesammelt werden und in Ruhe in der Siedlung analysiert werden.

Nicht nur was die Geschwindigkeit der Fortbewegung angeht sind Rover einer bemannten Mission unterlegen, auch bei der Untersuchungstiefe sind die Rover limitiert. Durch Rover erreichte Bohrtiefen liegen bei wenigen Zentimetern. Schon mit handelsüblicher Ausrüstung könnten von Marssiedlern erheblich tiefere Bohrproben angefertigt und entnommen werden.

Auch bereits auf dem Mars befindliche Rover können von einer Mars Siedlung aus erheblich effizienter gesteuert werden, als dies, bedingt durch die lange Kommunikationsverzögerung, von der Erde aus möglich ist.

Siedler auf dem Mars müssen zum Transport nicht nur auf Bodenfahrzeuge angewiesen sein, sondern könnten auch fliegend den Planeten erkunden. Sowohl ein Triebwerksgestützter Flug, bei dem der Auftrieb aus dem Triebwerksschub erzeugt wird, als auch ein Ballonflug sind möglich. Ein Ballon wäre zwar erheblich größer als auf der Erde allerdings noch im Bereich des technisch machbaren.

Wirtschaft und Finanzen

Tourismus

Tourismus ist der erste Wirtschaftszweig der nach Forschung und Wissenschaft Menschen in den Weltraum gebracht hat. Ähnlich touristischer Reisen zur ISS werden mit der Etablierung einer Marssiedlung auch Reisen zum roten Planeten möglich sein. An der Reisezeit wird sich auch für Touristen nichts verkürzen lassen. Preis und Zeitaufwand wird eine Rundreise nur für die wohlhabendsten Personen möglich machen. Auf der anderen Seite hat eine Reise zum Mars auch einen erheblich größeren Reiz als ein Besuch der ISS. Marstouristen sollten in der Größenordnung von zwei Jahren auf dem Mars bleiben, bis sich ein Zeitfenster für den Rückflug öffnet. In dieser Zeit könnte, von den Touristen, ein Beitrag zur Erforschung des Planeten geleistet werden. Jeder Tourist der ersten Stunde würde der erste Mensch sein, der eine ausgewählte Region des Mars erkundet – die Möglichkeit auf weltverändernde Entdeckungen eingeschlossen. Marstouristen wären moderne Abenteurer die Forschungsmissionen privat finanzieren.

Weltraumbahnhof

Um unser Sonnensystem, und später andere Sonnensysteme zu besiedeln, wird sich die Menschheit langsam von Planet zu Planet ausbreiten müssen. Schon die Erkundung und Besiedlung von Himmelskörpern jenseits des Mars, wie die Asteriodengürtel oder Jupiter und Saturn, könnten vom Mars aus schneller und günstiger bewerkstelligt werden als dies von der Erde der Fall ist. Gerade die Reduzierung in der Reisezeit könnte eine erhebliche Erleichterung darstellen. Der Mars als Weltraumbahnhof wird mittelfristig unvermeidbar sein.

Prinzipiell ist der Mars als Weltraumbahnhof ähnlich gut geeignet wie der Mond. Das liegt vor allem an der Möglichkeit eines Weltraumaufzugs, der bereits mit heute verfügbaren Technologien umgesetzt werden kann. Auf diese Weise können Materialen zwischen Weltraum und Marsoberfläche erheblich günstiger transferiert werden als dies bei Erde oder Mond möglich ist. Theoretisch ist zwar auch auf dem Mond ein Weltraumaufzug denkbar, wegen der geringen Rotationszeit des Mondes, müsste der Aufzug dort allerdings sehr viel länger sein, was ihn weniger interessant macht als auf dem Mars.

Befindet sich der Weltraumaufzug auf dem Mars einmal in Betrieb, kann eine Raumstation auf geostationärer Umlaufbahn um den Mars bequem von der Marssiedlung aus versorgt werden. Genau wie bei dem Erdmond tun sich zwei sehr vorteilhafte Anwendungsmöglichkeiten auf.

Weltraumtankstelle

Der große Unterschied zwischen der Reise zum Mond und zum Mars ist die Dauer. Während es bei drei Tagen Flug zum Mond durchaus zumutbar ist, relativ wenig Aufenthaltsraum zur Verfügung zu haben, ist dies bei einer neunmonatigen Marsreise mit den vorherrschenden ethnischen Standards nicht vereinbar bar. Ein Marsraumschiff wird signifikant größer sein. Wegen der gesteigerten Größe wird es nicht in der Lage sein als Ganzes auf dem Mars zu landen, der größte Teil wird in der Umlaufbahn verbleiben und so einen Shuttledienst zwischen Erde und Mars ausführen. Am energieeffizientesten ist es wenn dieser Marsshuttle den Treibstoff für die Rückreise vom Mars zur Erde nicht von der Erde mitbringen muss, sondern im Marsorbit betankt werden kann. Die Möglichkeit der Treibstoffproduktion, des Treibstofftransports in den Orbit und anschließendes Betanken eines Marsshuttles wird erheblich zur Kostensenkung von Marsrundreisen beitragen.

Treibstoffproduktion ist auf dem Mars im Vergleich zum Mond relativ unproblematisch möglich. Die einfachste Möglichkeit der Treibstoffgewinnung ist mittels Elektrolyse Wasser in Sauerstoff und Wassersoff aufzuspalten und die beiden Elemente zu verflüssigen. Im Vergleich zu dem auf dem Mond erforderlichen Regolithprozessor zur Erzeugung von Aluminium/LOX Monotreibstoff (Allox) ist der Elektrolyseprozess einfach und mit geringem Materialaufwand umsetzbar. Trotzdem bietet auch die Erzeugung von Allox auf dem Mars Vorteile. LH2 ist flüchtig und verweigert sich einer dauerhaften Lagerung. Die Anforderungen zur Lagerung von LH2 nahe dem absoluten Nullpunkt sind um einiges anspruchsvoller als die Lagerung von LOX. Da es auf dem Mars nicht ganz so kalt wird wie auf dem Mond, muss auch LOX künstlich gekühlt werden.

Am effizientesten ist eine Mischung von Allox mit 20% LH2. Auf dem Mars ist das Herstellen eines derartigen Gemisches aus lokalen Ressourcen möglich, womit sich der Treibstoffbedarf für die Rückreise zur Erde, gegenüber der Verwendung von reinem Allox, weiter reduziert.

Bei vorhandenem Weltraumlift lassen sich diese Materialien auch kostengünstig von der Oberfläche in den Weltraum bringen.

Bedingt durch seine Lage im Sonnensystem ist der Mars auch ein hervorragender Ausgangspunkt für Bergbau-Projekte im Asteroidengürtel. Nebenstehende Grafik zeigt die Verteilung von bekannten Asteroiden im Sonnensystem zwischen Sonne und Jupiter. Nicht weit außerhalb des Marsorbits steigt die Asteroidendichte stark an.

Automatisierte oder bemannte Missionen könnten vom Mars zu Bergbaumissionen aufbrechen, anschließend mit den abgebauten Materialen zum Mars zurückkehren und sich am Mars mit neuem Treibstoff versorgen.

Abgebautes Material könnte entweder lokal zum Ausbau der Marssiedlung verwendet werden, oder auf ein Shuttle zur Erde umgeladen.

Ein weiterer Nutzen einer Weltraumtankstelle am Mars kann es sein die Flugzeit für eine Besiedlung des Jupiters zu reduzieren. Verzichtet man auf den auf den, energetisch optimalen, Hohmann Transfer von der Erde zum Jupiter, und verwendet stattdessen eine direktere Transferbahn vom Mars zum Jupiter, so ließe sich die Reisezeit von etwa 2 Jahren auf 1 Jahr reduzieren.

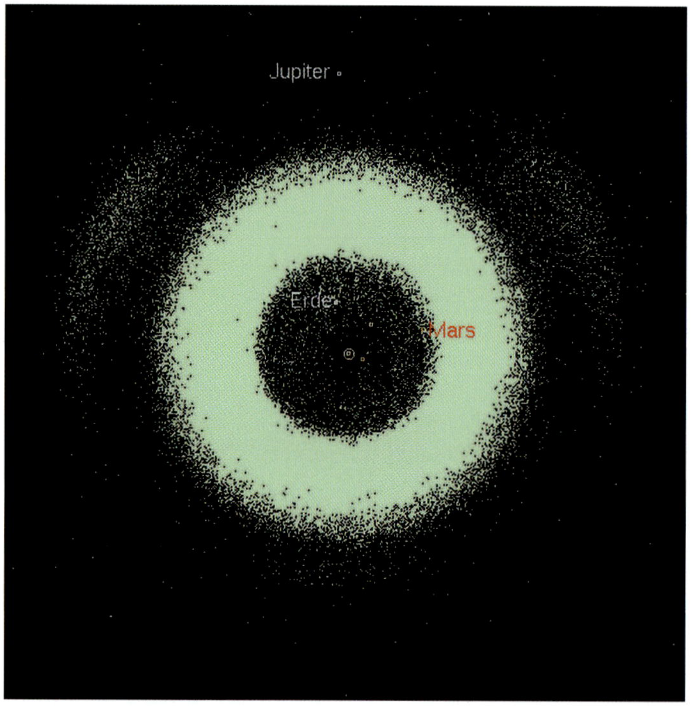

Verteilung bekannter Objekte im Asteroidengürtel. [27]

Weltraumwerft

Unter einer Weltraumwerft versteht man eine Einrichtung, die es erlaubt, Raumschiffe direkt im Orbit anstatt auf der Oberfläche zu bauen. Im Wesentlichen werden vorgefertigte Teile im Weltraum endmontiert. Wegen seiner geringeren Schwerkraft und dünneren Atmosphäre ist es auf dem Mars, auch ohne Weltraumlift, einfacher Objekte von der Oberfläche in die Umlaufbahn zu bringen als auf der Erde. Genau wie bei einer Mondsiedlung bietet es sich daher an, eine Weltraumwerft auf dem Mars zu errichten, schwere und große Bauteile lokal zu fertigen und komplexe aber leichte Bauteile, wie Elektronik, von der Erde anfliegen zu lassen. Insgesamt ist der Mars für diesen Zweck, wegen der vergleichsweise hohen Schwerkraft und dichten Atmosphäre sowie der größeren Entfernung, allerdings uninteressanter als der Mond. Eine Weltraumwerft auf dem Mars muss rein durch lokal verfügbares Personal betrieben werden und kann nicht auf Spezialisten von der Erde zurückgreifen. Zur Herstellung von Raumschiffen für den Asteroidenbergbau bietet es sich allerdings an diese auf dem Mars zu fertigen und nicht von der Erde einzufliegen. Ähnliches gilt für einen potentiellen Flug zum Jupiter, falls sich der Start vom Mars als vorteilhaft erweisen sollte.

Bergbau

Bergbau als Motivation für eine Siedlung auf dem Mars suggeriert Handel mit der Erde und daraus resultierender Gewinn. Wie schon in meinem Buch, Die Besiedlung des Mondes ausführlich gezeigt, sind die Transportkosten von einer extraterrestrischen Mine zur Erde sehr hoch. Auf dem Mond ist der Abbau und Transport zur Erde nur bei den teuersten Edelmetallen wie Gold und Platin gerade noch grenzwertig rentabel. Bei Bergbauprodukten vom Mars wird die Gewinnmarge weiter einbrechen. Auch hier wird bestenfalls der Abbau von extrem leicht zugänglichen Edelmetallresourcen interessant sein, wenn gleichzeitig ein Weltraumlift auf dem Mars besteht. Bestünde ein Weltraumlift auch auf der Erde wäre der Materialtransport sehr wahrscheinlich lukrativ zu halten, da das Landen auf der Erde ein großer Kostenfaktor für den Rücktransport ist. Sollte auf dem Mars im Rahmen des Siedlungsbaus oder als Ergebnis der Marserforschung ein lukratives Edelmetallvorkommen entdeckt werden, kann dessen Abbau unter Umständen gewinnbringend sein, planbar ist dieser Gewinn aus heutiger Sicht jedoch nicht.

Für den Eigenbedarf der Marssiedlung ist Bergbau unvermeidlich. Die Verwendung lokaler Rohstoffe wird die Transportkosten erheblich reduzieren und mittelfristig zur Eigenständigkeit der Kolonie beitragen.

Unterhaltung

Die Planung für MarsOne sieht vor die Mission durch eine 24/7/365 TV Übertragung zu finanzieren. In Deutschland wurden im TV Bereich 2011 etwa 6,5 Mrd. USD durch Werbung eingenommen. Eine gute Reality TV Sendung erreicht bei einstündiger Ausstrahlung etwa 15% Marktanteil. Gelingt es dem angepeilten Format im Jahresdurchschnitt 3% Marktanteil zu erreichen, würde der Anteil am Werbekuchen 200 Mio. USD betragen – nur für Deutschland. EU und Nordamerika gemeinsam könnten auf diese Weise etwa 2 Mrd. USD pro Jahr erwirtschaften. Zweifellos nicht genug für die Finanzierung der Mission, allerdings durchaus ein interessanter Beitrag.

Finanzen

Kleine Inselstaaten, wie die Kaimaninseln oder die Britischen Jungferninseln machen es vor. Wer sich als Finanzstandort profiliert und Kunden bei der Steuervermeidung hilft kann auch für sich ein Stück vom Kuchen abhaben. Auch wenn die Praxis mit der diese Kleinstaaten ihr Geld verdienen moralisch in Frage zu stellen ist, stellt sie dennoch ein legitimes Geschäftsmodel dar. Es bleibt abzuwarten inwieweit findige Banker in einer Siedlung auf dem Mars ein Steuerparadies erkennen. Bedingt durch die zeitliche Verzögerung in der Kommunikation kann es für Kunden eher unbequem sein mit einer Bank auf dem Mars zusammenzuarbeiten. Sollten alle irdischen Rückzugsorte für Steuervermeider einmal ausgetrocknet sein, werden die Kommunikationsprobleme sicherlich nicht mehr im Weg stehen. Mittelfristig ist ein derartiges Auswandern der Finanzbranche allerdings nicht zu erwarten.

Handel

Kurzfristig und vermutlich auch mittelfristig ist es schwierig mit einer Siedlung auf dem Mars Gewinn zu erwirtschaften – zu groß ist das Investitionsvolumen, zu klein die unmittelbaren Vorteile. Ähnlich verhielt es sich vor 500 Jahren mit der Besiedlung Amerikas. Das raue, von nicht immer freundlichen Einheimischen bewohnte Land bot nichts was es auch in Europa schon gab. Ganz im Gegenteil: Alles musste neu gebaut werden. Getrieben von schlechten wirtschaftlichen Verhältnissen in Europa siedelten die Leute in Schaaren um und erschufen was heute zwei der wohlhabendsten Länder der Welt sind und wichtige Handelspartner Europas.

Das dominierende Wirtschaftsystem der Menschheit fußt auf immerwährendem Wachstum. Expansion in neue Wirtschaftsräume sind daher so alt wie die Menschheit selbst. Entsprechend gibt es viele Beispiele von anfangs subventionierten Kolonien, wie die griechischen Siedlungen in Kleinasien hin zu europäischen Überseekolonien. Fast alle dieser Kolonien wurden später zu profitablen Wirtschaft und Handelszentren. Die USA sind ein heute noch sehr erfolgreiches Beispiel. Eine Siedlung auf dem Mars hat dieses Potential ebenfalls, leider ist der Zeitrahmen um dies zu erreichen, eher in Jahrhunderten als in Jahrzehnten zu messen. Hat der Mars einmal eine interessante Einwohnerzahl erreicht wird es zweifellos zu interplanetarem Handel zwischen Mars und Erde kommen, so wie es ihn heute zwischen Europa und Nordamerika gibt.

Terraforming Mars. Der große Traum vieler Science Fiction Autoren und Fans ist ein realistisches Fernziel für eine Marssiedlung. [27B]

Stand der Technik

In diesem Kapitel werden Trägerraketen, Raumschiffe und ISS Module, die in diesem Buch von Bedeutung sind, kurz vorgestellt.

Trägerraketen

Für Reisen zum Mars wäre eine superschwere Trägerrakete, wie sie die Saturn V war extrem wertvoll. NASA, SpaceX und China setzten daher einiges daran diese Fähigkeitslücke zügig zu schließen. Erstflugtermine für das SLS der NASA steht unmittelbar bevor. Das chinesische Projekt, Langer March 9, befindet sich noch in der Studienphase. Ein Erstflug wird erst für 2030 erwartet.

Falcon Heavy	
Herkunftsland	USA
Indienststellung	6.2.2018
Hersteller	SpaceX
Anzahl Starts	1
Erfolgreiche Starts	1
Durchmesser	3,66 m
Startort	Cape Canaveral
Nutzlast zu LEO	63,800 kg
Nutzlast zu GTO	26,700 kg
Nutzlast zu LLO	22,200 kg
Nutzlast zum Mars	16,800 kg
Startkosten [USD]	90 Millionen
Startkosten zu LEO [USD/t]	1,4 Millionen
Startkosten zu GTO [USD/t]	3,4 Millionen
Startkosten zum Mond [USD/t]	4 Millionen
Startkosten zum Mars [USD/t]	5,4 Millionen

[28]

Falcon Heavy

Die Falcon Heavy ist Teil des ambitionierten Weltraumprogramms von Milliardär und SpaceX Gründer Elon Musk. Sein erklärtes Ziel ist es die Menschheit zu einer multiplanetaren Spezies zu machen, der Mars ist der Planet der Wahl und die Falcon Heavy das Vehikel um dorthin zu kommen.

Die Falcon Heavy ist die konsequente Weiterentwicklung der Falcon Reihe. Die Rakete ist im Kern eine verstärkte Variante der Falcon 9 mit zwei Unterstufen der Falcon 9 als zusätzliche, seitlich angebrachte, Booster. Ein ähnliches Konzept wird auch bei der Delta IV angewendet. Durch die hohe Modularität der Falcon Reihe können die Kosten gering gehalten werden. Alle drei Unterstufen der Falcon Heavy können nach dem Start wieder verwendet werden um die Kosten um weitere 30% zu senken.

Auch wenn zurzeit nicht geplant, ist es vorstellbar die Zahl der Unterstufen die als Booster verwendet werden auf vier oder sechs zu erhöhen und so noch größere Nutzlasten zu erreichen.

Die avisierte Nutzlast ist zwar die geringste der superschweren Trägerraketen, allerdings ist sie ausreichend um ein bis zwei Red Dragons pro Start auf Kurs zum Mars zu bringen.

Space Launch System (SLS)

Das Space Lunch System soll die Reihe schwerer Startgeräte der USA erweitern und die erste Rakete seit der Saturn V werden die eine Nutzlast jenseits von 100t zum LEO transportieren kann. Es folgt dem Space Shuttle Programm nach und soll den USA die Möglichkeiten zum bemannten Raumflug wiedergeben. Technologien aus dem Space Shuttle, wie beispielsweise die Booster, werden auch beim SLS eingesetzt. Es ist geplant das SLS Schrittweise von Block 1 nach Block 2 zu entwickeln wobei die Nutzlast nach LEO von 95 t auf 130 t gesteigert werden soll. Gehen die Pläne vollständig auf wird das SLS die mächtigste Rakete die jemals gebaut wurde und ihre Schubkraft sogar die der Saturn V übertreffen. Das SLS wird damit zu einem Eckpfeiler der amerikanischen Weltraumpläne, sowohl für die Erkundung der tieferen Regionen des Sonnensystems als auch für bemannte Missionen zu Mond und Mars.

Der Jungfernflug des SLS ist nicht vor 2021 zu erwarten. Zu den erwarteten Startkosten gibt es bisher keine belastbaren Schätzungen, sie dürften jedoch recht hoch sein.

Space Launch System (Block 2)	
Herkunftsland	USA
Indienststellung	>2021
Hersteller	Boeing, United Launch Alliance, Northrop Grumman, Aerojet Rocketdyne
Anzahl Starts	0
Erfolgreiche Starts	0
Durchmesser	8,4 m
Startort	Cape Canaveral
Nutzlast zu LEO	130,000 kg
Nutzlast zu GTO	54,200 kg*
Nutzlast zu LLO	45,000 kg*
Nutzlast zum Mars	34,100 kg*
Startkosten [USD]	Unbekannt
Startkosten zu LEO [USD/t]	Unbekannt
Startkosten zu GTO [USD/t]	Unbekannt
Startkosten zum Mond [USD/t]	Unbekannt
Startkosten zum Mars [USD/t]	Unbekannt

[29]

* Schätzung

Starship

Super Heavy gemeinsam mit der Oberstufe Starship, früher als Big Falcon Rocket (BFR) bekannt ist die Super Schwere Rakete/Raumschiff das sich gerade in Entwicklung durch SpaceX befindet. Starship verfolgt ein im Vergleich zu bisherigen Raketen vollständig neues Konzept. Im Prinzip ist es eine zweistufige Rakete, deren erste Stufe „Super Heavy“ genannt, nach dem Start wieder vertikal Landen kann, wie man es schon von der Falcon 9 und Falcon Heavy her kennt.

Die zweite Stufe, das eigentliche Starship, ist Raumschiff und Oberstufe zugleich. Ziel der zweiten Stufe ist es den Übergang bis in den Erdorbit zu schaffen. Dort soll Starship nun durch ein anderes Starship oder später durch eine Starship Tanker Variante betankt werden. Versehen mit neuem Treibstoff kann es nun zu Mars oder Mond starten.

Super Heavy	
Herkunftsland	USA
Indienststellung	Q2 2020
Hersteller	SpaceX
Anzahl Starts	0
Erfolgreiche Starts	0
Durchmesser	9 m
Startort	Cape Canaveral
Nutzlast zu LEO	150,000 kg
Nutzlast zu GTO	62,600 kg*
Nutzlast zu LLO	51,900 kg*
Nutzlast zum Mars	39,300 kg*
Startkosten [USD]	Unbekannt
Startkosten zu LEO [USD/t]	Unbekannt
Startkosten zu GTO [USD/t]	Unbekannt
Startkosten zum Mond [USD/t]	Unbekannt
Startkosten zum Mars [USD/t]	Unbekannt

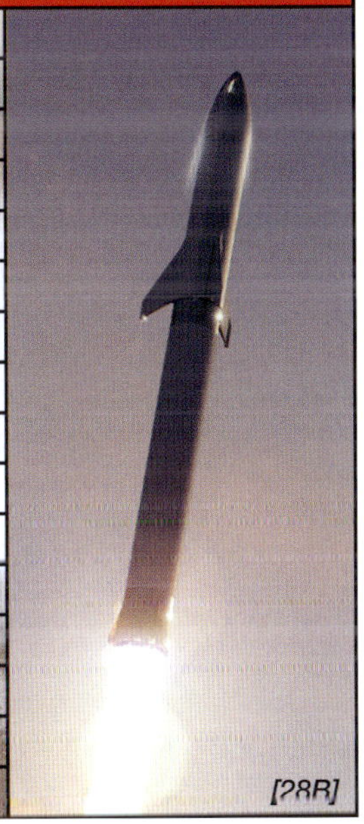
[28B]

*Schätzung ohne Nachtanken im Orbit, mit Nachtanken vermutlich über 100 t möglich.

Chang Zheng 9 (Langer Marsch 9)

Bis die Chang Zheng 9, kurz CZ-9, zum ersten Mal fliegen wird ist es noch ein langer Weg. Die CZ-9 befindet sich noch in der Entwicklung, der Termin für den Jungfernflug wurde erst kürzlich von 2025 auf 2030 verschoben. Erreicht die CZ-9 den geplanten Leistungsumfang, mit einer Nutzlast von 140 t in den LEO, wird sie in puncto Nutzlast alle bisher dagewesenen Raketen in den Schatten stellen und sogar das SLS übertreffen.

Wie die USA mit dem SLS plant auch China mit der CZ-9 Flüge zu Mond und Mars.

Chang Zheng 9	
Herkunftsland	China
Indienststellung	>2030
Hersteller	0
Anzahl Starts	0
Erfolgreiche Starts	Unbekannt
Durchmesser	Bisher keiner
Startort	140,000 kg
Nutzlast zu LEO	58,400 kg*
Nutzlast zu GTO	50,000 kg
Nutzlast zu LLO	44,100 kg
Nutzlast zum Mars	Unbekannt
Startkosten [USD]	Unbekannt
Startkosten zu LEO [USD/t]	Unbekannt
Startkosten zu GTO [USD/t]	Unbekannt
Startkosten zum Mond [USD/t]	Unbekannt
Startkosten zum Mars [USD/t]	Unbekannt

* Schätzung

Raumschiffe

Dragon

Dragon ist ein Raumschiff des US-amerikanischen Unternehmens SpaceX, das mit einer Falcon-9-Rakete gestartet wird. Cargo Dragon 2 ist die Frachtvariante, Crew Dragon dient zum Transport von Astronauten. Im unter Druck stehenden Teil der Kapsel stehen 10 Kubikmeter Volumen für mehr als 3000 kg Nutzlast oder 7 Passagiere zur Verfügung. Während des Wiedereintritts und der Wasserung kommen ein ablativer Hitzeschild und Fallschirme zum Einsatz.

Die Kapsel wiegt insgesamt acht Tonnen, ist 5,3 m hoch und hat einen maximalen Durchmesser von 3,7 m. An der Spitze befindet sich beim Start eine Kappe, hinter der sich der Kopplungsadapter für die ISS befindet. Dahinter folgt die 4,2 t schwere und 3,1 m hohe Druckkabine für Nutzlasten und/oder Besatzung. Laut SpaceX sollen bis zu sieben Raumfahrer an Bord Platz finden. In der Kapsel integriert sind 18 Triebwerke sowie Tanks mit 1290 kg Treibstoff. An die Kapsel schließen sich bei der Nutzlastkonfiguration noch ein zusätzlicher 14 m^3 großer, hinten offener Hohlzylinder als Stauraum für größere Lasten an; dieser steht jedoch nicht unter Druck. An dem zusätzlichen Element werden Solarpaneele und Wärmetauscher angebracht. Mit der jetzigen Version der Falcon-9-Trägerrakete kann Dragon etwa 2,5 t Nutzlast zur ISS transportieren. Bei einer späteren, stärkeren Version der Falcon-9-Trägerrakete (Falcon 9 Block III) soll die maximale Nutzlast auf über 6 t pro Flug gesteigert werden.

Je nach Anforderung der Mission kann der Innenraum der Dragon-Kapsel anders gestaltet werden. Bei einer Nutzlastmission werden Nutzlastracks verbaut. Für eine bemannte Mission werden Sitze für die Raumfahrer und Kontrollen für eine manuelle Steuerung eingerüstet.

Sowohl die Trägerrakete als auch das Raumschiff wurden von Beginn an auch für den Personentransport ausgelegt. Aus diesem Grund soll die Anzahl der Änderungen zu einem bemannten Raumschiff gering ausfallen. Da bei einer bemannten Mission höhere Anforderungen an die Sicherheit gestellt werden, ist es während einer solchen Mission möglich, dass die Mannschaft den Autopiloten deaktiviert und selbst die Steuerung übernimmt. Im Normalfall wird die Dragon von zwei Avioniksystemen gesteuert, die auch ohne Besatzung ein Andocken an die ISS ermöglichen.

Starship

Starship, die Oberstufe für die Super Heavy, kann die Raumfahrt für immer verändern.

Egal ob auf Erde, Mars oder Mond, Starship soll in der Lage sein, vertikal zu landen. Auf Mars und Erde soll zuerst der Wiedereintritt in die Atmosphäre ähnlich dem Space Shuttle erfolgen und ein großer Teil der Energie (Erde 99,9%, Mars 99%) durch Luftreibung abgebaut werden. In der Endphase der Landung dreht sich das Raumschiff in die Vertikale und landet schließlich mit ausgeschaltetem Triebwerk. Es wird angestrebt diesen Vorgang so sicher zu machen wie das Fliegen.

Starship verwendet eine Mischung aus LOX und Methan als Treibstoff. Von diesem Treibstoff wird erwartet, dass man ihn auch auf dem Mars herstellen kann.

Durch die riesigen 1000 m³ unter Druck stehendem Volumen können bis zu 40 Kabinen untergebracht werden die Platz für bis zu 80 Passagiere bieten können (12,5 m³ pro Passagier). Die Möglichkeit es zum Start und zur Landung auf Erde, Mond und Mars einzusetzen verleiht dem Gefährt eine einmalige Flexibilität.

Noch befindet sich Starship in der Entwicklung und es kann nicht als gesichert angesehen werden das diese Erfolg haben wird. Gelingt die Entwicklung, wäre das eine massive Erleichterung auf dem Weg zum Mars gegenüber dem wie er in diesem Buch beschrieben wird. Noch ist Starship allerdings Zukunftsmusik und wird daher hier nicht weiter berücksichtigt.

Dragon

Erstflug	2012
Träger	Falcon 9
Herkunft	USA
Leergewicht	4.200 kg (trocken)
Startgewicht	8.800 kg
Nutzlast	3.310 kg
Passagiere	7
Druckvolumen	10 m3
Startkosten [USD]	54 Mio.
Startkosten [USD/t]	16,3 Mio.

[30]

Starship

Erstflug	>2021
Träger	Super Heavy
Herkunft	USA
Leergewicht	120.000 kg (trocken)
Startgewicht	1.320.000 kg
Nutzlast	100.000 kg
Passagiere	80
Druckvolumen	1.000 m3
Startkosten [USD]	Unbekannt
Startkosten [USD/t]	Unbekannt

[30B]

ISS Module

Integrated Truss Structure

Die Integrated Truss Structure ITS (auf deutsch: Integrierte Gitterstruktur) ist die tragende Gitterstruktur der ISS. Sie bildet ihr Rückgrat und ist senkrecht zur Flugrichtung ausgerichtet.

Die ITS ist eine im Querschnitt trapezförmige, starre Leichtmetallstruktur mit zusätzlichen Querstreben. Für die Verbindung der einzelnen Segmente existiert ein spezielles „Module-to-Truss-Segment-Attachement-System". Für jede Verbindung gibt es einen fernbedienbaren Fangriegel, der beide Elemente zunächst locker verbindet und danach festgezogen wird. Außerdem greifen dann vier motorgetriebene Bolzen, die zusätzlich gesichert werden.

Solarpaneele

Die ISS verfügt über vier große Solarelemente. Es befinden sich jeweils zwei Solarzellenträger an den Enden der ITS-Gitterstruktur. Die Elemente können um 360° gedreht werden, um immer optimal auf die Sonne ausgerichtet zu werden.

Jede der Solarzellenflächen besteht aus einem faltbaren Gittermast, zwei faltbaren Solarzellenpaneelen, Spanndrähten zum Ausfahren oder Zurückziehen der Paneele sowie Einrichtungen zu deren Steuerung. Eine Solarzellenfläche ist mit entfalteten Paneelen 35,05 m lang und 11,58 m breit und hat eine Masse von 1,1 t. 32.800 einzelne Solarzellen, die zu 82 Streifen von je 400 Stück zusammengefasst sind, können 32,8 kW Gleichstrom erzeugen. Da beide Flächen eines Elementes voneinander entgegengesetzt entfaltet werden, haben sie zusammen eine Spannweite von 73 m.

Auf den Solarzellenflächen sind Einrichtungen zur Stabilisierung der Raumstation und Speicherung elektrischer Energie sowie zur Kühlung sämtlicher Anlagen vorhanden. Der elektrische Strom gelangt über 82 Leitungen pro Paneel zu drei Ladesystemen mit je zwei Nickel-Wasserstoff-Akkus. Diese stellen den Strom – dessen Spannung auf etwa 140 V geregelt wird – für die Station zur Verfügung, während sich die ISS im Schatten der Erde befindet. Jeder Akku hat eine Masse von 187 kg und besteht aus 38 Einzelzellen. Mit 38.000 Lade-Entlade-Zyklen haben die Akkus eine veranschlagte Lebensdauer von sechseinhalb Jahren.

Theoretisch lassen sich 31 kW der erzeugten elektrischen Energie nutzbar machen. Es kann gleichzeitig Strom für die Steuerung,

Zusammenfassung: Einzelelemente der Integrated Truss Structure

Element	Startdatum	Länge [m]	Breite [m]	Höhe [m]	Masse [kg]
Z1-Gitterelement	11. Oktober 2000	4,9	4,2	-	8.755
P6-Gitterelement - Solarpaneel	1. Dezember 2000	10,67	4,87	4,9	15.873
S0-Gitterelement	8. April 2002	13,4	4,6	-	13.97
S1-Gitterelement	7. Oktober 2002	13,7	4,57	3,96	12.572
P1-Gitterelement	24. November 2002	13,7	4,57	3,96	12.477
P3/P4-Gitterelement - Solarpaneel	9. September 2006	13,8	4,88	4,75	15.9
P5-Gitterelement	10. Dezember 2006	3,37	4,55	4,24	1.864
S3/S4-Gitterelement - Solarpaneel	8. Juni 2007	13,8	4,88	4,75	16.183
S5-Gitterelement	8. August 2007	3,37	4,55	4,24	1.819
P6-Gitterelement - Umbau	23. Oktober 2007	-	-	-	-
S6-Gitterelement - Solarpaneel	15. März 2009	13,4	4,9	4,9	-
S2 und P2 wurden annulliert.					

die Kühleinrichtungen und die Station bereitgestellt werden. Außerdem werden die Akkus geladen, mit maximal 3 x 8,4 kW pro Solarzellenfläche. Das Kühlsystem besteht aus Kühlkörpern, die direkten Kontakt zu den wärmeerzeugenden Teilen haben, mehreren Kühlkreisläufen mit Ammoniak als Kühlmittel, elektrischen Pumpen und einem Radiator, der theoretisch 14 kW Abstrahlungsleistung besitzt. Alle Anlagen haben zusammen einen Leistungsbedarf von mehr als 6 kW, der somit nicht für eine Nutzung der Raumstation zur Verfügung steht.

Zusammengefasst handelt es sich eher um ein kleines Kraftwerk als um eine Solaranlage zur Stromerzeugung. Die komplexen Systeme werden durch mehrere Computer gesteuert, im Laufe des Betriebs der Raumstation gewartet und bei Bedarf ausgetauscht.

Zu den Kosten der Solarpaneele der ISS sind unterschiedliche Zahlen im Umlauf. Die Kostenangaben variieren extrem und schwanken zwischen 56 Mio. USD pro Panel und 1,2 Mrd. USD. Wahrscheinlich ist ein Preis von 300 Mio. USD pro Paneel. Ein Paneel liegt damit in der Größenordnung der günstigeren Module.

Solar Alpha Rotary Joint (SARJ)

Das Solar Alpha Rotary Joint (SARJ) ist ein Drehgelenk mit der Aufgabe, die Solarpaneele stets genau der Sonne nach zu führen, um eine bestmögliche Energiegewinnung zu gewährleisten. Dazu werden die Solarzellenflächen so gedreht, dass die Sonne senkrecht auf die Solarzellen fällt. Die einzelnen Solarflügel können zusätzlich an ihren Befestigungen um eine zweite Achse gedreht werden. Es gibt zwei SARJs, die jeweils zwei Solarpaneele verbinden. Die beiden Gelenke haben die Form eines Wagenrades und drehen die jeweiligen Enden der Gitterstruktur. Alle elektrischen Verbindungen sind über Schleifringe geführt, damit das Gelenk nicht zurückgedreht werden muss.

Mit einem Durchmesser von 3,2 m, einer Länge von 1,02 m und einer Masse von 1,1 t kann das SARJ mit einer Genauigkeit von 1° über 360° gedreht werden.

Zwischenfazit

SARJ erlaubt es die Solarpaneele um die Truss Struktur zu rotieren. Ein SARJ kann zwei Paneele, für je 32,8 kW Leistung, tragen. Zwei dieser Paneele und ein SARJ wiegen zusammen 3,3 t und kosten etwa 1,2 Mrd. USD. Ein kW in Orbit Solarleistung wiegt daher 50 kg, und kostet 9 Mio. USD.

Sarja	
Startdatum	20.11.98
Träger	Proton-K
Herkunft	Russland
Länge	12,60 m
Durchmesser	4,1 m
Startmasse	19,323 kg
Kosten	105 bis 120 Mio. USD

[31]

Sarja

Bis zum Sommer 2000 übernahm Sarja (russisch für Morgenröte) die komplette Energieversorgung, Lageregelung und Klimasteuerung für die Raumstation. Bei der Kopplung mit dem Modul Swesda am 26. Juli 2000 übernahm Sarja in der Endphase die aktive Rolle. Mit fortschreitendem Aufbau der Station werden Energieversorgung und Lageregelung weitgehend von anderen Komponenten übernommen. Bestehen bleibt die Funktion als Treibstoffspeicher und Lagerraum. Auch ist Raum für weitgehend automatisch ablaufende Experimente vorgesehen. Im Mai 2010 wurde am freien Andockport (Nadir) das russische Modul Rasswet angekoppelt.

Swesda

Swesda (russisch für Stern) ist das russische Wohn- und Navigationsmodul, gebaut von RKK Energija. Es ist eine modifizierte Version des Basismoduls der Raumstation Mir. Das Modul ist mit vier Kopplungsaggregaten ausgestattet, drei passive vom Typ „SSWP-M 8000" am kugelförmigen Übergangsteil am Bug und ein passives vom Typ „SSWP G4000" am Heck. Dort befinden sich auch Anschlüsse und Pumpen, die angelieferten Treibstoff zu den Tanks des Moduls Sarja weiterleiten. Unbemannte Transporter wie Progress oder ATV, welche sämtlich über aktive Kopplungsaggregate vom Typ „SSWP G4000" verfügen, legen hier an. Es können aber auch bemannte Raumschiffe vom Typ Sojus andocken. Unterstützt werden derartige Manöver von den Annährungskontrollsystemen Kurs und Toru.

Swesda besteht aus drei Abteilen. Nach dem kugelförmigen Übergangsteil folgen der zylindrische Hauptteil und ein ebenfalls

Sarja	
Startdatum	12.07.00
Träger	Proton-K
Herkunft	Russland
Länge	13,10 m
Durchmesser	4,15 m
Startmasse	19,050 kg
Kosten	340 bis 470 Mio. USD

[32]

zylindrischer, hermetisch verschließbarer Heckabschnitt, der als Ausstiegsschleuse und Stauraum dient. Im Mittelteil befinden sich Steuereinrichtungen, Lebenserhaltung, Toiletten und Duschmöglichkeiten, die Küche, Trainingsgeräte und mehrere Wohnkabinen. Swesda selbst verfügt über zwei Solarzellenflächen mit einer mittleren elektrischen Leistung von ca. 5 kW und ist mit einem in Deutschland entwickelten intelligenten Datenmanagementsystem ausgerüstet.

Zwischenfazit

Sarja und Swesda können als Raumstation unabhängig von der ISS funktionieren.

Canadarm2

Canadarm2 ist ein Multifunktionsroboterarm, der offiziell als Space Station Remote Manipulator System (SSRMS) bezeichnet wird. Es ist der kanadische Beitrag zur Raumstation. Er wurde vom kanadischen Raumfahrtunternehmen MDA Space Missions entwickelt und gebaut. Er besteht aus drei Teilen, ist 17,6 m lang und kann bei einer Eigenmasse von 1,8 t bis zu 116 t bewegen. Die maximale Leistungsaufnahme liegt bei lediglich 2 kW.

Canadarm2 ist Teil des Mobile Servicing System (MSS), das für Zusammenbau, Wartungs- und Reparaturarbeiten außerhalb der ISS sowie Bedienung von externen Anlagen und Experimenten vorgesehen ist. Die Raumfahrer können dabei über vier Videokameras jede Bewegung auch ohne direkten Sichtkontakt verfolgen und über die Fernbedienung im amerikanischen Labormodul Destiny steuern.

Der Canadarm2 ist nicht fest an einem Punkt mit der ISS verbunden, sondern kann – nicht zuletzt dank seiner sieben Freiheitsgrade – auf unterschiedliche Weise an der Station entlang bewegt werden.

Der Roboterarm verfügt an beiden Enden über eine Greifmechanik, die mit Schnittstellen für Daten- und Energieversorgung ausgestattet ist. Weiterhin sind an verschiedenen Stellen der Station dazu passende Konnektoren, sogenannte Power Date Grapple Fixtures (PDGF) montiert, an denen der Arm fixiert werden kann. So kann der Canadarm2 mit einem raupenartigen Bewegungsablauf von PDGF zu PDGF über das amerikanische Segment der ISS wandern. Alternativ kann Canadarm2 mit dem „Mobile Transporter“ verbunden und über ein Schienensystem entlang der Integrated Truss Structure der Station bewegt werden.

Canadarm2	
Startdatum	19.04.01
Träger	Space Shuttle
Herkunft	Kanada
Länge	17,60 m
Durchmesser	0,35 m
Startmasse	4,899 kg
Kosten	100 – 150 Mio. USD

[33]

Columbus

Das Raumlabor Columbus ist ein Wissenschaftslabor und der größte Beitrag der ESA für die ISS. Hauptauftragnehmer für Columbus war EADS Astrium Space Transportation in Bremen, wo der Endausbau stattfand. Die tragende Struktur, die auf dem Design des MPLM-Versorgungsmoduls basiert, stammt jedoch von Alenia Spazio in Italien.

Columbus ist für eine Betriebszeit von zehn Jahren ausgelegt. Die Einstiegsluke befindet sich an einem Ende des Zylinders, die meisten Bordcomputer am anderen. Columbus ist kleiner als die anderen Labormodule der Station. Es enthält zehn sogenannte International Standard Payload Racks (ISPRs). Vier davon befinden sich an der Vorderseite, vier an der Rückseite und zwei an der Decke. Drei ISPRs enthalten Lebenserhaltungs- und Kühlsysteme. Die übrigen Racks dienen als Lagerplatz oder für Experimente. Vier weitere Nutzlastmodule können extern angebracht werden.

Über Columbus sind einige Details bekannt durch die mehr über den generellen Aufbau eines ISS Moduls gelernt werden kann. Das Modul ist in einen 13 cm starken Mikrometeoritenschutz aus Aluminium, Kevlar und einer Textilkeramik mit dem Markennamen Nextel. Unterhalb dieses Schutzschildes beträgt der Durchmesser des Moduls 4,215 m. Verwendet man diesen Durchmesser, und die Länge von 6,871 m kann man ein Zylindervolumen von 95,9 m³ berechnen. Tatsächlich verfügbares Innenvolumen beträgt 75 m³. Grob geschätzt entfallen etwa 20% des Zylindervolumens auf strukturelle Komponenten, wie die Wände, Türen, Verstrebungen etc.

Nach dem Einbau aller Racks sinkt das begehbare Volumen auf 25 m³, d. h. von dem über die Zylinderform geschätzten Volumen stehen etwa 50% für die Einbauten zur Verfügung und etwa 30% als Aufenthaltsraum.

Columbus	
Startdatum	07.02.08
Träger	Space Shuttle
Herkunft	Europa
Länge	6,87 m
Durchmesser	4,49 m
Startmasse	19,300 kg
Kosten	1.820 Mio. USD

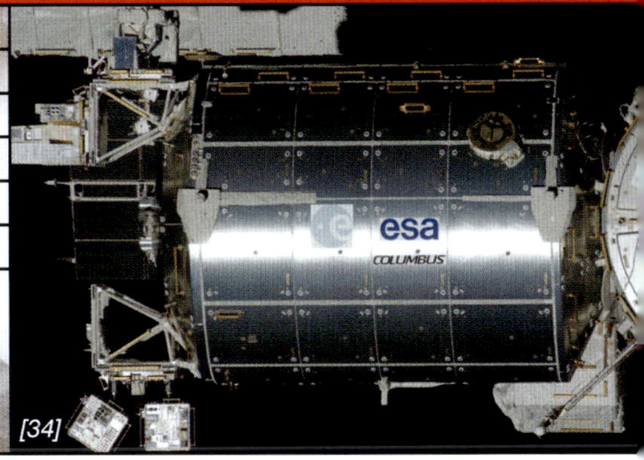

[34]

Die Masse des Columbus Moduls mit leeren Racks beträgt lediglich 10.275 kg. Draus lässt sich abschätzen wie schwer ein ISS Modul in seiner Basiskonfiguration ist. Das Verhältnis dieser Masse zur Oberfläche von etwa 118 m² ergibt 86 kg/m².

Zwischenfazit

Am Beispiel von Columbus ist es möglich einige Eckdaten eines typisches ISS Moduls abzuleiten:	
Struktur	**20 Vol %**
Einbauten	50 Vol %
Begehbar	30 Vol %
Flächenmasse der Hülle	86 kg/m²

Stand der Marsforschung

Der Mars ist der vierte Planet im Sonnensystem, und der äußerste der Gesteinsplaneten. Mars umkreist die Sonne auf einer elliptischen Umlaufbahn am Rande der bewohnbaren Zone. Sein mittlerer Abstand liegt etwa 50% weiter von der Sonne entfernt als die Erde, was zu 43% der irdischen Sonneneinstrahlung und damit verbunden, niedrigeren Temperaturen führt. Trotzdem trägt der Mars den Titel „kleiner Bruder der Erde" zu Recht. In vielerlei Hinsicht sind sich die beiden Planeten sehr ähnlich. Ein Tag auf dem Mars dauert nur 37 Minuten länger als ein Tag auf der Erde, die Neigung der Rotationsachse von Erde und Mars unterscheiden sich nur um 7% womit es auch auf dem Mars vier Jahreszeiten gibt. Wegen der größeren Umlaufbahn ist das Marsjahr allerdings 321 Erd-Tage länger, entsprechend länger halten auch die Jahreszeiten an.

Bedingt durch die kleinere Masse fällt die Gravitation auf dem Mars etwas geringer aus, auf einer von der Erde mitgebrachten Wage würde das Gewicht eines 100 kg schweren Raumfahrers lediglich mit 37,6 kg angezeigt werden.

Genau wie die Erde hat der Mars eine Atmosphäre, mit Eis bedeckte Pole, es gibt Winde und Stürme und im Winter sogar Schnee.

Mars wird von zwei unregelmäßig geformten Monden umkreist, beide sind erheblich kleiner und näher an der Oberfläche als der Erdmond.

Eigenschaften des Orbits	**Mars**	**Erde**
Große Halbachse	1,524 AE	1,000 AE
Perihel	1,381 AE	0,983 AE
Aphel	1,666 AE	1,017 AE
Neigung der Bahnebene	1,850°	0°
Siderische Umlaufzeit	686,980 d	365,256 d
Synodische Periode	779,94 d	-
Mittlere Orbitalgeschwindigkeit	24,13 km/s	29,78 km/s

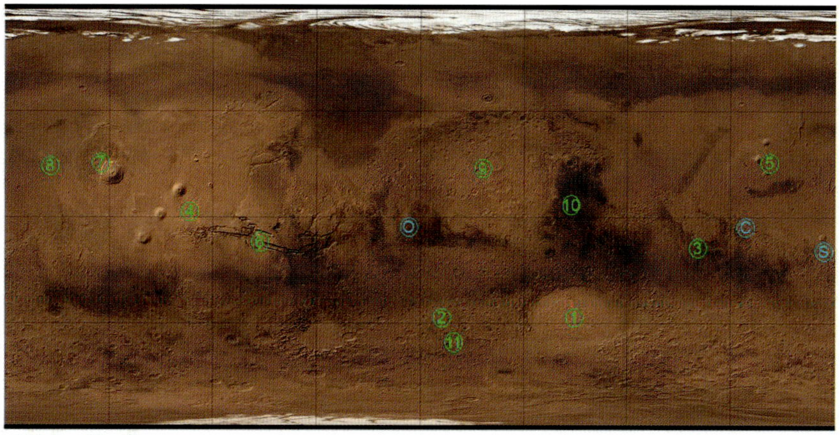

Mars Übersichtskarte. [35]

Entstehung und Entwicklung des Mars

Eigenschaften des Planeten	Mars	Erde
Äquatordurchmesser	6.792,4 km	12,756,32 km
Masse	6,419 1023 kg	5,974 1024 kg
Mittlere Dichte	3,933 g/cm3	5,515 g/cm^3
Fallbeschleunigung	3,69 m/s2	9,81 m/s^2
Fluchtgeschwindigkeit	5,03 km/s	11,186 km/s
Rotationsperiode	24h 37m 22s	23h 56m 4,1s
Neigung der Rotationsachse	25,19°	23,44°
Geometrische Albedo	0,15	0,367

Der Mars entstand zusammen mit dem restlichen Sonnensystem vor etwa 4,54 Mrd. Jahren. 500 Mio. Jahre nach der Entstehung kühlte die Oberfläche ab und es formte sich eine feste Kruste, die kontinuierlich von Asteroiden und Kometen bombardiert wurde. In dem Noachische Periode genannten Zeitraum vor 4,1 bis 3,7 Mrd. Jahren bildeten sich die ältesten, noch heute erkennbaren Strukturen des Planeten, wie der Einschlagkrater Hellas Planitia im Südosten und Noachis Terra genannte Region südlich des Äquators auf dem Nullmeridian. Aus dieser Zeit stammt auch die Zweiteilung der Marsoberfläche, in einen tief liegenden nördlichen Teil und Hochländer im Süden. In der Noachischen Periode herrschte starke vulkanische Aktivität, weite Teile des Planeten wurden mit Asche bedeckt. Wasser war in dieser Zeit in flüssiger Form vorhanden, Flüsse formten die ältesten Täler die wir heute nur noch als Gräben sehen. In der Noachischen Periode war die Atmosphäre dichter, die Temperaturen gemäßigter und es gab

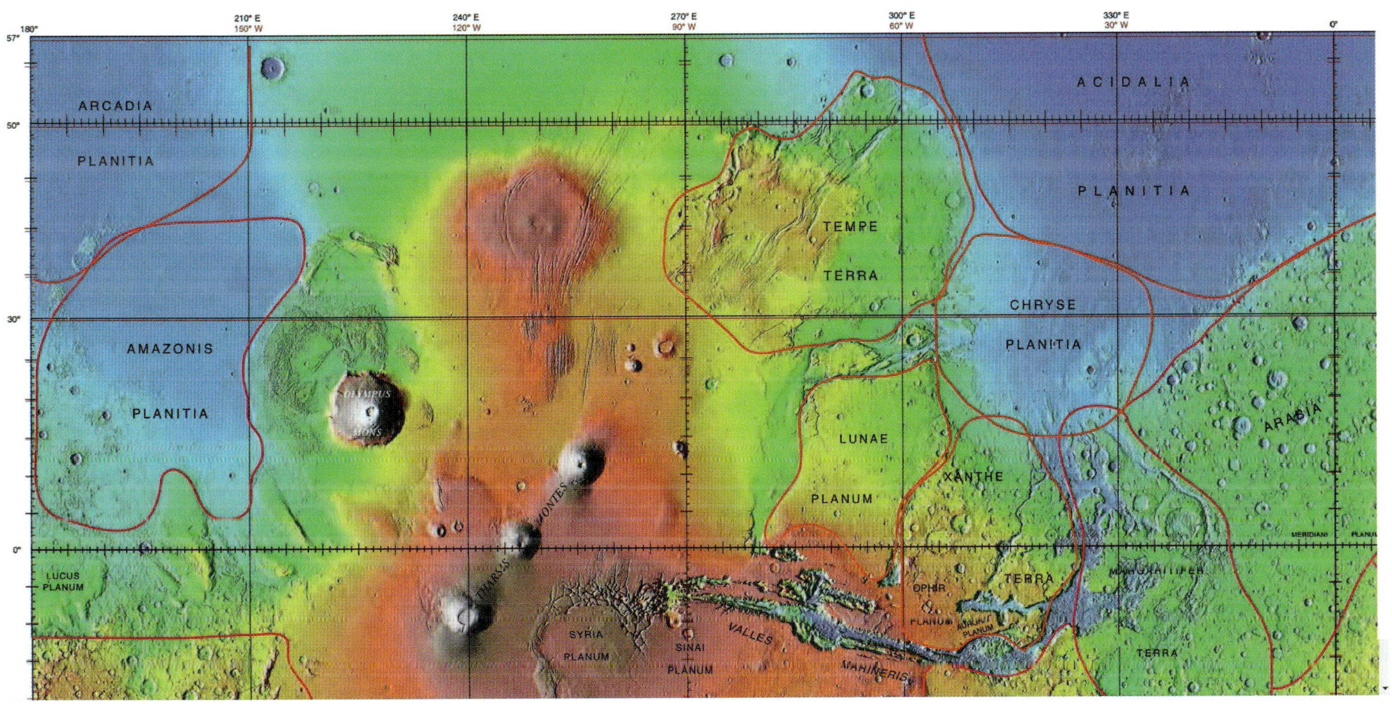

Übersicht der Regionen der Nordhalbkugel. [36]

vermutlich einen Wasserkreislauf mit Regen. In diesem Zeitraum waren die Bedingungen auf Mars und Erde vermutlich sehr ähnlich. Irdisches Leben entstand vor 4,1 bis 3,5 Mrd. Jahren, es gilt daher als hoch Wahrscheinlich, dass sich in Strukturen die seit der frühen Noachischen Periode unverändert geblieben sind Hinweise auf frühes Leben auf dem Mars finden lassen. Solche Strukturen finden sich im Südlichen Hochland sowie auf der Nordhalbkugel u. a. in den Regionen Tempe Terra und Xanthe Terra.

In der anschließenden Hesperianischen Periode, benannt nach der Antiken Bezeichnung für das Abendland, vor 3,7 Mrd. Jahren bis 3,0 (+/-0,5) Mrd. Jahren nahm die vulkanische Aktivität weiter zu. Aus massiven Spalten im Marsboden quollen große Mengen Lava und formte ausgedehnte Ebenen wie Hesperia Planum, dass der Periode seinen Namen gab. Die vulkanische Aktivität sorgte auch für die Entstehung der ältesten Vulkane in der Elysium und Tharsis Region. Durch die massiven Ausbrüche kam es zu Verwerfungen in der Marskruste, massive Gräben wie das Valles Marineris entstanden. Die im deutschen auch als Mariner Täler bekannten Gräben sind nach der Raumsonde Mariner 9 benannt, von der die Täler erstmals fotografiert wurden. Die Täler wurden bereits 1877 auf Schiaparellis Marskarte verzeichnet. Auch in der Hesperianischen Periode gab es zumindest in manchen Regionen massive Wasserströme die durch die neu entstandenen Täler flossen oder sich zu Seen stauten. Im Verlauf der Hesperianischen Periode veränderte sich der Mars zu der kalten Staubwüste die wir heute sehen.

Das jüngste geologische Zeitalter, die Amazonische Periode, benannt nach Amazonis Planitia, begann vor 3,0 (+/-0,5) Mrd. Jahren und dauert bis heute an. In dieser Zeit entstanden die jüngeren Vulkane der Elysium und Tharsis Region. Durch massive Laveströme aus diesen Vulkanen entstanden ausgedehnte Ebenen wie Amazonis Planitia, westlich von Olympus Mons gelegen, dem höchsten Berg und Vulkan im bekannten Universum. Vermutlich gab es in diesem Zeitalter auch eine starke Geysir-Aktivität, bei denen erhitztes Wasser angetrieben von expandierendem Kohlendioxid bis zu 4 km in die Höhe geschleudert wurde.

Die letzten Vulkane erloschen vermutlich vor 1,5 Mrd. Jahren. Heute ist auf dem Mars keine vulkanische Aktivität bekannt. Veränderungen der Oberfläche gehen nur noch auf Winderosion zurück.

Der innere Aufbau des Planeten ist bisher nur wenig erforscht. Als gesichert gilt, dass der Mars über einen flüssigen Kern mit einem Radius zwischen 1520 km und 1840 km besitzt der überwiegend aus leichten Elementen besteht, was zum Teil die geringere Dichte des Planeten erklärt. Auf den Kern folgt ein Silikat Mantel, der früher treibend für die vulkanische Aktivität war. Die äußere Kruste ist zwischen 50 km und 125 km und damit erheblich stärker ausgeprägt als auf der Erde, die über eine durchschnittliche Dicke von 40 km verfügt. Besonders in Relation zur Planetengröße ist die Marskruste als dick zu bezeichnen.

Klima und Atmosphäre

Der Mars verfügt über eine ausgesprochen dünne Atmosphäre. Der durchschnittliche Luftdruck beträgt mit 6 mbar gerade ein 167stel des irdischen Normaldrucks, und liegt damit auch noch deutlich unter dem Luftdruck am Gipfel des Mount Everest, von 326 mbar. Als niedrigster für den Menschen akzeptabler Luftdruck gilt das Armstrong Limit, von 63 mbar. Dies entspricht dem Druck, bei dem Wasser, bereits bei normaler menschlicher Körpertemperatur zu kochen beginnt. Für das aufrechterhalten menschlichen Lebens, ist der Luftdruck auf dem Mars erheblich zu niedrig.

Die Marsatomosphäre besteht zum überwiegenden Teil aus Kohlendioxid. Im Winter reduziert sich der CO_2 Gehalt in der Atmosphäre durch Ablagerungen des Gases an Nord und Südpol, dabei kommt es auch zu Schneefall.

Absolut gemessen enthält die Marsatmosphäre etwa doppelt so viel des Treibhausgases wie die Erdatmosphäre. Die Möglichkeit zur Wärmespeicherung wird allerdings von der Atmosphärendichte dominiert und ist entsprechend gering. Auf dem Mars herrschen daher extreme Temperaturunterschiede zwischen Tag und Nacht.

Atmosphäreneigenschaften	Mars	Erde
Luftdruck	0,006 bar	1,014 bar
Min. Temperatur	140 K (-133 °C)	184 K (-89 °C)
Mittlere Temperatur	218 K (-55 °C)	288 K (+15 °C)
Max. Temperatur	300 K (+27 °C)	331 K (+58 °C)
Kohlenstoffdioxid	95,32%	0,038%
Stickstoff	2,7%	78,08%
Argon	1,6%	0,93%
Sauerstoff	0,13%	20,95%

Während am Äquator an einem Sommertag angenehme 27 °C möglich sind, fallen die Temperaturen an den Polen im Winter bis auf -133 °C ab. Durch die beiden Mars-Rover Spirit und Opportunity gibt es sehr ausgedehnte Temperaturmessungen an ihren Einsatzorten.

Tagestemperaturen in der Äquatorregion sind Sommer wie Winter durchaus im für Menschen zumutbaren Bereich.

Neben den in der Tabelle oben angegebenen Verbindungen sind in der Marsatmosphäre auch Spuren von Methan nachgewiesen worden. Durch UV Strahlung wird Methan in der Atmosphäre zersetzt, daher kann die anhaltende Methankonzentration nur durch eine kontinuierliche Produktion von etwa 150 t pro Jahr erklärt

Marsatmosphäre. [37]

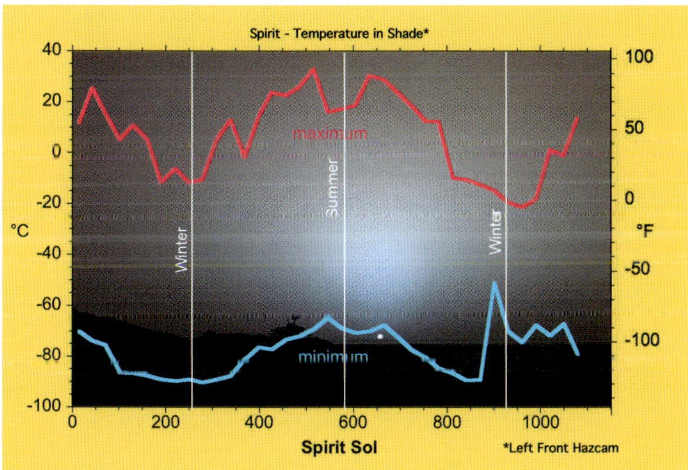

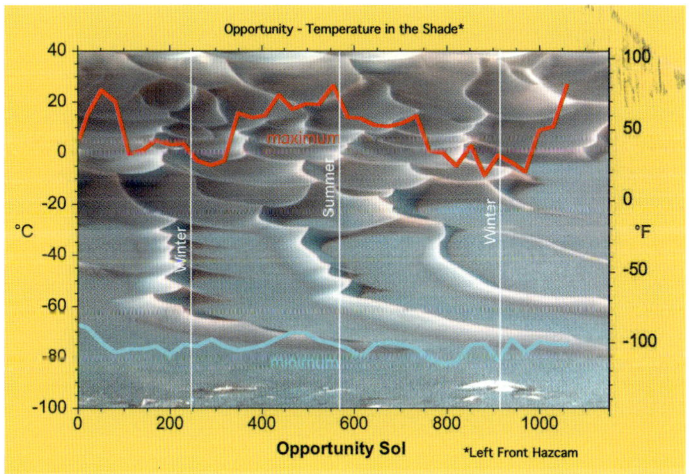

Temperatur Messungen von Spirit und Opportunity im Schatten des Rovers. [38] [39]

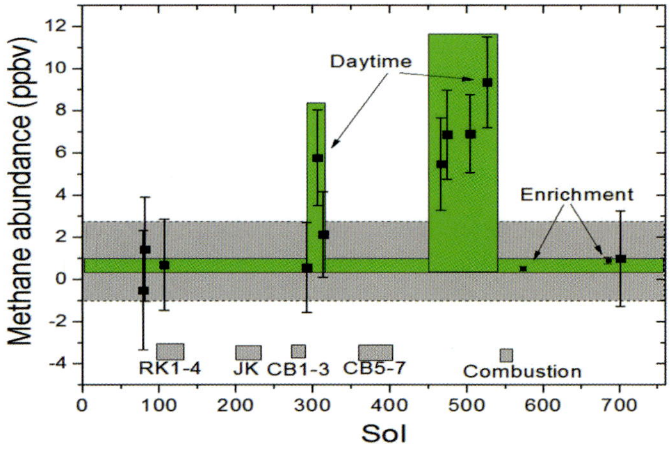

Methanmessungen durch Curiosity. [40]

werden. Typische Methanquellen sind aktiver Vulkanismus oder Mikroorganismen. Bei beiden Prozessen entstehen typische Begleitgase die bisher noch nicht nachgewiesen werden konnten. Die Ursache für das Methan ist daher bis heute unklar, man vermutet jedoch den Ursprung im südwestlichen Abschnitt der Arabia Terra Region zwischen 2°N und 12°N sowie 5° W und 12° W.

Gelänge es eine erschließbare Methanquelle zu identifizieren und wäre das für eine zukünftige Marssiedlung ein sehr großer Vorteil. Methan könnte mit Sauerstoff aus Metalloxiden zur Energiegewinnung verbrannt werden oder als Grundstoff für chemische Verfahren.

Auch dem Marsrover Curiosity sind Messungen der Methankonzentration gelungen. Die Messungen zeigen eine stark schwankende Konzentration in der Atmosphäre die nur an wenigen Tagen die Nachweisschwelle übersteigt.

Geprägt wird die Marsatmosphäre weiter durch den relativ hohen Staubgehalt, der ihr einen charakteristischen blassgelben bis orange-braunen Farbton verleiht. Während des Frühjahrs auf dem Mars kann es zu ausgedehnten Staubstürmen kommen. Angeheizt durch die steigende Sonneneinstrahlung erreichen die Stürme bis zu 400 km/h in Bodennähe, dabei kommt es auch zu Gewittern.

Unter dem Aspekt der Besiedlung sind Klima und Atmosphäre auf dem Mars zweifellos nicht optimal. Luftdruck und -zusammensetzung machen einen ungeschützten Aufenthalt im Freien undenkbar. Die starken Temperaturschwankungen stellen extreme Anforderungen an Mensch und Material. Die weniger als halb so starke Sonneneinstrahlung macht Solarzellen zur Energiegewinnung zwar nicht überflüssig, allerdings weniger interessant.

Geographie

Die geographischen Gegebenheiten auf dem Mars sind auf der Nord- und Südhalbkugel sehr unterschiedlich. Die nördlichen Tiefebenen liegen etwa 4000 m bis 8000 m unter dem festgelegten Nullniveau. Auf der Südhalbkugel ragen die stark von Kratern übersäten Strukturen etwa 3000 m bis 4000 m in die Höhe, wie auf der rechts gezeigten topographischen Karte dargestellt. Die Karte ist mit dem Mars Orbiter Laser Altimeter (MOLA) an Bord von Mars Global Surveyor erstellt worden. Vereinfacht dargestellt vermisst MOLA den Abstand vom Satelliten zur Oberfläche und bestimmt so die Topographie.

Zur einfacheren Orientierung sind auf der Karte die Operationsgebiete der drei Rover Spirit, Curiosity und Opportunity verzeichnet.

Der Einschlagkrater Hellas Planitia ist als extreme Vertiefung auf der Südhalbkugel in dieser Darstellung besonders deutlich zu erkennen. Innerhalb des Kraters befindet sich der tiefste Punkt des Planeten mit 8180 m unter dem Nullniveau.

Die zweite auffällige Vertiefung auf der Südhälfte, ist die Region Argyre Planitia, ein weiterer Einschlagkrater aus der marsschen Frühgeschichte. Sein Durchmesser beträgt 1800 km, gegenüber seinem Rand ist er 5,2 km tief.

Da die Nordhalbkugel geologisch erheblich jünger ist gibt es dort kaum Einschlagkrater, die weiten und flachen Becken im Norden sind das Ergebnis vulkanischer Aktivität. Die topographische Karte zeigt auch die Vulkane sehr gut. Im Westen kann man, an der weißen Farbe, leicht Olympus Mons und die anderen drei Hauptvulkane der Tharsis Region ausmachen. Der südlichste der drei Vulkane trägt den Namen Arsia Mons und ist mit 14 km der zweithöchste bekannte Berg. In seinen Flanken wurden 2007 auf Aufnahmen der Kamera HiRISE sieben Löcher, die Sieben Schwestern, entdeckt. Dabei handelt es sich vermutlich um kollabierte Lavaröhren. Der Durchmesser der Röhren beträgt 100 bis 225 m die Tiefe liegt mindestens bei 78 m.

Im Osten befinden sich die Vulkane in der Elysium Region nördlich von Curiosity. Auch unmittelbar nördlich des Spirit Landeplatzes befindet sich ein kleiner Vulkan.

In der topographischen Darstellung kommen auch die Gräben des Valles Marineris deutlich zur Geltung. Die als tektonischer Bruch entstandenen Gräben verzweigen sich zu insgesamt etwa

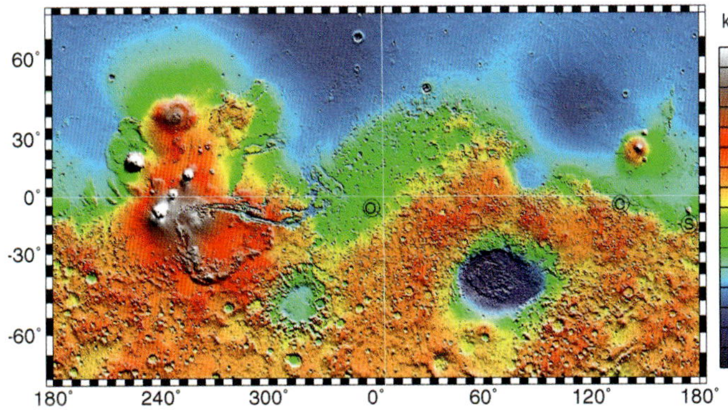

Topographische Karte des Mars aufgenommen von MOLA. [41]

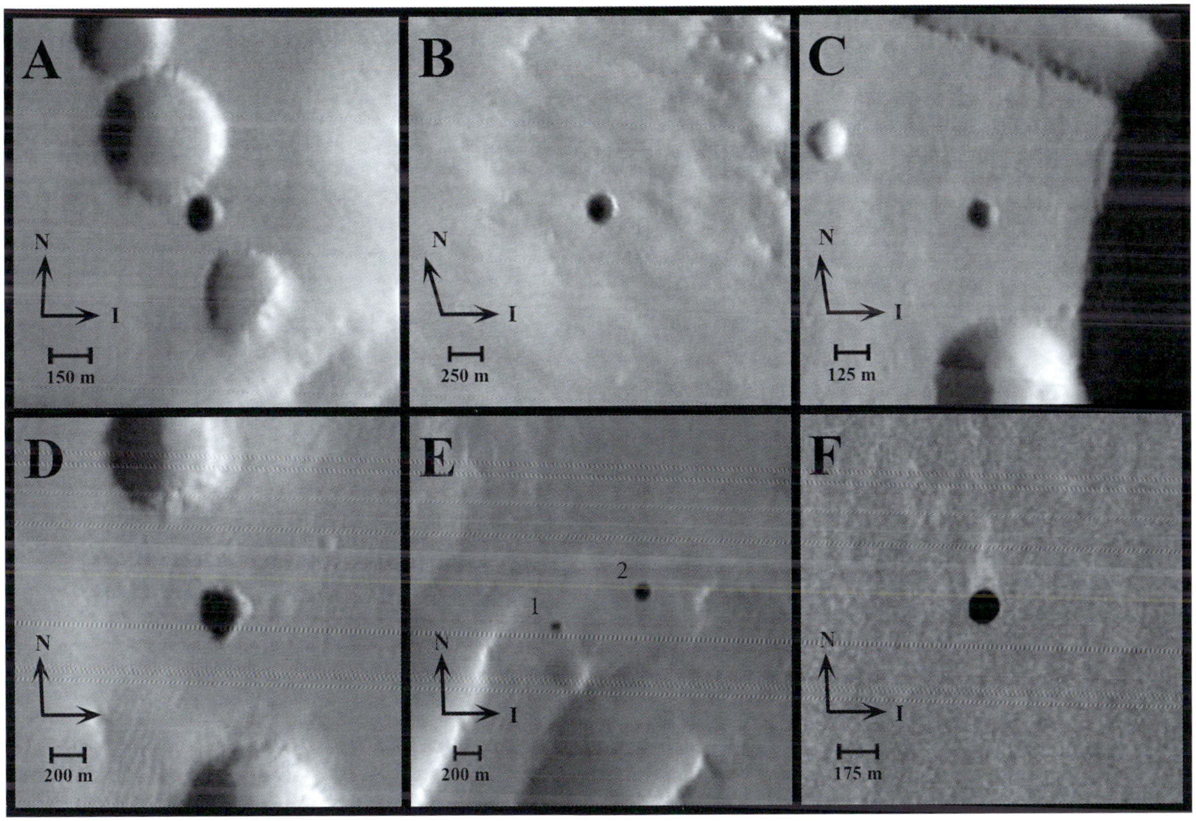

Sieben Schwestern am Arsia Mons aufgenommen von HiRISE. [42]

4000 km Länge, der breiteste der Gräben misst 700 km in der Breite, der tiefste 7 km Tiefe. Bei genauerer Betrachtung kann man drei Hauptgräben ausmachen, die über weite Strecken parallel verlaufen. Jeder dieser ca. 200 km breiten Canyons übertrifft den größten Graben der Erde, den Grand Canyon (1800 m tief, 6 km bis 30 km breit und 450 km lang) um ein Vielfaches.

Folgt man den Valles Marineris nach Osten, erkennt man Strukturen die an irdische Stromtäler erinnern. Diese Täler zeugen von einer wasserreichen Vergangenheit des heute trockenen Planeten. Auf Satellitenbildern kann man sogar stromlinienförmige Inseln erkennen, die früher von Wasser umspült waren. Die Trockentäler enden in der Chryse Planitia genannten Tiefebene. Ähnliche Stromtäler finden sich nördlich des Valles Marineris bei etwa 30° N. Diese Region wird Xanthe Terra genannt. Die ausgetrocknete Flussmündung hier hat große Ähnlichkeit mit einem Flussdelta auf der Erde. Diese entstehen bei der Mündung eines fließenden in ein Stehendes Gewässer. Es kann daher davon ausgegangen werden, dass Chryse Planitia früher mit Wasser gefüllt war, was wiederum auf ein längst vergangenes großes Meer auf der Nordhalbkugel hindeutet. Im Wesentlichen hat das Meer vermutlich den blau dargestellten Bereich auf der Nordhalbkugel umfasst.

Viele kleinere Trockentäler sind auf der globalen Karte nicht erkennbar, existieren aber vor allem im Übergangsbereich von Hochland auf Tiefebene an vielen Stellen, unter anderem landete Spirit in der Nähe eines kleineren Auslasses.

Wasser auf dem Mars

Für eine zukünftige Siedlung ist Wasser auf dem Mars, gelinde gesagt, praktisch. Damals, zur Entstehungszeit, wie heute gab und gibt es Wasser und sogar flüssiges Wasser. Heute muss man nur etwas länger suchen und genauer hinsehen. Schon 2008 hatte der Mars-Lander Phönix etwas fotografiert, das an Wasserkügelchen erinnert hat. Vergleiche von Fotografien des Russel Kraters, in Noachis Terra, von 2006 und 2009 zeigen 2 m breite Rillen in der Kraterwand die über die Jahre 170 m weiter nach unten gewandert sind. Das Ende der Rillen verjüngt sich, wie es typisch ist für versickerndes Wasser.

Begünstigt kann flüssiges Wasser auf der Oberfläche durch Perchlorate ($HClO_4$) werden. Vermischt man das Salz mit Wasser kann der Gefrierpunkt bis auf -70 °C abgesenkt werden. Dieser Effekt ist wahrscheinlich ausschlaggebend für den durch Phönix beobachteten Wassertropfen.

Gefrorenes Wasser, also Wassereis, ist auf dem Mars erheblich leichter zu finden. Wie schon gezeigt, brauchte der Phönix-Lander lediglich etwas an der Oberfläche kratzen, um sichtbare Mengen von Wassereis freizulegen. Für die systematische Suche nach Wasser unter der Marsoberfläche wurde die Sonde Mars Odyssey mit einem Gamma Spektrometer (GRS) ausgestattet. GRS misst vom Mars ausgehende Gammastrahlung. Diese entsteht, wenn Höhenstrahlung auf der Marsoberfläche auftrifft, in diese eindringt und dort mit Atomkernen reagiert. Bei dieser Reaktion entstehen für jeden Atomkern eine typische Strahlungssignatur, die vom Satelliten im Orbit aufgenommen werden kann. Dadurch gelingt der Blick unter die Oberfläche. GRS hat die gesamte Marsoberfläche nach der Signatur von Wasserstoff, abgetastet. Vom Wasserstoffgehalt konnte auf die Wassermenge geschlossen werden. So entstand die oben gezeigte Karte.

Der Übersichtlichkeit halber sind die Einsatzgebiete verschiedener Marslandungen markiert. Es zeigt sich das in der von Spirit (G) erkundeten Region etwa 8% der Bodenmasse durch Wasser bedingt ist während es in dem Opportunity Gebiet etwa 5% sind. Phönix hat seine Grabung in einem Gebiet nördlich des gezeigten Bereichs mit etwa 40% oder mehr Wasseranteil im Boden vorgenommen. Diese Gebiete mit gefrorenem Wasser unter der Oberfläche sind in der Karte weiß eingezeichnet.

Wie tief sich die Eisvorkommen unter dem Marsboden ausbreiten ist zurzeit noch unbekannt. Es wird spekuliert, dass sich unter den gefrorenen oberen Bodenschichten, eventuell flüssiges Wasser findet.

Erwartungsgemäß nimmt die Eiskonzentration zu den Polen hin zu. An jedem der Pole wird ein Wasservolumen von etwa 1,6 Millionen km³ erwartet. Würde man beide Eiskappen schmelzen könnte es ausreichen um die Nordhalbkugel mit etwa 44 m Wasser zu Bedecken.

Auch einige der Krater in der Nähe des Nordpols sind permanent mit Wassereis gefüllt.

Zwischenfazit

In weiten Teilen des Mars scheint die Wasserversorgung zukünftiger Siedler gesichert. Die visuelle Bestätigung von Wassereis in Äquatornähe steht zwar noch aus, scheint aber basierend auf den verfügbaren Daten zumindest in manchen Regionen extrem wahrscheinlich.

Frische Wasserspuren. [43]

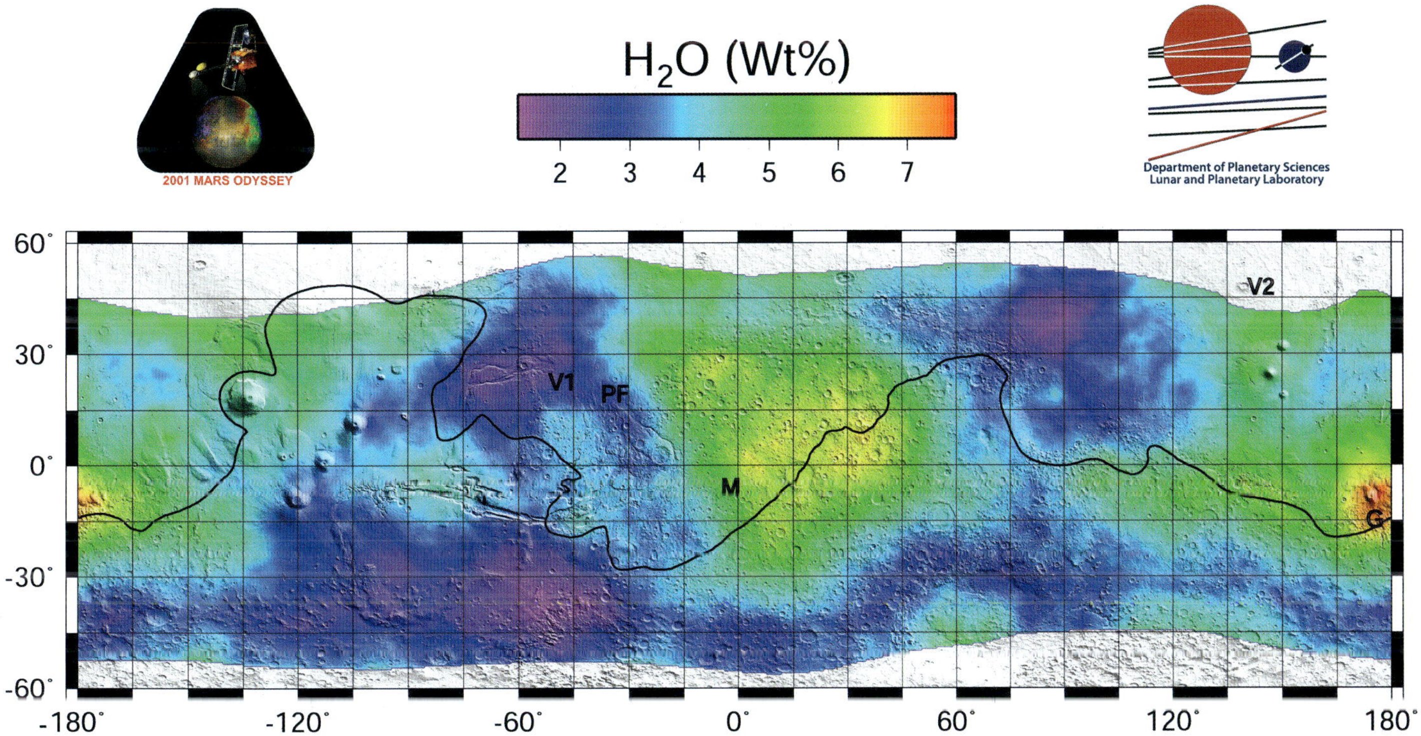

Verteilung von Wasser auf dem Mars. [44]

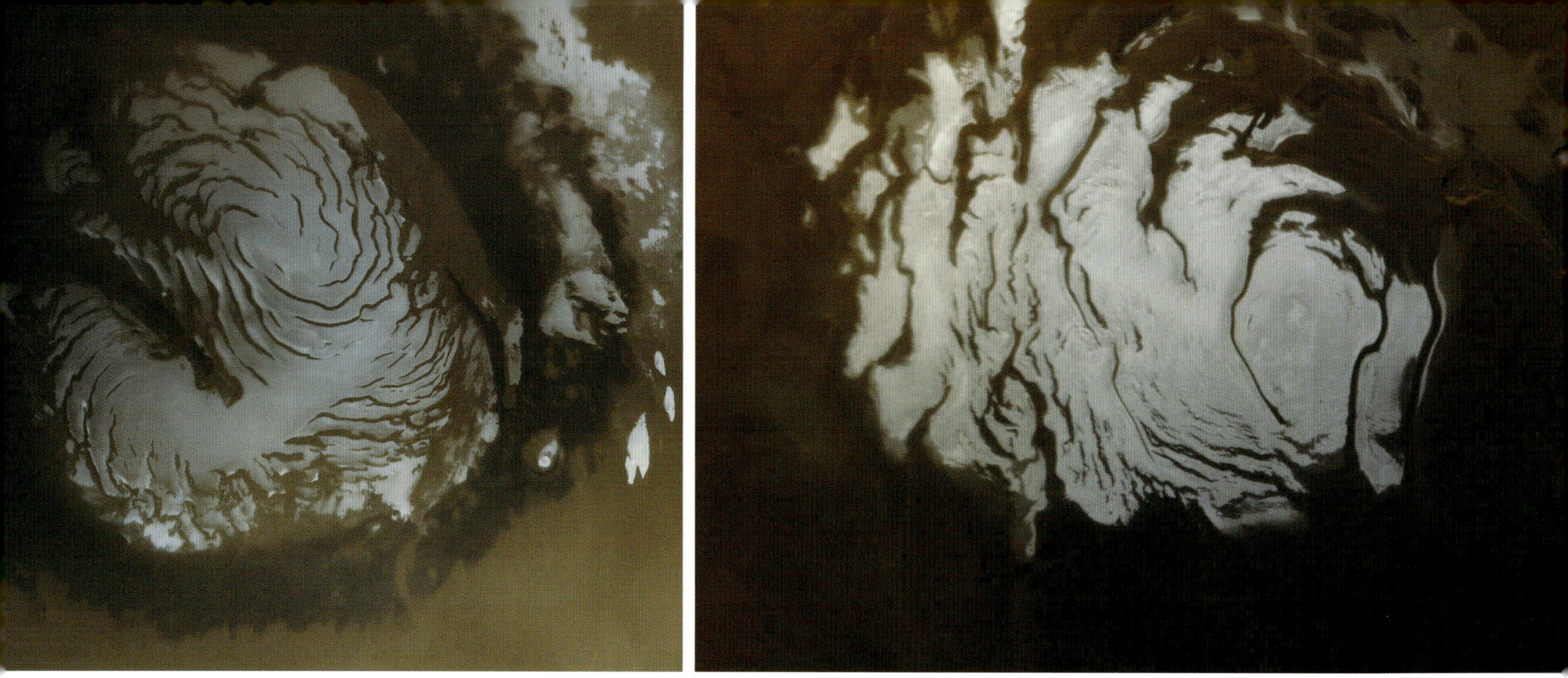

Der Nordpol (links [45]) und Südpol (rechts [46]) des Mars ist im Winter mit einer Schicht aus CO_2 Eis bedeckt.

Eigenschaften des Marsbodens

Bei Marsboden unterscheidet man zwischen losem Sand, Staub und anderen feinkörnigen Materialien die unter dem Begriff Regolith zusammengefasst werden, und festen Materialien, wie Steinen, Felsen und Gebirgen. Beides wurde auf dem Mars ausgiebig studiert und Kartographiert. Der Marsregolith entspricht auf der Erde der obersten Bodenschicht, die Antwort auf die Frage ob der Marsboden Landwirtschaft unterstützen könnte hängt maßgeblich von der Regolithzusammensetzung ab. Spirit, Opportunity und Curiosity, haben ihr Alpha Teilchen und Röntgenstrahlung Spektrometer (APXS) verwendet um die Regolithkomposition an ihren Einsatzorten zu untersuchen. Ein APXS beinhaltet eine radioaktive Quelle, die Alpha und Röntgenstrahlung aussendet. Röntgenstrahlung reagiert mit der Elektronenhülle des untersuchten Materials, es kommt zur Aussendung für die Probe charakteristischer Röntgenstrahlung. Die Alpha Teilchen stoßen mit den untersuchten Atomkernen, es kommt zur Rutherfordstreuung. Aus Energie und Impuls der zurück gestreuten Alphateilchen lässt sich die Masse des Atomkerns bestimmen.

Die nächste Grafik zeigt die identifizierten Verbindungen und ihren Gewichtsanteil.

Die bestimmten Verbindungen machen etwa 50% der Proben aus, der Rest konnte nicht ermittelt werden. Wie auf Mond und Erde dominieren Oxide, was Sauerstoff zum häufigsten Element macht. Auch von Phönix wurde die Bodenkomposition in der Nordpolregion untersucht. Der Boden ähnelt dort antarktischen Böden auf der Erde. Insgesamt unterstützten alle Informationen die heute über den Marsregolith bekannt sind eine landwirtschaftliche Nutzung des Bodens, bei Zugabe geringer Mengen Düngemittels. Computersimulationen zum Pflanzenwachstum unter marsianischen Bedingungen haben gezeigt, dass mit einem geringeren Düngemittel und Wasserbedarf bei gleichem Pflanzenwachstum wie auf der Erde zu rechnen ist. Die Wassereinsparung

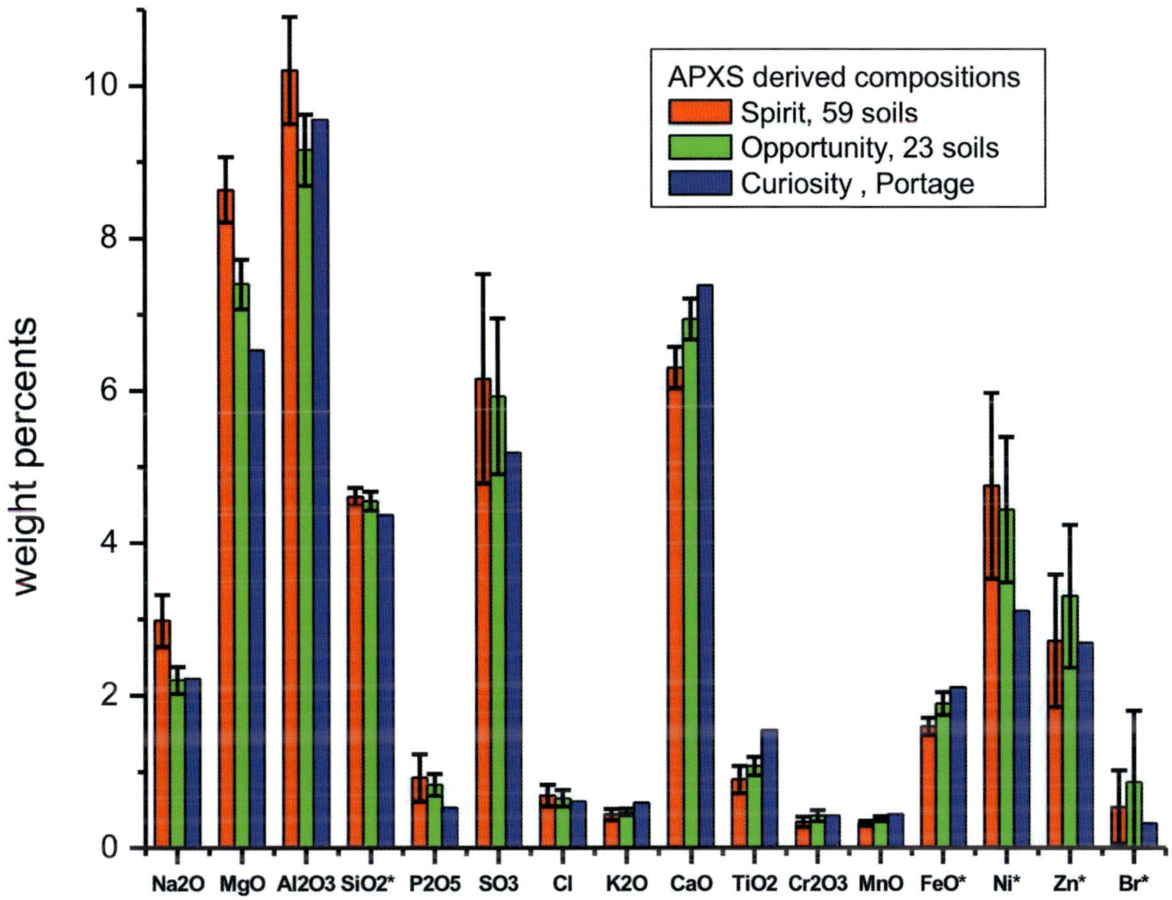

Zusammensetzung des Marsregoliths in Gewichtsprozent. [47]

wurde auf 90% angegeben. Ursächlich für diesen Effekt ist die geringere Gravitation die Einfluss auf die Geschwindigkeit hat mit der Wasser versickert.

Informationen über die Gesteinszusammensetzung stammen überwiegend aus Satellitenbeobachtungen. Das GRS Experiment an Bord von Mars Odyssey hält mit seinem Gamma Spektrometer nicht nur nach der Signatur von Wasserstoff Ausschau, sondern auch noch nach vielen anderen Elementen. Leider ist die Datenrate nicht bei jedem Element so komfortabel wie bei Wasserstoff. Kartographische Verteilungen konnten, neben Wasserstoff, für die Elemente Silizium (Si), Eisen (Fe), Chlor (Cl), Kalium (K) und Thorium (Th) erstellt werden. Diese sind in den folgenden Grafiken gezeigt. Die Markierungen auf den Karten stehen für die Landeplätze von Viking 1 (V1), Viking 2 (V2), Pathfinder (PF), Spirit (G) und Opportunity (M). Die schwarze Linie trennt die Hochlandregion von der nördlichen Tiefebene.

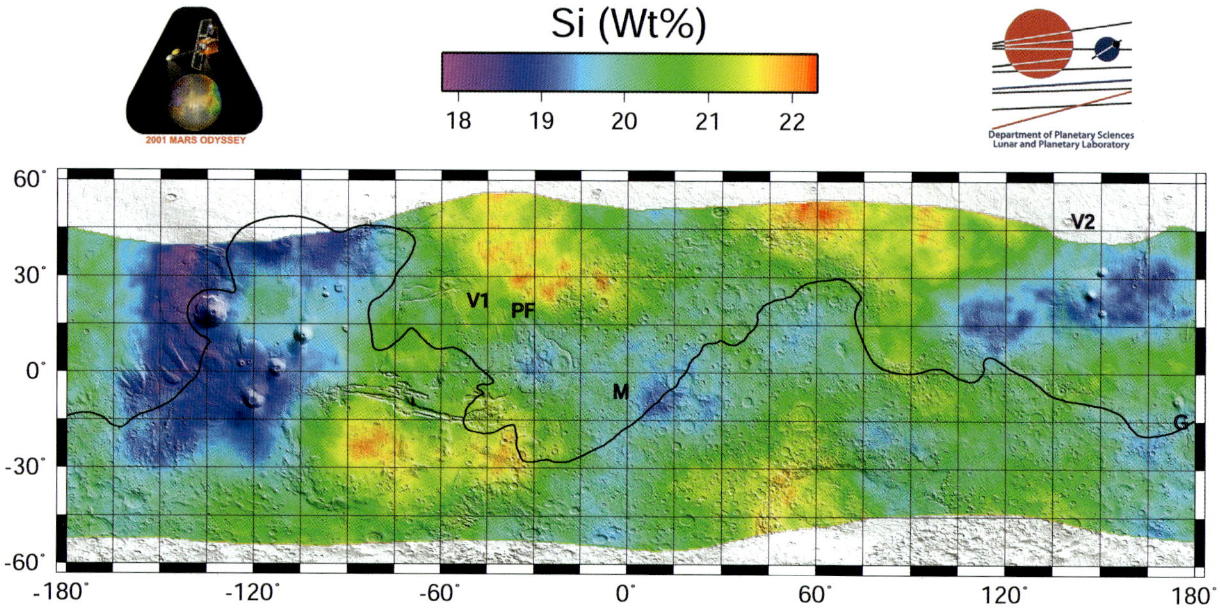

Verteilung von Silizium auf der Marsoberfläche in Gewichtsprozent. [48]

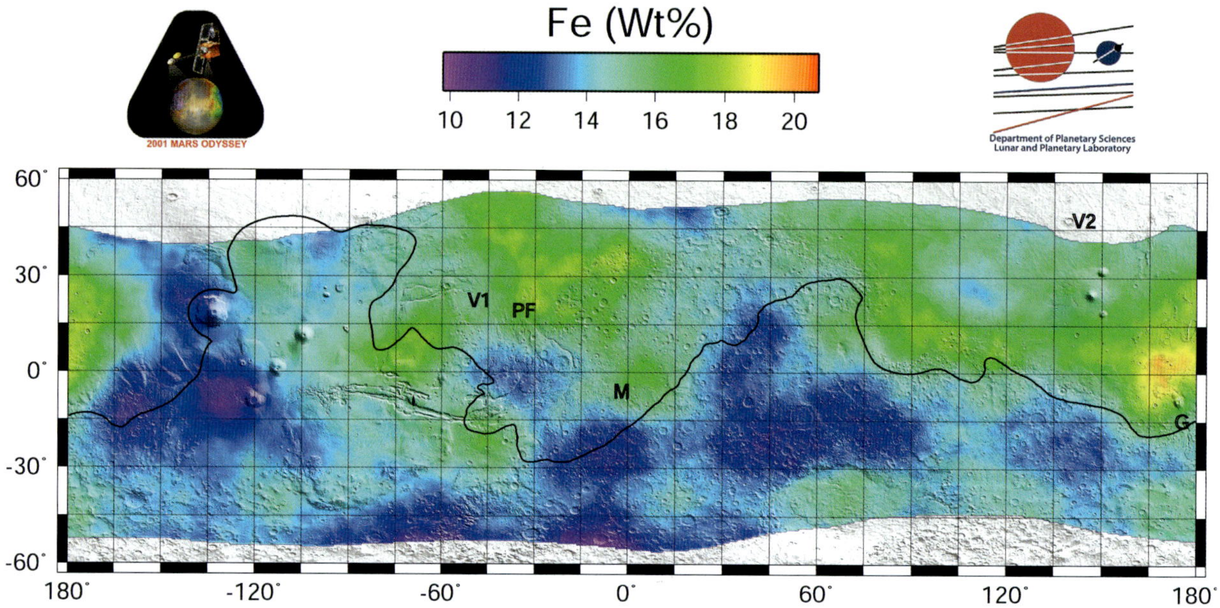

Verteilung von Eisen auf der Marsoberfläche in Gewichtsprozent. [49]

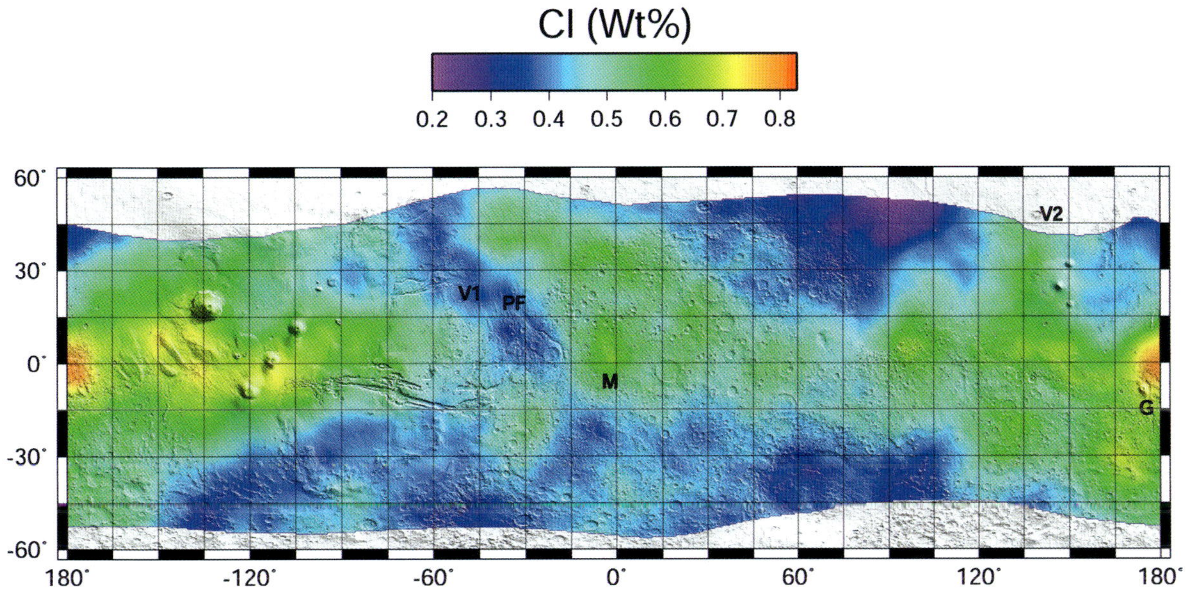

Verteilung von Chlor auf der Marsoberfläche in Gewichtsprozent. [50]

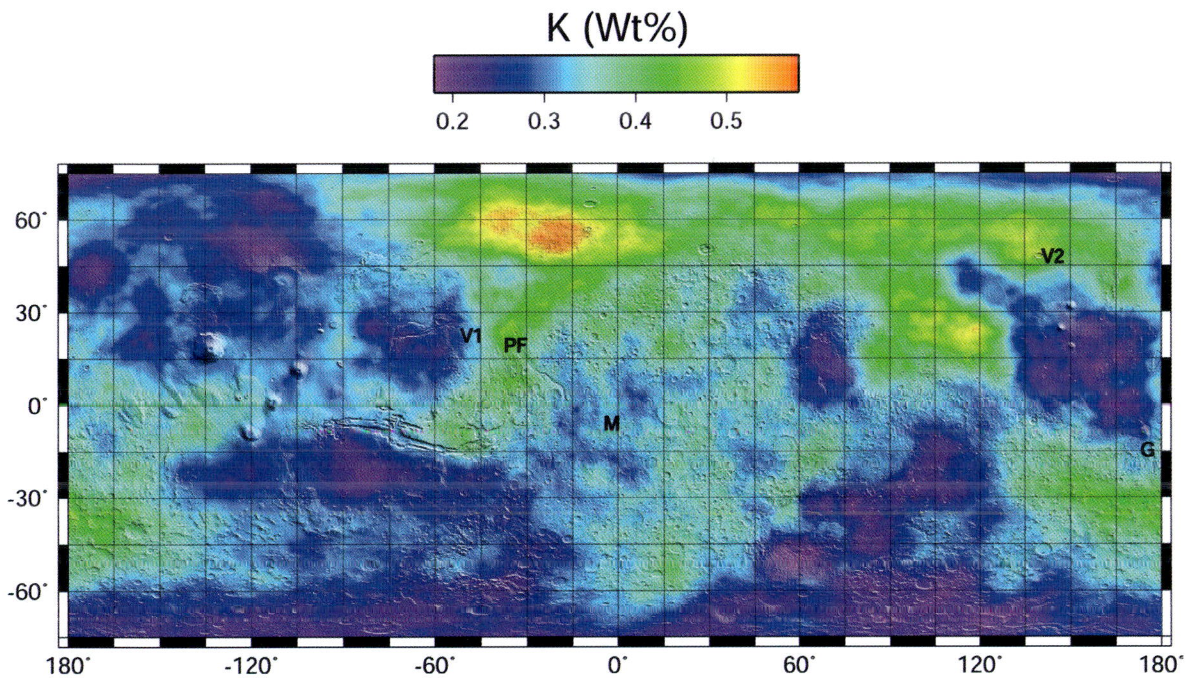

Verteilung von Kalium auf der Marsoberfläche in Gewichtsprozent. [51]

Zusätzlich zu diesen detailliert bekannten Vorräten gibt es noch Elemente für die die Messung bisher lediglich in integrierter Form im Streifen von -45 ° Süd bis 45° Nord gelungen ist.

Integrierte Elementmessungen	
Schwefel	2,4 Wt%
Uran	0,32 ppm
Aluminium	5,8 Wt%
Calcium	5,6 Wt%

Eine dritte Gruppe von Elementen, Natrium, Chrom und Mangan, konnte aus dem Orbit ebenfalls nachgewiesen werden, eine Mengenangabe ist zurzeit allerdings noch nicht möglich. Nimmt man all diese Informationen zusammen lässt sich über die Gesteinskomposition an den drei Rover Landeplätzen die folgende Aussage machen:

Gesteinskomposition			
Element	Spirit	Opportunity	Curiosity
Aluminium	-	5,8 Wt%	-
Calcium	-	5,6 Wt%	-
Chlor	0,7 Wt%	0,5 Wt%	0,6 Wt%
Eisen	17 Wt%	16 Wt%	15 Wt%
Kalium	0,33 Wt%	0,35 Wt%	0,30 Wt%
Schwefel	-	2,4 Wt%	-
Silizium	19,5 Wt%	19,5 Wt%	21,0 Wt%
Thorium	0,6 ppm	0,5 ppm	0,6 ppm
Uran	-	0,32 ppm	-
Wasser	7,5 Wt%	6,2 Wt%	6,0 Wt%

Vergleicht man die über GRS ermittelte Zusammensetzung mit den von den Rovern im Boden bestimmten Mengen, sieht man am Beispiel von Eisen und Silizium sehr deutliche Unterschiede. Während alle drei Rover einen Eisenoxid Gehalt im Regolith von unter 2% bestimmt haben, ergeben die GRS Messungen Mengen von über 15% für elementares Eisen, der Gewichtsanteil für Eisenoxid wäre also nochmal höher. Bei Silizium wurden in den Proben, etwa 4 Wt% (Gewichtsprozent) Siliziumoxid nachgewiesen, weit weniger als vom Orbit aus ermittelt wurde. Es gibt also durchaus Unterschiede zwischen der Regolith- und der Gesteinskomposition.

Weniger stark sind die Abweichungen für Wasser. Bei direkten Messungen im Regolith hat Curiosity einen Wasseranteil von 2 Wt% bestimmt, etwa ein Drittel des nach GRS Daten erwarteten Ergebnisses.

Gute Übereinstimmung ergibt sich für Aluminium, hierfür lässt sich aus den Bodenproben ein elementarer Aluminiumanteil von 5 Wt% bestimmen.

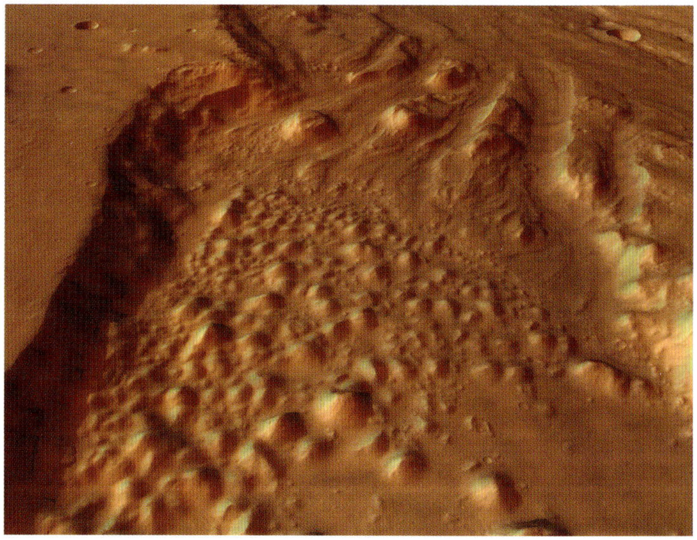

Aus dem hügeligen Terrain Ioni Chaos strömten einst Wassermassen in das Tal Ares Vallis (oben rechts). [51B]

Magnetfeld und Strahlenbelastung

Einer der Hauptunterschiede zwischen Mars und Erde ist die Abwesenheit eines globalen Magnetfelds beim Mars. Das Erdmagnetfeld hat in Bodennähe eine Stärke von 30 µT am Äquator und etwa 60 µT an den Polen. In 36.000 km Abstand, auf Höhe der geostationären Umlaufbahn beträgt es immer noch 100 nT.

Das Magnetfeld schützt die Erde vor dem Sonnenwind. Die meisten der von der Sonne ausgesandten, hochenergetischen Partikel werden durch das Magnetfeld um die Erde herum geleitet. Die Strahlenbelastung für den Planeten reduziert sich.

Auf dem Mars ist dies nicht der Fall. Es wird weitgehend davon ausgegangen, dass Sonnenwind und niedrige Gravitation verantwortlich für das Verschwinden der Marsatmosphäre sind.

Die natürliche Strahlenbelastung im Weltraum liegt bei etwa 500 mSv pro Jahr, schwankt allerdings mit der Sonnenaktivität. Erdatmosphäre und Magnetfeld schirmen diese Strahlung hervorragend ab. Auf Meeresniveau fällt die kosmische Strahlenbelastung auf der Erde auf 0,3 mSv pro Jahr ab. Der höchsten irdische Strahlenbelastung sind die 33.000 Einwohner der iranischen Stadt Ramsar am Kaspischen Meer, mit 200 mSv pro Jahr, ausgesetzt. Als weitgehend unbedenklich akzeptiert sind Dosen von 20 mSv pro Jahr.

Messdaten vom Mars zur Strahlenbelastung sind bisher noch sehr selten. Der Curiosity Rover, als Teil des Mars Science Laboratories (MSL) ist das erste Gerät mit einem Strahlendetektor an Bord (RAD). Das folgende Bild zeigt die integrierte Dosis wie sie von RAD während des 6 Monate dauernden Fluges zum Mars aufgenommen wurde im Vergleich mit anderen Orten:

Der Vergleich zeigt, die Strahlenbelastung während des Flugs ist etwa, 3,3-mal so hoch wie ein vergleichbarer Aufenthalt auf der Internationalen Raumstation. Pro Tag ergibt sich eine Strahlenbelastung von etwa 1,8 mSv auf dem Weg zum Mars.

Seit seiner Landung mit Curiosity misst RAD die Oberflächenstrahlung weiter. Die folgende Grafik zeigt die Auswertung der ersten 300 Missionstage (SOL). Die Grafik zeigt einen Ausreißer nach oben, der durch hochenergetische (über 150 MeV) Sonnenwindpartikel verursacht wurde. Typischerweise gelingt es Sonnenwind nicht die Marsoberfläche zu erreichen. Üblicherweise reagieren die Sonnenwindpartikel bereits in der Marsatmosphäre, Sekundärpartikel (wie Neutronen und Gammastrahlung) entstehen, die das Strah-

Funktion des Erdmagnetfelds. [52]

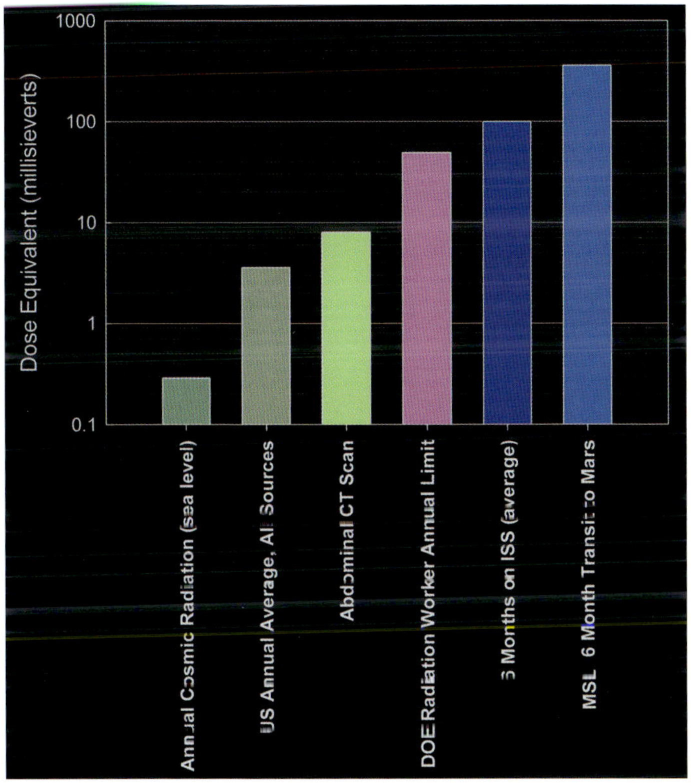

Vergleiche von Strahlenbelastungen. [53]

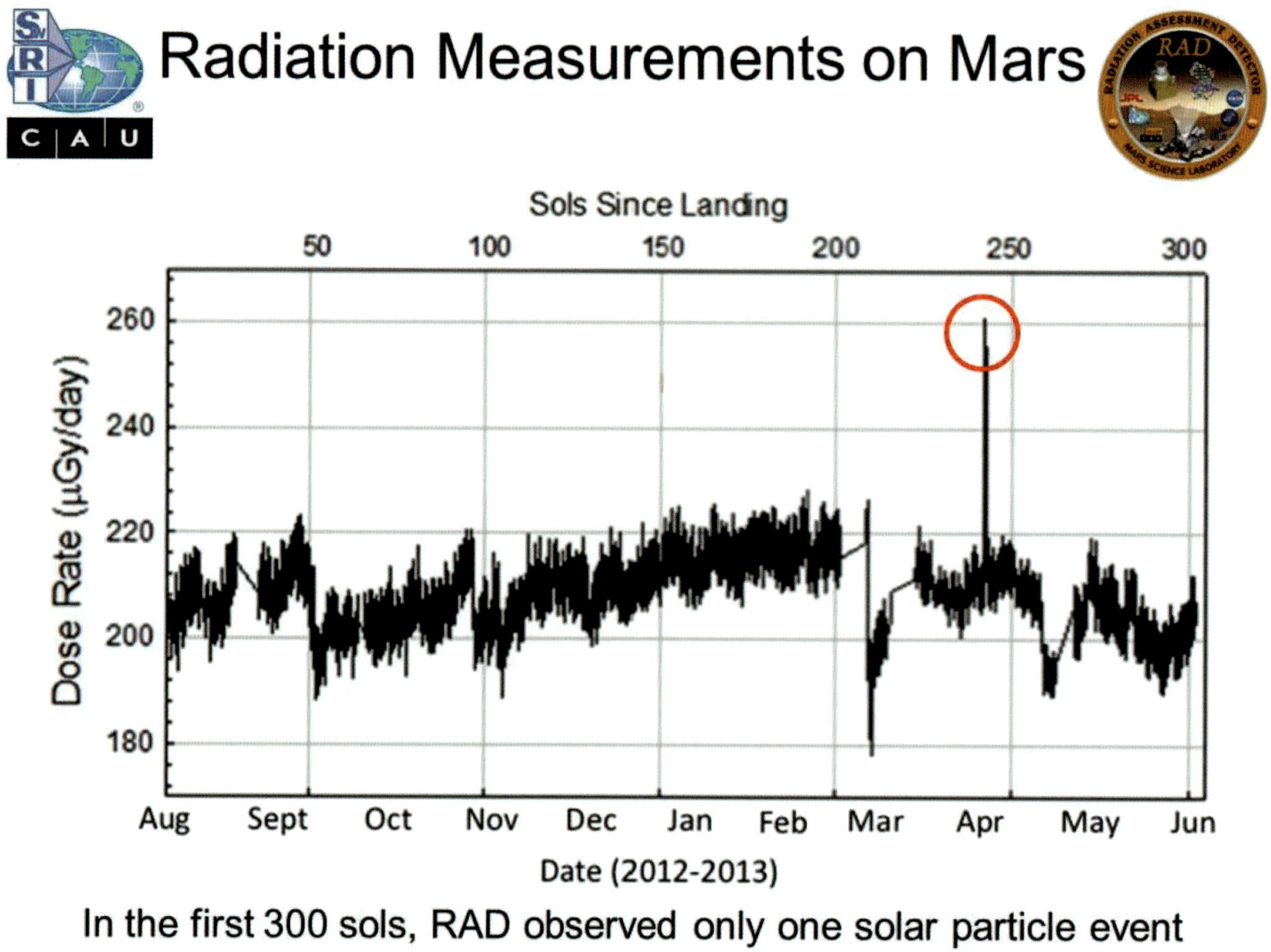

Erste Strahlendosismessungen auf der Marsoberfläche mit einer durch Sonnenwind verursachten Strahlungsspitze. [54]

lungsumfeld auf der Oberfläche dominieren. Der Verlauf der Strahlenbelastung zeigt auch eine Abhängigkeit von der Jahreszeit, da die Dichte der Atmosphäre auf dem Mars jahreszeitlich schwankt. Im Mittel kann man eine Energiedosis von 210 µGy/Tag herauslesen. 1 Gy entspricht einer Energie von 1 J die auf 1 kg Materie übertragen wird. Die in Gy gemessene Energiedosis und die in Sievert gemessene Äquivalentsdosis hängen über einen Qualitätsfaktor zusammen. Diese einheitenlose Größe gibt ein Maß für die Schädlichkeit der Strahlung für den Menschen. Bei der auf dem Mars vorherrschenden Neutronen und Gammastrahlung kann ein Qualitätsfaktor von etwa 1 bis 10 geschätzt werden. Die tägliche Äquivalentsdosis liegt damit zwischen 0,21 mSv und 2,1 mSv. Betrachtet

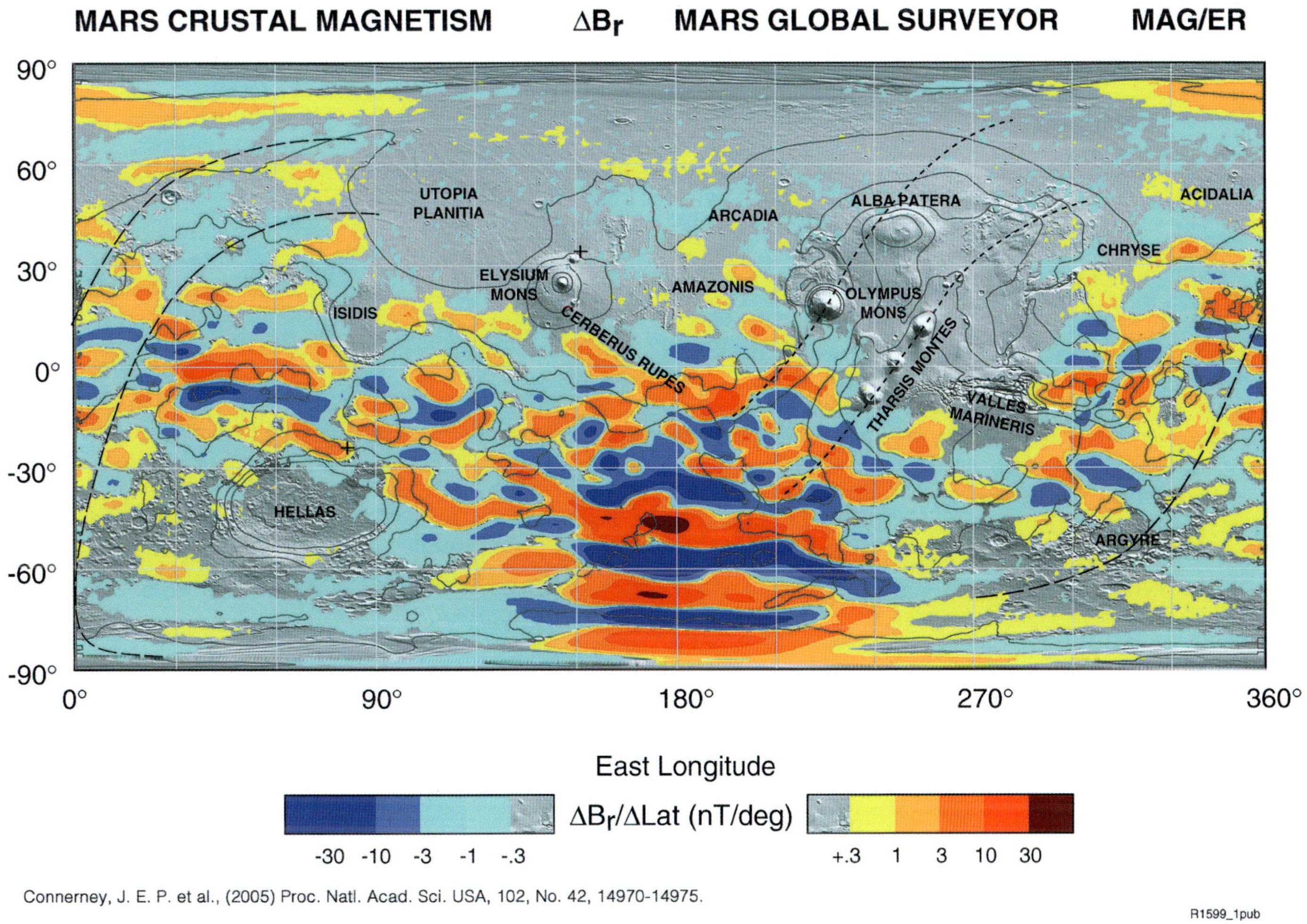

Feldstärken der Restmagnetisierung. [55]

man den Umstand, dass die Äquivalentsdosis während des Fluges lediglich 1,8 mSv pro Tag beträgt, liegt es nahe, dass die tatsächliche Äquivalentsdosis auf der Oberfläche niedriger liegt.

Zwischenfazit

Die Strahlenbelastung muss für die Siedler nicht notwendigerweise tödlich sein, kann aber eine erhöhte Krebsrate zur Folge haben.

Glücklicherweise ist der Mars nicht gänzlich ohne Magnetfeld. Beim Erkalten der Kruste ist, ähnlich einem Permanentmagneten, eine Restmagnetisierung erhalten geblieben. Die damit verbundenen Magnetfelder sind allerdings sehr lokal und treten nicht überall auf. Die folgende Karte zeigt Messergebnisse des Experiments MAG/ER an Bord von Mars Global Surveyor.

Ein Blick auf die Grafik zeigt die Magnetfeldstärke in der Nähe des Curiosity Landeplatzes mit nahe 0 nT (nT = Nanotesla = ein milliardstel Tesla, Einheit der magnetischen Flussdichte, Maß für die Stärke eines Magnetfeldes). Die von RAD bestimmte Strahlendosis ist daher eine Obergrenze für die Marsoberfläche. Wie stark die Präsenz der lokalen Magnetfelder die Strahlenbelastung reduzieren kann, lässt sich ohne Messwerte kaum vorhersagen.

Marsmonde

Den Mars umkreisen zwei Monde, Phobos und Deimos. Beide sind unförmige Gesteinsbrocken, wie das Bild zeigt. Bei den Monden handelt es sich wahrscheinlich um eingefangene Asteroiden. Von Phobos wird weitgehend angenommen, dass es sich um einen Rubble Pile handelt, einen Geröllhaufen, der nur durch die Gravitation zusammengehalten wird. Beide Monde zeichnen sich durch eine ausgesprochen schlecht reflektierende Oberfläche aus, die nur eine sehr geringe Albedo (Reflexionsstrahlung) aufweist. Die Monde gehören damit zu den dunkelsten Objekten im Sonnensystem. Beide Monde sind ähnlich dem Erdmond mit einer Regolithschicht bedeckt, Deimos mehr als Phobos.

Phobos umkreist den Mars schneller als sich der Mars um sich selbst drehen kann. Es kommt daher zu dem seltenen Phänomen, dass Phobos im Westen aufgeht und im Osten unter. Phobos Aufgänge gibt es mindestens zwei pro Marstag, manchmal drei. Phobos befindet sich näher am Mars als es ein stationärer Satellit sein würde.

Beide Marsmonde haben wie der Erdmond eine gebundene Rotation, zeigen also immer dieselbe Seite zum Planeten.

Marsmond Phobos. [55B]

Eigenschaften des Orbits			
	Phobos	Deimos	Erdmond
Große Halbachse	9378 km	23.459 km	384.400 km
Periapsis	9236 km	23.451 km	363.300 km
Apoapsis	9519 km	23.467 km	405.500 km
Neigung der Bahnebene	1,075°	0,93°	5,145°
Umlaufzeit	7,6536 h	30,288 h	27,3217 Tage
Mittlere Orbitalgeschwindigkeit	2,139 km/s	1,351 km/s	1,023 km/s

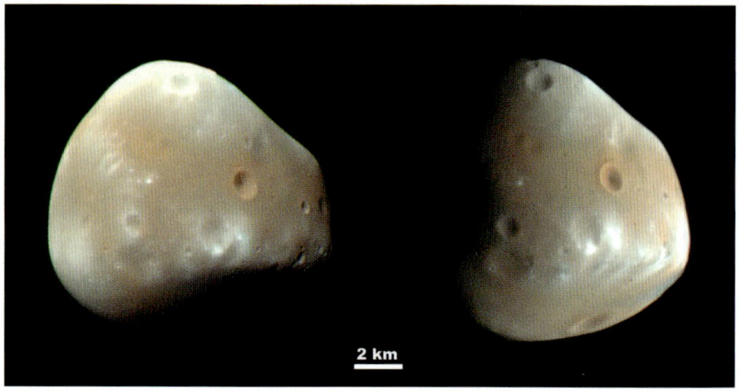

Marsmond Deimos. [55C]

Die Zusammensetzung der Monde ist noch nicht erforscht. Beide sind vermutlich eingefangene Asteroiden. Wahrscheinlich ähneln die Marsmonde der Zusammensetzung von Meteoriten, wie sie auf der Erde gefunden werden. Aufgrund der geringen Albedo geht man von kohlenstoffreichen Chondriten aus, dem sogenannten CM Chondrit, benannt nach dem Absturzort eines Meteoriten dieser Sorte in Mighei (Ukraine). Von CM Chondriten ist eine Zusammensetzung gemäß der folgenden Tabelle zu erwarten:

Eigenschaften der Monde

	Phobos	Deimos	Erdmond
Mittlerer Durchmesser	26,8×22,4×18,4 km	15,0×12,2×10,4 km	3476 km
Masse	1,072 1016 kg	1,8 1015 kg	7,349 1022 kg
Mittlere Dichte	1,887 g/cm³	1,7 g/cm³	3,341 g/cm³
Fallbeschleunigung	4–8 x 10-3 m/s²	2-4 x 10-3 m/s²	1,62 m/s²
Fluchtgeschwindigkeit	10,3 bis 12,2 m/s	5,6 m/s – 6,7 m/s	2380 m/s
Rotationsperiode	7,65384 h	30,288 h	27,322 Tage
Neigung der Rotationsachse	0°	0°	6,68°
Geometrische Albedo	0,07	0,07	0,12

Zusammensetzung von CM Chondriten	Volumen %
Eisen oder Nickel Metall	30% – 98%
Fein granulierte Matrix	2% bis 70%
Al	0,41%
Sc	0,42%
Ca	0,41%
La	0,41%
Sm	0,41%
Eu	0,40%
Yb	0,41%
Lu	0,41%
V	0,41%
Mg	0,35%
Cr	0,31%
Mn	0,24%
Na	0,23%
K	0,21%

Die Zusammensetzung variiert von Meteorit zu Meteorit und wird sich auch bei den beiden Marsmonden nur in etwa an den gefundenen Meteoriten orientieren.

Zwischenfazit

Aufgrund der Zusammensetzung eignen sich die Marsmonde nicht zur Treibstoffproduktion.

Grundlagen der Marsreise

Vergleichbar der Reise zum Mond teilt sich die Marsreise in drei Abschnitte: Start von der Erde, Reise vom Erdorbit in den Marsorbit und Landung auf dem Mars. Analog zu der in meinem Buch „Die Besiedelung des Mondes“ vorgestellten Mondmission wird auch beim Flug zum Mars das Raumschiff im Orbit zusammengebaut und von dort gestartet. Der Transfer der Bauteile von der Erde in den Erdorbit wird mit vorhandenen Trägerraketen durchgeführt.

Flugmöglichkeiten und Dauer

Der Mittlere Abstand zwischen der Erdumlaufbahn und der Marsumlaufbahn beträgt 0,52 Astronomische Einheiten (AE im Englischen AU für Astronomic Unit). Eine Astronomische Einheit ist definiert als der mittlere Abstand von der Erde zur Sonne. Der Mars ist also etwa 52% weiter von der Sonne entfernt als die Erde. Als Vielfaches der Astronomischen Einheit angegeben beträgt die durchschnittliche Entfernung vom Mond zur Erde lediglich 0,0026 AE. Der Mars ist also ziemlich genau 200-mal weiter entfernt als der Mond. Zum Glück ist die Anreise nicht 200-fach komplizierter, dauert nur entsprechend länger.

Der minimale Abstand zwischen Erde und Mars ist dann erreicht, wenn sich die beiden Planeten gegenüberstehen. Diesen Zustand nennt man Opposition. Da beide Planeten unterschiedlich lange für einen Umlauf benötigen, wird die Opposition nicht einmal pro Umlauf erreicht, sondern lediglich alle 780 Tage. Dieses Zeitintervall nennt man die Synodische Periode.

Da es sich bei der Erd- und Marsbahn um die Sonne in Wahrheit nicht um perfekte Kreise sondern um Ellipsen handelt, ist der minimale Abstand keine Konstante sondern verändert sich von Opposition zu Opposition. 2003 reduzierte sich der Abstand auf diese Art auf lediglich 0,373 AE, den niedrigsten Wert seit 60.000 Jahren. Einen niedrigeren Wert wird es in absehbarer Zukunft nicht geben, allerdings halten auch die nächste Jahrzehnte Ausschläge nach unten bereit wie die Grafik auf S. 61 oben zeigt.

In der Grafik ist die Marsbahn in Rot dargestellt, wie sie in einem geozentrischen Weltbild aussieht. Aus Sicht der Erde führt der Mars um den Zeitpunkt der Opposition eine Rückwärtsbewegung aus. Verglichen mit der heliozentrischen Darstellung im obigen Bild, fällt die Darstellung der Marsbahn hier erheblich komplizierter aus, womit ein Grund weshalb sich dieses Weltbild nicht behaupten konnte besonders deutlich wird.

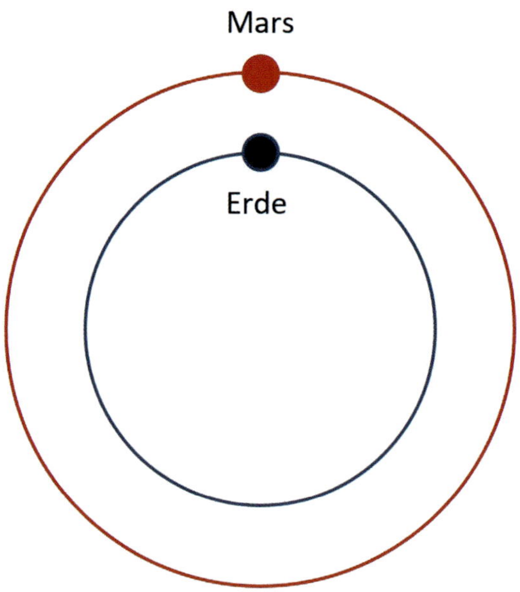

Erde und Mars in Opposition.

Im Jahr 2018 war ein weiteres Minium im Abstand erreicht das sich erst 2035 wiederholt. Bis 2027 wächst der minimale Abstand kontinuierlich an bis er schließlich 0,678 AE erreicht – 82% mehr als 2003. Wer kostengünstig zum Mars möchte, sollte sich also entweder beeilen oder bis 2035 warten.

Die folgenden Kapitel werden daher eine schnell ausführbare Marsmission und eine länger vorbereitete Variante beinhalten.

Ausschlaggebend für die Komplexität der Anreise ist allerdings nicht so sehr der minimale Abstand, sondern die Summe der nötigen Geschwindigkeitsänderungen eines Marsraumschiffs. Bei Abreise von der Erde und Ankunft am Mars muss die Geschwindigkeit angepasst werden. Der energieeffizienteste Transfer ist auch in diesem Fall der schon in meinem Mondbuch vorgestellte Hohmann Transfer. Durch Aufwendung von mehr Energie ist eine Verkürzung der Reisezeit möglich. Allerdings gilt auch hier: Zeit ist Geld.

Im Folgenden wird zuerst der einfache Hohmann Transfer betrachtet, ehe auf einen beschleunigten Transfer eingegangen wird. Im letzten Abschnitt wird schließlich auf die Möglichkeit eingegangen die Reisezeit unter Verwendung des VASIMR Triebwerks auf 39 Tage zu verkürzen.

Klassischer Hohmann Transfer

Beim klassischen Hohmann Transfer wird das Marsraumschiff von der Erde gestartet, wenn sich diese im Perihelium, also dem sonnennächsten Punkt befindet. Auf einer elliptischen Bahn bewegt sich das Raumschiff auf die Sonne zu und wird dabei von dieser für etwas weniger als die Hälfte des Weges beschleunigt und anschließend abgebremst. Daraus ergibt sich am Aphelium eine Geschwindigkeit, die niedriger ist als die Startgeschwindigkeit. Beim Hohmann Transfer liegt das Aphelium auf der Marsbahn.

Wie die Grafik zeigt wird der Startzeitpunkt (1) auf der Erde so gewählt, dass sich der Mars und Raumschiff zum Zeitpunkt der Ankunft an der gleichen Stelle (3) auf der Marsbahn befinden.

Derartige Startfenster ergeben sich in Abständen die der synodischen Periode entsprechen.

An beiden Punkten, (1) und (3) muss die Geschwindigkeit des Raumschiffs angepasst werden. Die Erde bewegt sich mit etwa 29,8 km/s um die Sonne, der Mars mit 25,3 km/s. Um den Hohmann Transfer durchführen zu können ist bei (1) eine Geschwindigkeit von ca. 32 km/s erforderlich um auf die, in Gelb dargestellte, Bahn einschwenken zu können. Bis das Raumschiff auf der Marsbahn ankommt fällt die Geschwindigkeit auf etwa 23 km/s ab.

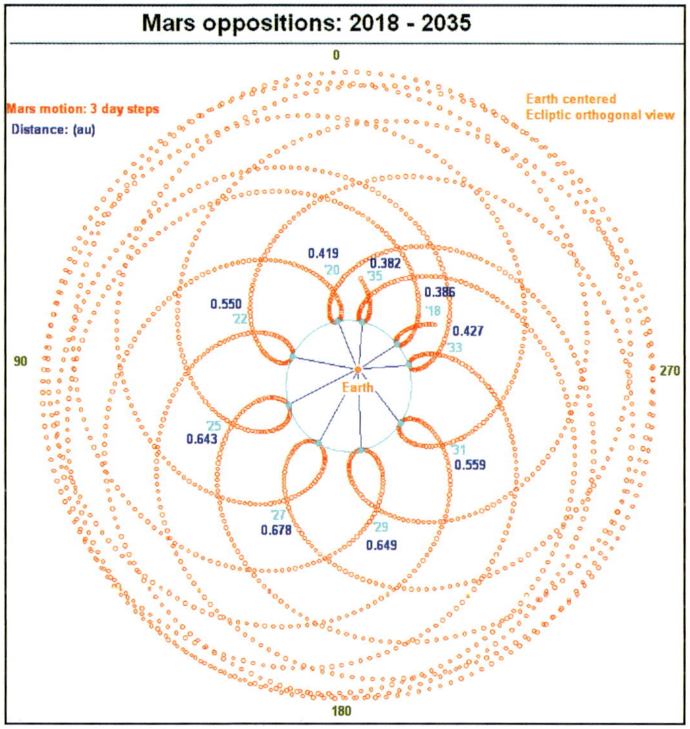

Mars Oppositionen 2018 bis 2035. [58]

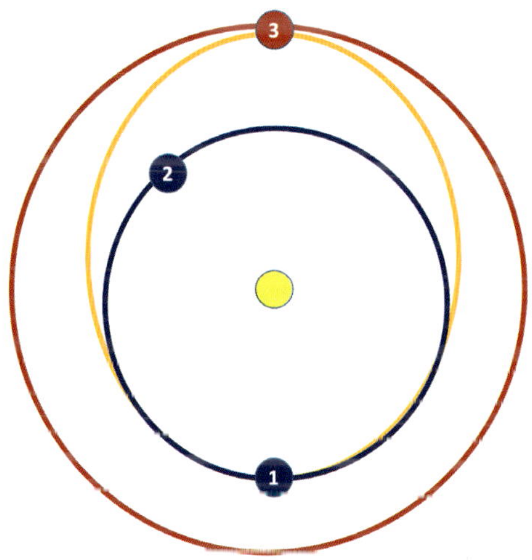

Hohmann Transfer von der Erde zum Mars.

Um die Sache weiter zu verkomplizieren ist es nicht ausreichend lediglich die Planetengeschwindigkeiten zu berücksichtigen. Das Raumschiff soll auf eine Umlaufbahn einschwenken und von einer solchen starten. Bei 400 km über dem Erdboden beträgt die Umlaufbahngeschwindigkeit eines Raumschiffs oder der ISS um die Erde etwa 7,7 km/s. Ein um die Erde kreisendes Raumschiff bewegt sich also mit bis zu 37,5 km/s relativ zur Sonne. Am Zielort gilt für den Mars eine Umlaufbahngeschwindigkeit von 3,5 km/s. Leider sind all diese Additionen nicht linear. Wie jedes Mehrkörperproblem in der Physik, lässt sich auch dieses nur näherungsweise lösen. Eine gute Approximation ist die Methode der *patched conics*. Dabei wird der Flug Abschnittsweise als eine Serie von, lösbaren, Zweikörperproblemen betrachtet: Einer Flucht aus dem Gravitationsfeld der Erde auf einer hyperbolischen Bahn, gefolgt von einem Transfer zum Mars auf einer Ellipse um die Sonne, mit anschließendem hyperbolischem Einfang durch den Mars. Berechnet man den Hohmann Transfer nach dieser Methode für verschiedene Abstände ergibt sich die Tabelle:

Jahr	Abstand [AE]	Delta-v vom LEO [m/s]	Delta-v vom LLO [m/s]	Delta-v im LMO [m/s]	Reisezeit [Tage]
2012	0,674	6083	4128	2340	282
2014	0,618	5932	3888	2255	273
2016	0,503	5620	3389	2072	255
2018	0,385	5301	2891	1879	237
2020	0,419	5392	3030	1934	243
2022	0,55	5748	3593	2148	263
2025	0,643	6000	3996	2293	277
2027	0,678	6094	4146	2346	283
2029	0,649	6016	4022	2302	278
2031	0,559	5773	3632	2162	263
2033	0,427	5414	3064	1948	244
2035	0,382	5293	2879	1874	237

Die Tabelle zeigt für die verschiedenen Jahre mit Erde-Mars Opposition sowohl die Reisezeit als auch die benötigte Geschwindigkeitsänderungen von einem Start von LEO (400 km über der Erde) als auch von einem Start vom LLO (120 km über dem Mond), sowie den Anteil der Geschwindigkeitskorrektur der auf das Abbremsen nach Ankunft beim Mars benötigt wird.

Der Vergleich der verschiedenen Startfenster zeigt klare Vorteile für 2018 und 2035. Da Delta-v und Treibstoffbedarf direkt proportional sind, ergeben sich für diese beiden Jahre genau wie für den Start vom Mondorbit klare Kostenvorteile. Auf die Reisezeit hat der Start vom Mond keine Auswirkungen. Hierfür ist lediglich der Erde-Mars Abstand relevant. Zu den beiden idealen Startfenstern sind Reisezeiten von 237 Tagen möglich. Während der ungünstigsten Oppositionen dauert der Flug 20% länger und erfordert 15% mehr Treibstoff.

Die Gegenüberstellung der Delta-v Werte für den Start vom Mond mit dem Start von der Erde zeigt deutliche Vorteile für den Start vom Mond.

Aerobreaking

Der Delta-v Anteil, der auf die Abbremsung nach Ankunft am Mars entfällt beträgt im Durschnitt 37% bei Start vom LEO bzw. 60% bei Start vom LLO des gesamten Delta-v Budgets. Daraus ergibt sich ein großes Einsparpotential für den Treibstoffbedarf beim Marsflug. Dieses Einsparpotential kann genutzt werden, wenn man für das Bremsmanöver teilweise oder ganz auf den Einsatz von Triebwerken verzichten kann. Abbremsen an der Marsatmosphäre, sogenanntes Aerobreaking, wird daher bei Marssonden routinemäßig eingesetzt, um die Missionskosten zu reduzieren.

Mit dem Bremsmanöver an der Atmosphäre sind einige Risiken verbunden. Durch die Reibung mit der Atmosphäre verliert das Raumschiff zwar an Geschwindigkeit, heizt sich allerdings auch auf. Die für den Geschwindigkeitsverlust verantwortlichen Reibungskräfte wirken auch auf die Struktur des Raumschiffes und können dieses beschädigen oder gar zerstören. Um diesen Risiken entgegen zu wirken, wird das Bremsmanöver an den obersten Atmosphärenschichten vorgenommen und die Reibungskraft gering gehalten. Die auftretende Reibungskraft entspricht dem Luftwiderstand, den man etwa beim langsamen Gehen spürt.

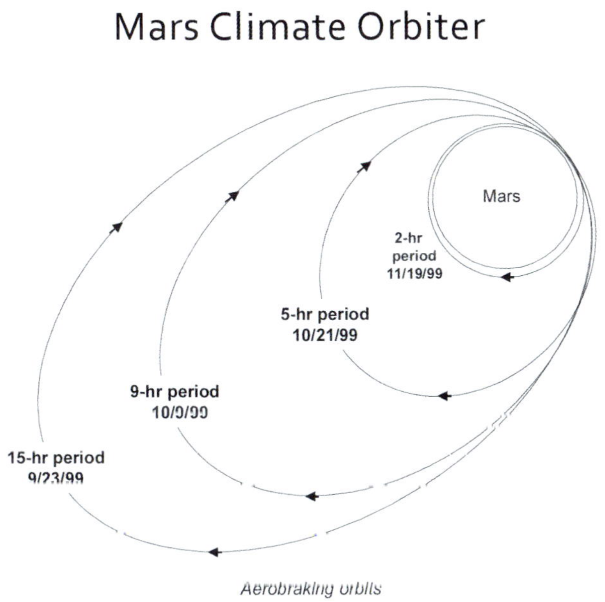

Ein Beispiel zum Aerobreaking [60]

Die geringe Reibungskraft verlängert das Bremsmanöver entsprechend. Im gezeigten Beispiel des Aerobreaking Manövers des Mars Climate Orbiters dauerte das Bremsmanöver etwa zwei Monate. Abhängig von Masse und Größe des Raumschiffs kann das Bremsmanöver auch 6 Monate oder länger dauern.

Die Dauer des Bremsmanövers macht es für bemannte Flüge uninteressant, bei Versorgungsflügen spielt die Dauer des Manövers aber nur eine untergeordnete Rolle, womit die Vorteile die Nachteile deutlich überwiegen.

Ein vollständiger Verzicht auf aktive Bremsmanöver mit den Raumschifftriebwerken ist auch mit Aerobreaking nicht möglich. Die Ersparnis wird auf 80% geschätzt.

Ballistischer Einfang

Der ballistische Einfang ist ein alternatives Transfer Manöver, das unter manchen Bedingungen energieeffizienter als der Hohmann Transfer sein kann. Beim ballistischen Einfang endet der interplanetare Transfer außerhalb des Bereichs in dem die Gravitation des Mars die dominante Kraft ist (englisch: Sphere of Influence, SOI). Ballistische Einfangmanöver wurden von Belbruno und Topputo schon für den Transfer zum Mond berechnet und bei den Missionen Hiten (1991), SMART-1 (2004) und GRAIL (2011) erfolgreich angewandt. 2014 haben Belbruno und Topputo auch eine Methode zur Berechnung von Ballistischem Einfang für den Mars veröffentlicht.

Beim ballistischen Einfang endet der interplanetare Transfer an einem Punkt x_c weit außerhalb des planetaren Einflussbereichs. Dort findet ein einzelnes Bremsmanöver statt. In der Folge begibt sich das Raumschiff auf einen Spiralkurs auf die gewünschte Umlaufbahn um den Mars. Da x_c weit vom Mars entfernt ist, kann das Bremsmanöver auch langsam ablaufen und muss nicht wie beim Hohmann Transfer in möglichst kurzer Zeit erfolgen.

Abhängig davon wie weit x_c vom Mars entfernt liegt vergrößert sich das Startfenster auf der Erde. Damit ermöglicht der ballistische Einfang einen Start zum Mars zu nahezu jedem beliebigen Zeitraum.

Der Preis für diese erhöhte Flexibilität liegt in einer erhöhten Flugzeit. Um von x_c zum gewünschten r_p zu gelangen ist eine Flugzeit von etwa 430 Tagen erforderlich die nur geringfügig von der Lage von x_c relativ zum Mars abhängt.

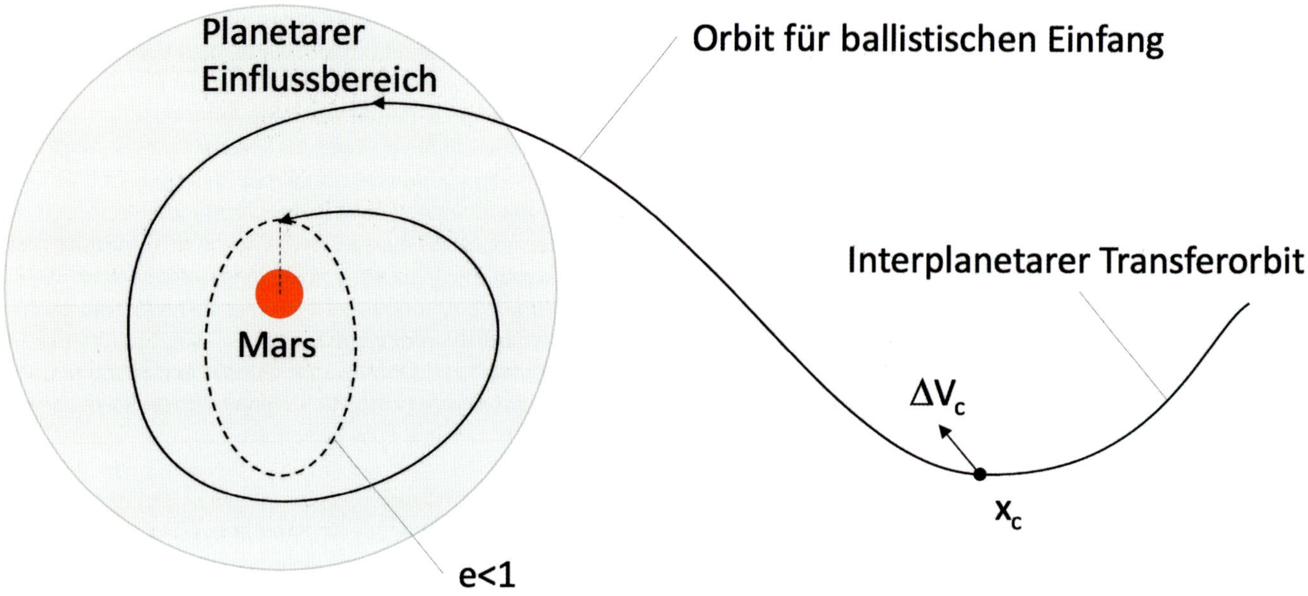

Ballistischer Einfang.

Ist der Marsnächste Punkt, r_p der gewünschten Umlaufbahn größer als 22.000 km ist der ballistische Einfang um bis zu 25% effizienter als der Hohmann Transfer. Um von einer Bahn mit r_p = 40.000 km auf eine Bahn mit r_p = 100 km zu gelangen ist ein zusätzliches Delta-v von 380 m/s erforderlich.

Durch den weit jenseits vom Mars gelegenen Bremspunkt, x_c, kann beim ballistischen Einfang kein Aerobreaking verwendet werden.

Schneller Marstransfer

Beim klassischen Hohmann Transfer ist der Energieverbrauch zwar minimiert, allerdings muss man bereit sein eine erhebliche Reisezeit zu akzeptieren. Möchte man dies nicht ist, kann der Start von der Erde zu einem späteren, energetisch weitaus weniger optimalem, Zeitpunkt erfolgen.

Bei dem in der Grafik gezeigten Transfer wird das Raumschiff nicht länger in der 6-Uhr Position der Sonne gestartet, sondern 136° später und muss nun lediglich 1,14 AE bis zum Mars zurücklegen, dort erreicht die Bahn ihren Scheitelpunkt und fliegt zur Erde zurück. Um die Erde in der Position 2 zu treffen, muss sich diese in der Zwischenzeit um 89° weiter bewegt haben. Als Abstand zwischen Erd- und Marsbahn wurden 0,52 AE angenommen.

Präzise Berechnungen für Trajektorien wie diese sind ausgesprochen komplex und können lange dauern. An dieser Stelle muss daher eine Abschätzung dienen, die als grober Anhaltspunkt für eine Missionsplanung in den folgenden Kapiteln gelten kann. Delta-v Angaben für dieses Szenario sind entsprechend ungenauer als für den klassischen Hohmann Transfer.

Die Erde benötigt von Position 1 zu Position 2 etwa 90 Tage, legt dabei auf ihrer idealisierten Kreisbahn, 1,55 AE zurück. In der gleichen Zeit muss das Marsraumschiff, 2,28 AE zum Mars und wieder zurück überwinden. Um noch 2 Tage für die Mission auf dem Planeten zu haben, verkürzt sich die einfache Flugzeit sogar auf 44 Tage. Entsprechend ist eine Durchschnittsgeschwindigkeit von 45 km/s erforderlich.

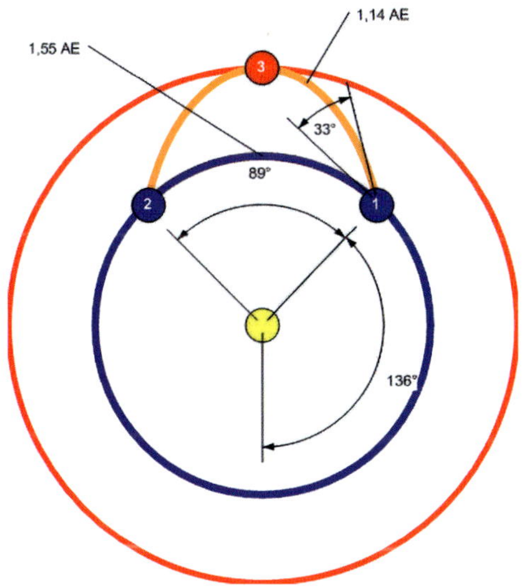

Schneller Marstransfer.

Beim Start von der Erde kann das Raumschiff, wegen der um 33° zur Bewegungsrichtung der Erde versetzten Flugbahn, nur 25,2 km/s der Erdgeschwindigkeit gegenüber der Sonne mitnehmen. Durch die auf dem niedrigen Erdorbit vorhandene Rotationsgeschwindigkeit von 7,7 km/s erhält das Raumschiff insgesamt etwa 33 km/s Startgeschwindigkeit. Die erste Geschwindigkeitserhöhung $\Delta v1$ beträgt also 12 km/s. Beim Mars angekommen, ist ein Bremsmanöver notwendig. Die Bahngeschwindigkeit des Planeten liegt bei 24 km/s, ein niedriger Marsorbit addiert darauf etwa 3,5 km/s zu 27,5 km/s kombinierter Geschwindigkeit. Das Marsraumschiff in diesem Beispiel muss jetzt um $\Delta v2 = 17{,}5$ km/s verlangsamt werden. Insgesamt ergibt sich das Delta-v in diesem Manöver zu: 30 km/s.

Wie bereits einleitend erwähnt handelt es sich bei dieser Zahl um eine grobe Näherung. Bei geschickterer Wahl des Startzeitpunkts kann eventuell mehr Energie aus der Erdbahn mitgenommen werden und auch ein geringerer Oppositionsabstand kann sich positiv auswirken. Auf der anderen Seite wurde angenommen, dass die Startgeschwindigkeit sich während des Fluges nicht reduziert und während des Fluges kein Treibstoff erforderlich ist um die Bahn zu halten. Betrachtet man all diese Aspekte sind 30 km/s ein hinreichend gut motivierter Näherungswert.

Mit VASIMIR Triebwerk zum Mars

Zu Beginn des Kapitels wurde die Möglichkeit angesprochen mit dem VASIMR Triebwerk (Variable Specific Impulse Magnetoplasma Rocket) innerhalb von 39 Tagen zum Mars zu gelangen. Ingenieure der Ad Astra Rocket Company, die das VASIMR Triebwerk entwickeln und vertreiben, haben diese Möglichkeit bei Einsatz eines 200 MWe Kernreaktors mit einer Leistungsdichte im Weltraum von 250 W/kg nachgewiesen. Im Weltraum ist der Einsatz eines Kernreaktors jedoch wegen Strahlenbelastung und Wärmemanagement nicht zu empfehlen. Eine 39 Tage Reise mit VASIMR zum Mars bleibt auf lange Sicht erst mal eine theoretische Möglichkeit.

Das VASIMR Triebwerk verwendet elektromagnetische Felder um das Edelgas Argon zu ionisieren und die so entstandenen geladenen Teilchen zu beschleunigen. Auf diese Art werden erheblich höhere Abgasgeschwindigkeiten erreicht, was sich positiv auf den Verbrauch auswirkt und zu spezifischen Impulsen in der Größenordnung von 5000 Sekunden führt. Neben der höheren Treibstoffeffizienz ist der zweite große Vorteil von Ionenantrieben die höhere theoretisch erreichbare Endgeschwindigkeit.

Generelles Defizit von allen Triebwerken mit geringem Treibstoffverbrauch liegt im damit verbundenen geringen Massenausstoß der einen niedrigen Schub und der damit verbundenen geringen Beschleunigung zur Folge hat. Energieeffiziente Transfers wie der Hohmann Transfer bei dem der Gravitationssog, durch nahezu augenblickliche Beschleunigung, auf die Transfergeschwindigkeit minimiert wird, sind mit Niedrigschubtriebwerken nicht möglich. Diese müssen sich dem gesamten Potentialunterschied stellen. Dadurch nimmt die Energieeffizienz entsprechend ab.

Reise mit Sonnensegel

Gelegentlich wird für die Marsreise auch ein Sonnensegel vorgeschlagen. Die Grundidee, des Sonnensegels hat ihren Ursprung im Teilchenwind, der kontinuierlich von der Sonne in den Weltraum geblasen wird. Da die Teilchenenergie sehr hoch ist, sind diese entsprechend schwer zu stoppen oder zu absorbieren. Ein ultraleichtes Material mit der Fähigkeit einen Großteil der Teilchenenergie zu absorbieren liegt daher noch in ferner Zukunft und ist mit allen bekannten Elementen nicht umsetzbar. Setzt man dieses hypothetische Material voraus und es gelingt 100% der einfallenden Energie zu absorbieren, so ist immer noch eine beträchtliche Segelfläche notwendig. Damit ein 50 t schweres Raumschiff mit Sonnensegel der Anziehungskraft der Sonne trotzen kann, muss das Segel eine Fläche von 200.000 km² haben – etwas mehr als halb so groß wie die Bundesrepublik Deutschland.

Neben dem Problem hochenergetische Strahlung nur mit großem Materialaufwand absorbieren zu können und der beachtlichen Segelfläche kommt noch hinzu, dass der Sonnenwind lediglich von der Sonne weg weht, und diese Art der Reise ausschließlich für den Hinweg zum Mars möglich ist. Insgesamt bleiben Sonnensegel für sehr lange Zeit ohne praktische Bedeutung in der Raumfahrt.

Auswirkung auf Passagiere

Bei Reisezeiten zwischen 45 und 260 Tagen kommt der Ausgestaltung des Marsflugs besondere Bedeutung zu. Seit der Erfindung der Schifffahrt hat die Menschheit keine derartig lange Reise mehr unternehmen müssen. Selbst die Dauer einer Atlantiküberfahrt, wie die der Mayflower 1620, mutet mit einer Fahrzeit von 66 Tagen noch gering an. Die Reise zum Mars ist eine Herausforderung für sich alleine. Die Belastung für die Astronauten, eingeschlossen auf engem Raum, umgeben von lebensfeindlichem Vakuum, vollständig auf sich alleine gestellt, Millionen Kilometer von der Erde entfernt, ist die wahrscheinlich größte Leistung die es zu erbringen gilt.

Die kleinsten Kabinen an Bord der Mayflower, sollen gerade einmal 50 cm auf 80 cm groß gewesen sein. Insgesamt standen den 102 Pilgern an Bord des Schiffes gerade einmal 118 m² zur Verfügung, auf dem Zwischendeck, eingepfercht zwischen Kanonen und Schießpulver. Zwei Passagiere überlebten die Reise nicht. Auch nach der Ankunft hatten die Strapazen für die Siedler kein Ende. Das ursprüngliche Reiseziel wurde verfehlt, man war gezwungen an Bord des Schiffes zu überwintern. Weitere 120 Tage verbrachten sie in beengten Verhältnissen und litten unter katastrophalen hygienischen Bedingungen. Lungenentzündungen und Tuberkulose rafften weitere Siedler dahin.

Verglichen mit den Bedingungen an Bord der Mayflower wird die Reise zum Mars wie ein Wellnessurlaub erscheinen. Die Strapazen und Leiden der Siedler sind heute kaum noch vorstellbar. Angetrieben von der Hoffnung auf eine bessere Zukunft haben die Pilger im 17. Jahrhundert den Tod billigenden in Kauf genommen.

Kandidaten für eine Marsreise haben ein weitaus geringeres Risiko zu sterben als Seefahrer im 17. Jahrhundert. Alles Menschenmögliche wird getan werden um für eine gute medizinische Versorgung, einwandfreie hygienische Verhältnisse und das Seelenheil zu sorgen. Beengter Raum wird die wesentliche Einschränkung sein, mit der sich die Marsreisenden arrangieren müssen.

Der Auswahl der Raumfahrer wird besonderes Gewicht bei der Vorbereitung der Mission zukommen. Offensichtlich steht neben Sprachkenntnissen und geeigneter Ausbildung vor allem der Charakter im Mittelpunkt. Ausgeglichenheit, Ruhe und Besonnenheit werden genauso gefragt sein wie Improvisationstalent, Ausdauer, Leidensfähigkeit und unzerstörbarer Optimismus. In einem Wort: Überlebenskünstler.

Gerade wenn es um eine Siedlungsgründung am Ende der Reise geht, werden es diese Charaktereigenschaften sein, die den Erfolg ermöglichen.

In Vorbereitung auf eine lange Weltraumreise haben bisher fünf wesentliche Experimente stattgefunden: Biosphäre 2, Biosphäre 3, Raumstation MIR, Internationale Raumstation, Mars 500 und HI-SEAS.

Chronologisch betrachtet ist das russische Experiment Biosphäre 3 das älteste. Von 1965 bis 1972 fanden Experimente mit 1 bis 3 Personen in 315 m³ umschließenden Versuchsräumen statt. Biosphäre 3 versuchte die irdische Biosphäre in einer reduzierten Variante nachzubilden mit dem Ziel Erkenntnisse für die Raumfahrt zu gewinnen. Es gab Schwierigkeiten bei der Abstimmung der Nahrungsmittelkreisläufe, Probleme zwischen den bis zu 180 Tage eingeschlossenen Personen gab es nicht.

Biosphäre 2 von innen. [63]

Das 1991 durch den Öl-Milliardär Edward Bass in der Wüste von Arizona erbaute Habitat Biosphäre 2 prägte nachträglich auch den Namen des russischen Experiments, obwohl es chronologisch später stattfand. Nach Biosphäre 1, der Erde, sollte das Experiment zeigen, dass ein abgeschlossener Nachbau der Erde bewohnbar sei. Auf 204,000 m³ lebten 8 Teilnehmer von 1991 bis 1993 insgesamt 2 Jahre in nahezu vollständiger Isolation von der Außenwelt. Das Experiment wurde in der deutschen Öffentlichkeit weitgehend als Fehlschlag wahrgenommen, da es unerwartete technische Schwierigkeiten gab. Beim Trocknen absorbierte der Beton Sauerstoff, der entsprechend von außen nachgeliefert werden musste. Außerdem gab es Schwierigkeiten mit dem extrem komplexen Ökosystem. Kakerlaken und Gelbe Spinnerameisen vermehrten sich stärker als erwartet. Aus zwischenmenschlicher Sicht war das Experiment jedoch ein Erfolg. Auch hier kamen die Teilnehmer gut mit der Isolation zurecht.

Die bisher realistische Nachstellung einer Marsmission wurde von der ESA und der russischen Raumfahrtbehörde Roskosmos von 2010 bis 2011 durchgeführt. Während des Mars-500 genannten Projekts wurden 6 Männer 520 Tage in der irdischen Variante eines Marsraumschiffs eingeschlossen. Nach 250 Tagen simuliertem Hinflug durften drei Crewmitglieder die simulierte Marsoberfläche betreten und kehrten nach 30 Tagen Aufenthalt zu den anderen Crewmitgliedern zurück, ehe sie einen 240 Tage dauernden „Rückflug“ antraten. Insgesamt stand den Teilnehmern ca. 460 m³ Lebensraum während der simulierten Reise zur Verfügung. Das Volumen teilte sich auf drei Module auf: Medizin- und Forschungsmodul mit 38 m² Grundfläche, ein Wohnmodul mit 72 m², sowie ein Lagermodul mit 94 m². Auch hier überstanden die Teilnehmer die Isolation von der Außenwelt gut.

Die HI-SEAS Experimente sind eine Kooperation der Universität von Hawaii und der NASA in der zwischen 4 und 12 Monate andauernde Marsreisen simuliert wurden. Im Rahmen von HI-SEAS I (2013) bis V (2017) wurden jeweils sechs Personen, jeweils drei Frauen und drei Männer, auf etwa 742 m³ verteilt auf 110 m² Grundfläche eingeschlossen. Versorgung, Kommunikation und Hygiene wurden den auf einer Marsmission erwarteten Umständen angepasst. Schwerpunkt der Forschung war die Auswirkung der Isolation auf die Gruppe. Obwohl alle Beteiligten an ihre Grenzen kamen musste keines der ersten fünf Experimente abgebrochen werden. Ein sechstes wurde aufgrund eines Unfalls bei dem ein Crew-Mitglied einen Stromschlag erlitt wurde 2018 abgebrochen. Die deutsche HI-SEAS Teilnehmerin Christiane Heinicke hat ihre Erlebnisse in einem Buch beschrieben und warnt vor allem vor aufkommender Langeweile.

Vergleicht man die bisher durchgeführten Versuche mit den Umständen auf der Mayflower, liegen alle bisher durchgeführten Experimente deutlich über den Bedingungen der Pilger im 17ten Jahrhundert. Auch der Vergleich mit dem ersten Atom U-Boot der SSN Nautilus fällt für die Raumfahrtexperimente noch sehr positiv aus.

Projekt	Volumen pro Person
Mayflower	3 m³
SSN Nautilus	<46 m³
Biosphäre 2	25.500 m³
Biosphäre 3	105 m³
Mir	117 m³
ISS	151 m³
Mars-500	74 m³
HI-SEAS	124 m³

Ein typisches ISS Modul hat ein Volumen von etwa 150 m³. Um das Mars-500 Volumen bieten zu können, wäre entsprechend 1 Modul für je 2 Personen erforderlich. Mit 2 bis 3 Modulen lassen entsprechend 4 bis 6 Personen, mit räumlichen Verhältnissen die dem Mars-500 Projekt entsprechen, zum Mars bringen. Akzeptiert man die Bedingungen der SSN Nautilus reichen 2 Module für 6 Personen.

Wer bereit ist den Marspionieren ähnliche Platzverhältnisse wie den Pionieren auf der Mayflower zuzumuten kann etwa 50 Personen mit einem ISS Modul transportieren.

Unter den Hauptkritikpunkten, des Mars-500 Projekts findet man die fehlende Strahlenbelastung wie sie die Marsreisenden während des Flugs ertragen müssten und die Erleichterung durch die normale Schwerkraft. Diese beiden Aspekte sind durch russische Langzeitaufenthalte im Erdorbit ziemlich gut untersucht. Von 1994 bis 1995 blieb der Russe Waleri Poljakow, zusammenhängende 437 Tage auf der Raumstation MIR. Insgesamt verbrachte Poljakow über 678 Tage im Weltraum. Nach seiner Landung am 22. März 1995, stieg der gelernte Mediziner aus eigener Kraft aus der Sojus Kapsel aus und legte die wenigen Meter bis zum Fahrzeug ohne Hilfe zu Fuß zurück. Er hoffte damit den Nachweis zu erbringen, dass Marsreisende nach langem Aufenthalt in der Schwerelosigkeit mit der Besiedlung des Roten Planeten beginnen könnten. Medizinische und psychologische Untersuchungen von Poljakow, vor, während und nach seinem Weltraumaufenthalt zeigten vollständige psychische und physische Erholung von den Strapazen. In den ersten zwei Monaten nach Start und Landung litt Poljakow unter getrübter Stimmung und dem Gefühl überarbeitet zu sein. Sobald er sich an seinen Aufenthalt im Weltraum gewöhnt hatte verschwanden diese Beschwerden für den Rest des Aufenthalts.

Poljakows Langzeitrekord wurde seither dreimal Überboten. Sergei Awdejew befand sich von 1992 bis 1999 insgesamt 747 Tage im Weltraum, verbrachte 42h davon auf in der Summe 10 Weltraumspaziergängen. Sein Rekord hatte bis 2005 bestand ehe Sergei Krikaljow den Rekord auf 803 Tage erhöhte. Auch Alexander Kaleri zählt mit 769 Tagen im Weltraum zu den Kosmonauten mit Weltraumaufenthalten die erheblich länger sind als eine Reise zum Mars. All diese Männer zeigen bis heute keine negativen Begleiterscheinungen der Strahlenbelastung oder der Schwerelosigkeit.

Basierend auf Messungen die von Raumsonden während des Flugs zum Mars durchgeführt wurden, erwartet die NASA für Marseisende eine Strahlenbelastung von etwa 3,67 mSv pro Tag auf dem Weg zum Mars und weitere 1,07 mSv für jeden Tag im Marsorbit. Zum Vergleich, die Strahlendosis im Erdorbit beträgt 0,49 mSv/Tag, an der Erdoberfläche, 0,01 mSv/Tag. Entsprechend hat Krikaljow, während seiner 803 Tage im Weltraum eine Äquivalentsdosis von 393 mSv erhalten. Die NASA betrachtet eine zusätzliche Lebensdosis von 1000 mSv für Astronauten als zumutbar, dies entspricht einer statistischen Erhöhung des Krebsrisikos um 5%. Ein mittlerer Marsflug von 262 Tagen würde die Reisenden bereits auf dem Hinweg einer Dosis von 960 mSv aussetzen. Die Strahlenbelastung erscheint damit das größte Risiko für Marsreisende. Mit steigender Dosis steigt auch das Risiko für die Reisenden im Laufe ihres Lebens an Krebs zu erkranken.

Um die Strahlendosis zu reduzieren gibt es zwei Möglichkeiten: Die Reisezeit verkürzen oder das Raumschiff mit Abschirmung ausstatten. Wünschenswert wäre eine Halbierung der Strahlendosis. Die Strahlenbelastung im Weltraum stammt vom Sonnenwind, der aus Elektronen, Protonen und Heliumkernen mit kinetischen Energien von 15 keV bis 200 keV besteht. Um die gewünschte Halbierung zu erreichen ist etwa 1 cm Blei erforderlich. Will man ein Modul von der typischen ISS Größe auf diese Weise abschirmen ergibt sich ein Zusatzgewicht von ca. 18 t. Ein persönlicher Schutzanzug für die Astronauten würde weniger als 500 kg pro Person wiegen, wegen der Schwerelosigkeit wäre das Gewicht akzeptabel, die Einschränkung in der Bewegungsfreiheit eventuell unerwünscht. Als Kompromiss könnte man die Schlafkojen, der Raumfahrer mit 3 cm Blei verkleiden. Dadurch ließe die Strahlenbelastung für 1/3 der Zeit um den Faktor 8 reduzieren und somit auf 680 mSv für den Flug zum Mars. Eine derartig verkleidete Schlafnische benötigt eine Bleimasse von etwa 3,3 t.

Zwischenfazit

Ein Einwegflug zum Mars ist nach heutigem Kenntnisstand auch ohne weitere Abschirmmaßnahmen medizinisch Akzeptabel, da das Krebsrisiko nur gering ansteigt.

Sind Hin- und Rückflug gewünscht, muss ein höheres Krebsrisiko akzeptiert werden, Schutzmaßnahmen getroffen werden oder die Flugzeit verkürzt. Die beiden letzten Optionen werden sich in Preissteigerungen auswirken. Ersteres ist nur bei Freiwilligen die sich des Risikos bewusst sind moralisch vertretbar.

Ein wichtiger Punkt für den Flug zum Mars sind Lebensmittel und Verbrauchsmaterialen für die Besatzung. Als Anhaltspunkt für den Bedarf kann die Versorgung der ISS dienen. 2012 haben folgende Versorgungsflüge zur ISS stattgefunden:

Transporter	Startdatum	Versorgungsgüter
Progress M14-M	25. Januar 2012	ca. 1510 kg
Edoardo Amaldi (ATV-3)	23. März 2012	<2585 kg
Progress M15-M	20. April 2012	<1894 kg
Dragon C2+	22. May 2012	<525 kg
Kounotori 3 (HTV-3)	21. July 2012	700 kg
Progress M16-M	1. August 2012	<1894 kg
Dragon C3	7. Oktober 2012	120 kg
Progress M17-M	31. Oktober 2012	<1714 kg
Summe		10.942 kg

Leider steht dem Autor für die meisten Flüge kein exaktes Transportmanifest zur Verfügung, Lebensmittel, Kleider und Verbrauchsgüter werden mit Experimentalgerät oftmals zusammen erwähnt. Bei Flügen die es getrennt auflisten, sind lediglich 20% der Fracht zur Versorgung der Crew vorgesehen. Die Annahme von 10,9 t Material als Versorgungsgüter für die Crew ist daher sehr konservativ. Pro Astronaut ergibt sich damit ein Wert von 5kg/Tag für Essen, Wasser, Sauerstoff, Kleidung und andere Verbrauchsgüter. Eine Marsmission, wie bei Mars-500 simuliert, würde daher 15,6 t Versorgungsgüter erfordern.

Die Energieversorgung des Marsraumschiffs findet während des Flugs über Solarmodule statt. Um auch im letzten Abschnitt der Reise, wenn das Raumschiff am weitesten von der Sonne entfernt ist, ausreichend mit Strom versorgt zu werden müssen die Solarmodule, im Vergleich zum Betrieb im Erdorbit, stärker ausgelegt werden. Der Mars ist mit 1,52 AE etwa 52% weiter von der Sonne entfernt als die Erde, die ankommende Sonnenenergie fällt jedoch quadratisch mit dem Radius ab und beträgt daher nur 44% der irdischen. 1000 W Solarleistung im Erdorbit entsprechen lediglich 440 W im Marsorbit. Die Ausgewählten ISS Module für den Marsflug müssen entsprechend mit zusätzlichen Solarmodulen ausgerüstet werden.

Marsmonde als Zwischenstation

Die Besiedlung der Marsmonde könnte, als leichter zu erreichende Zwischenstopps, einen Vorteil bei der Besiedlung der Marsoberfläche bieten. Mögliche Vorteile werden im Folgenden beleuchtet.

Delta-v Reduzierung bei Ankunft von der Erde

Eine naheliegende Idee ist es erst den marsfernen Mond Deimos anzufliegen, von dort ohne von der Erde mitgeführten Treibstoff zu Phobos oder direkt zur Marsoberfläche zu gelangen. Die folgende Tabelle vergleicht die Delta-v Werte für Flüge zum Deimos Transfer Orbit (DTO) und Phobos Transfer Orbit (PTO) mit dem Transfer zum Low Marsian Orbit (LMO).

Der Vergleich zeigt keine erhebliche Einsparung. Die Ersparnis bewegt sich im Mittel bei etwa 5% und erreicht in der Spitze lediglich 13%. Unter Berücksichtigung der Aufwendungen für Start und Landung auf den Marsmonden, sowie der Unsicherheit der Berechnung ergibt sich keine relevante Einsparung durch Verwendung der Marsmonde als Zwischenhalt.

		Delta-v [m/s]					
Jahr	**Abstand**	**LEO-LMO**	**LLO-LMO**	**LEO-DTO**	**LLO-DTO**	**LEO-PTO**	**LLO-PTO**
2027	0,678	6094	4146	6059	4111	6067	4010
2031	0,559	5773	3632	5623	3482	5572	3431
2035	0,382	5293	2879	4924	2510	4975	2561

Treibstoffproduktion

Auch wenn die Besiedlung der Marsmonde für Delta-v keine Vorteile bieten mag, könnten es Vorteilhaft sein auf einem der Monde Treibstoff zu produzieren. Mit dort gewonnenem Treibstoff könnten Landefähren auf dem Weg zum Mars versorgt werden. Dieser Treibstoff müsste dann nicht mehr von der Erde mitgeführt werden. Bei einem Treibstoffbedarf von 255 kg pro Tonne angelandetes Material könnte sich ein Außenposten zur Treibstoffproduktion ab einem Massentransport zur Marsoberfläche von etwa 800 t bis 1.000 t auszahlen. Gäbe es auf Deimos oder Phobos Wasservorräte die zur Treibstoffproduktion herangezogen werden könnten, würde die Investition in einen Außenposten weniger umfangreich sein und sich damit noch schneller lohnen.

Wie im Kapitel „Stand der Marsforschung" beschrieben handelt es sich bei den beiden Marsmonden um kohlenstoffreiche Chondriten. Basierend auf der Zusammensetzung bisher auf der Erde gefundener Meteoriten gleichen Typs ist hier kein Aluminiumoxid oder Wasser zu erwarten. Wasservorkommen in Bereichen ewigen Schattens, wie man ihn in den Kratern in Polnähe der Monde finden könnte sind hingegen möglich. Zukünftige Forschungsmissionen müssten hierüber erst Klarheit bringen.

Zwischenfazit

Basierend auf der heutigen Datenlage ist eine Besiedlung der Marsmonde nur ein unnötiger Umweg auf dem Weg zum Mars. Diese Einschätzung müsste im Lichte von Wasserfunden, die zur Treibstoffproduktion geeignet wären, revidiert werden.

Landung auf dem Mars

Die Landung auf dem Mars, die gerne mit dem Beinahmen „7 Minuten des Terrors" beschrieben wird, ist eine Wissenschaft für sich. Eine Wissenschaft die neben den anderen Aspekten der Marsreise blass wirkt, da es für den Laien eine triviale Angelegenheit scheint. Wir können routinemäßig auf der Erde landen und waren bei jedem Landeversuch auf dem Mond erfolgreich. Warum sollte das auf dem Mars anders sein? Dichte der Marsatmosphäre und Schwerkraft liegen irgendwo zwischen Erde und Mond. Auf den ersten Blick scheint es sich um ein simples Interpolationsproblem zu handeln. Trotzdem sind nur 60% der bisherigen Versuche auf dem Mars zu landen erfolgreich gewesen. Viele Marsmissionen haben nur einen Krater im roten Staub produziert und keine wissenschaftlichen Daten.

Der Grund liegt darin, dass noch niemand ein Patentrezept für die Landung gefunden hat. Die Marsatmosphäre ist zu dünn um eine Landung wie auf der Erde zu unterstützten, gerade in den höheren Schichten bietet sie nur wenig Reibungswiderstand, was zu einem entsprechend langem Bremsweg führt. Fallschirme sind erst unterhalb einer Geschwindigkeit von etwa Mach 2,2 einsetzbar, und können daher erst verwendet werden, wenn die Landefähre schon sehr nahe am Boden ist. Verschiedene Forschungsvorhaben sind am Laufen um neuartige Bremssysteme zu entwickeln die auch bei hoher Machzahl ihre Wirkung entfalten. Bis diese perfektioniert sind, werden vermutlich noch 3 bis 10 Jahre vergehen. Absehbar bleibt ein großer Hitzeschild die einzige Option. Bisher limitieren die verfügbaren irdischen Trägerraketen den Durchmesser des Hitzeschilds und damit die auf dem Mars landbare Masse. Dennoch hat die Kombination aus Hitzeschild und Überschallfallschirm die bisher besten Ergebnisse geliefert. Mit dem Couriosity Rover wurde im Rahmen des Mars Science Laboratories (MSL) die bisher schwerste Nutzlast (899 kg) sicher auf der Oberfläche abgesetzt.

Die Alternative zum vorher beschriebenem Aerobreaking, dem Abbremsen durch die Marsluft, ist eine Geschwindigkeitsreduzierung durch Raketentriebwerke. Dieses Verfahren funktioniert bei Mondlandungen ausgezeichnet und erlaubt es dem Piloten Kurskorrekturen in letzter Minute vorzunehmen und punktgenau zu landen. Auf dem Mars funktioniert dieses Verfahren bei hohen Geschwindigkeiten, bedingt durch die Atmosphäre, nicht. Hier ist die Atmosphäre stark genug um den Abgasstrahl abzulenken und so zu aerodynamisch instabilen Verhältnissen unter dem Raumschiff zu sorgen, womit dieses nicht mehr kontrolliert gelandet werden kann. Trotzdem eignet sich der Ansatz für den letzten Teil der Marslandung kurz vor dem Aufsetzen, wie es auch bei MSL durchgeführt wurde, große Korrekturen des Landeortes sind in dieser Phase allerdings nicht mehr möglich.

Bei früheren Marslandungen wurden auch Airbags zur Abfederung des Aufpralls verwendet. Im Rahmen der Vorbereitungen der MSL Landung haben sich Limitierungen für die Verwendung von Airbags gezeigt. Schon bei der Nutzlast von etwa 900 kg sind Airbags zur Landung nicht mehr geeignet.

Unbemannte Landung

Zieht man all diese Überlegungen in Betracht, zeigt sich die Landefähre des MLS als positives Vorbild für zukünftige Marslandungen. Die folgende Grafik beschreibt die Abläufe bei der erfolgreichen Landung des Curiosity Rovers.

Theoretisch ist es Vorstellbar die MSL Technology zum Transport von anderen Nutzlasten ähnlicher Größe zu verwenden. Durch die Erfahrungsgewinne der MSL Mission gelingt es sicherlich Verbesserungen an der Landefähre vorzunehmen um die Nutzlast auf 1 t

Mars Science Laboratory Landung

Außerhalb der Atmosphäre	
1609 km	Abtrennung des Marschflug-Moduls
1440 km	Abwurf der Kontrollgewichte zur Ausrichtung für den Eintritt in die Atmosphäre
Eintritt	
127 km	Eintritt in die obere Atmosphäre
29 km	Maximale Erwärmung des Hitzeschilds
23 km	Maximale Abbremsung der Kapsel
Fallschirm-Phase	
11 km	Entfaltung des Fallschirms
9,8 km	Abtrennung des Hitzeschilds
7,6 km	Aktivierung des Landeradars
1,6 km	Abtrennung der Kapsel und des Fallschirms
Abbremsung	
1,3 km	Aktivierung der Bremstriebwerke der Abstiegsstufe
Sky-Crane-Phase	
20 m	Abseilen von *Curiosity*
6 m	Ausklappen des Rover-Fahrwerks
0 m	Bodenkontakt des Rovers
Wegflug	
	Abtrennung der Seile und Wegflug der Abstiegsstufe

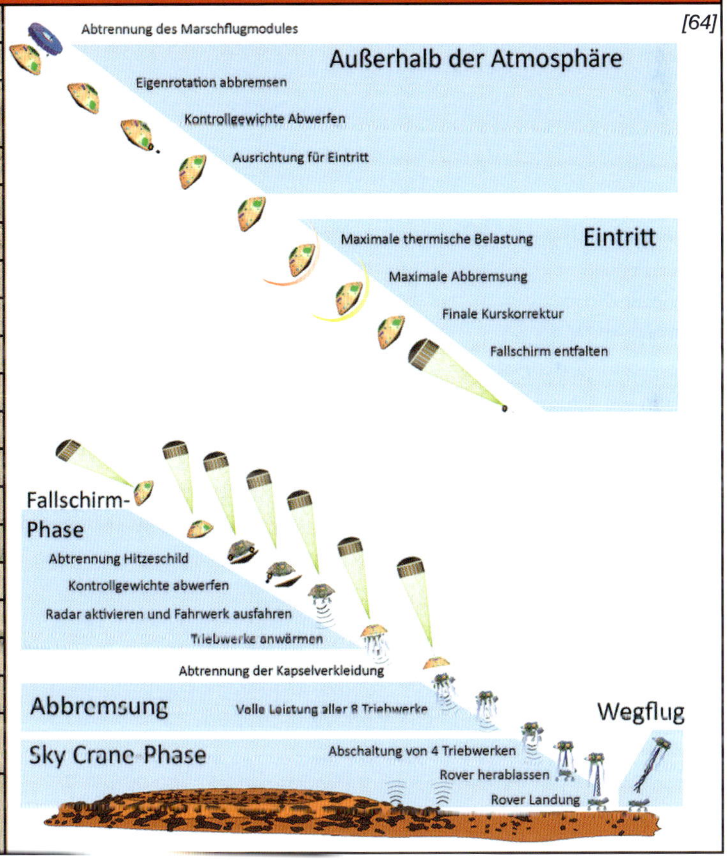

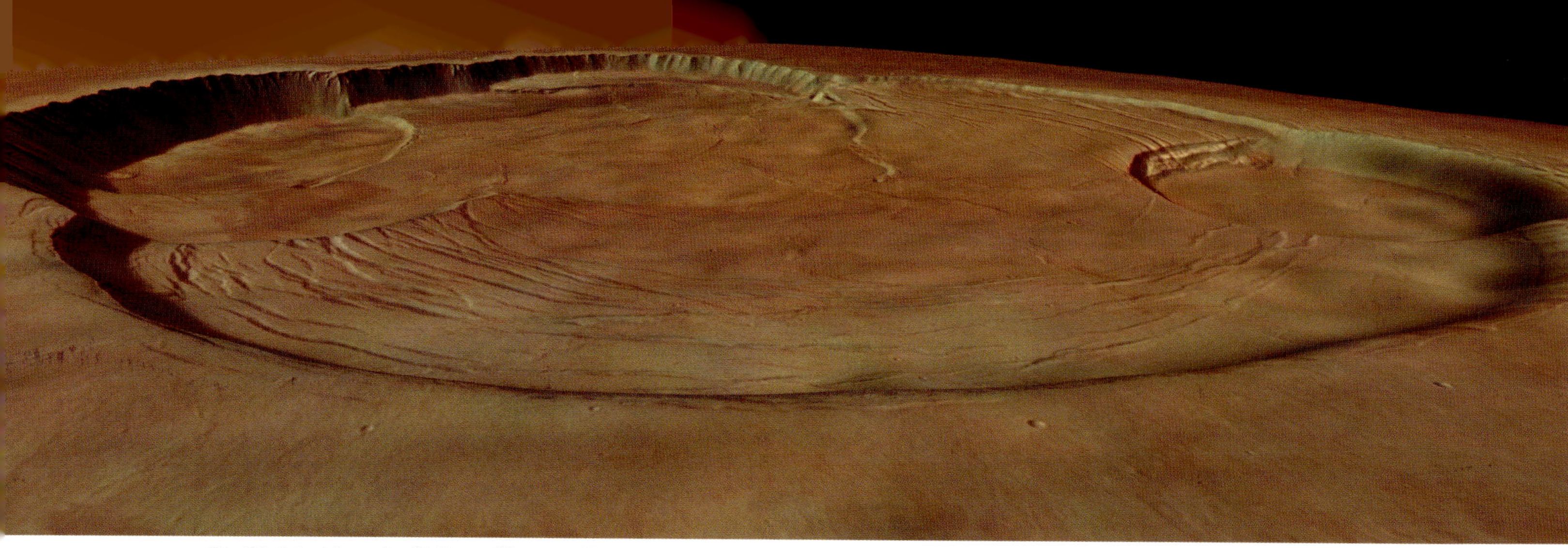

Die Gipfelcaldera des Vulkans Olympus Mons, der mit 26 km die höchste Erhebung im Sonnensystem ist. [66B]

zu steigern. Zusammen mit dem Marschflug-Modul ergibt sich so eine Blaupause für den Transport von Nutzlasten bis zu 1 t, die nur noch nachgebaut werden muss.

Die nächste Grafik zeigt den schematischen Aufbau des MSL mit Curiosity Rover. Anstatt des 3,1m x 2,7 m × 2,1 m großen Rovers kann auch eine andere Nutzlast transportiert werden.

Die gesamte MSL Mission von der Entwicklung bis zur Analyse der Daten kostet 2,5 Mrd. USD. Die tatsächlichen Herstellungskosten der Hardware, in diesem Fall Curiosity Rover und Landefähre, liegen bei Projekten dieser Größe, weit unter den Projektkosten. Ein Nachbau der MSL Landefähre sollte nicht mehr als 100 Mio. USD kosten. Zusammen mit den Startkosten für die zum Marstransfer erforderliche Atlas V Rakete, von 223 Mio. USD, ergibt sich ein Preis von 323 Mio. USD pro Tonne zur Marsoberfläche transportierten Materials. Theoretisch, sollte der Transfer auch mit einer Proton Variante erreichbar sein. In diesem Fall würden sich die Kosten auf 185 Mio. USD pro Tonne reduzieren.

Mit der Verfügbarkeit der Falcon Heavy können sich die Transportkosten weiter reduzieren. Bei einer Nutzlastkapazität von 13 t zum Mars, ist die Falcon Heavy problemlos in der Lage drei Landefähren mit einem Start auf den Weg zum Mars zu senden, in diesem Fall reduzieren sich die Kosten pro Tonne auf 145 Mio. USD. Gelingt es durch Serienfertigung die Kosten für die Landefähre weiter zu reduzieren, ist ein Preis von 70 Mio. USD pro Tonne vorstellbar.

Bemannte Landung

Für die bemannte Marslandung ist die MSL Technologie nicht ausreichend. In Vorbereitung auf eine Mission zur Rückführung von Marsproben zur Erde haben NASA und SpaceX untersucht inwieweit sich ein modifiziertes Dragon Raumschiff, Red Dragon genannt, zur Landung auf dem Mars eignet.

Das Ergebnis der Machbarkeitsstudie war: Sehr gut. Obwohl der Red Dragon für seine Masse über einen Vergleichsweise kleinen Hitzeschild verfügt, reicht die Bremswirkung aus um das Raumschiff bei der Landung soweit abzubremsen, dass eine Landung unter Verwendung der Triebwerke möglich ist. Das 6,5 t schwere Raumschiff soll 1 t Nutzlast transportieren können und in der Lage sein vom Mars zu starten und zur Erde zurück zu kehren. Wenn es um den Start vom Mars geht, wird die Machbarkeitsuntersuchung allerdings etwas dünn. Die Treibstoffanforderungen werden in späteren Kapiteln weiter betrachtet.

Da das Dragon Raumschiff gleichermaßen für Personen und Materialtransport geeignet ist, bietet sich eine Variante des Red Dragons an um Personen zu transportieren.

Rechts: Grafische Darstellung der Red Dragon bei der Landung auf dem Mars. [65]

SPACEX
DRAGON

Umentwicklung: Red Dragon

Als Basis für das Red Dragon Raumschiff dient die von SpaceX entwickelte Dragon Kapsel mit den folgenden technischen Daten:

Dragon Kapsel Technische Daten	
Trockengewicht	3180 kg
Treibstoffmasse	1290 kg
Startnutzlast	6.000 kg
Landenutzlast	2.500 kg
Druckvolumen	10 bis 11 m³
Passagierzahl	7
Triebwerk	8 SuperDraco Thrusters
Vakuum Schub	8x 67 kN
Treibstoff	NTO/MMH
Spezifischer Impuls	344 s (typisch f. Hydrazin)

Der NASA-Astronaut Suni Williams, im SpaceX Raumanzug, während eines Tests im April 2018, vor einem Display im Modell des Raumfahrzeugs Crew Dragon in Hawthorne, Kalifornien. [66]

Für den Start von der Erde hat das Dragon Raumschiff auch noch eine Hecksektion, mit Solarzellen und Volumen zum Transport von Außenlasten. Diese Hecksektion wiegt zusätzlich 1020 kg, und bietet weitere 14 m³ Lagervolumen.

Für die Marsmission müsste das Dragon Raumschiff geringfügig umgebaut werden. Zu allererst muss die Passagiervariante, Dragon Lab, in der Abbildung rechts gezeigt, fertig entwickelt werden. Für die Marsmission sind vermutlich 4 Passagiere für die Landung ausreichend.

Um Treibstoff für den Start unterzubringen müssen interne und externe Treibstofftanks, bzw. Aufnahmen hierfür hinzugefügt werden. Es würde sich anbieten, entlang der Seitenwand der Kapsel Aufnahmen für etwa 3 m hohe zylinderförmige Tanks zu schaffen, sowie die abnehmbare Nase zu vergrößern und als Treibstofftank auszuführen.

SpaceX schätzt die Entwicklung und Fertigungskosten für das Red Dragon Raumschiffs, inklusive Hecksektion auf 150 Mio. USD bis 190 Mio. USD.

Nach abgeschlossener Entwicklung sollten die Kosten für ein Red Dragon Raumschiff erheblich sinken. Ein Dragon Start zur ISS kostet heute im Mittel etwa 133 Mio. USD, darin enthalten sind die Kosten für Raumschiff, Start, alle Logistik und Wartungskosten. Ein Falcon 9 Start kostet 54 Mio. USD. Kosten für das Raumschiff alleine sollten sich entsprechend bei unter 50 Mio. USD liegen.

Weltraumaufzug

Die Idee für eine Struktur, die von der Erde bis in den Weltraum ragt, geht auf den russischen Wissenschaftler Konstantin Tsiolkovsky zurück. Dieser verbreitete bereits im Jahr 1895 – inspiriert durch den Eiffelturm – den Vorschlag, einen Turm zu errichten, der bis in den Weltraum ragt und auf diese Art Mensch und Material in den Himmel transportiert.

Der ursprüngliche Ansatz, bei dem die gesamte Masse des Turms von den untersten Schichten getragen werden muss, hat sich schnell als unbrauchbar erwiesen. Erst 64 Jahre später schlug Tsiolkovskys Landsmann Yuri N. Artsutanov vor, den Aufzug nicht von der Erde aus zu bauen, sondern auf der stationären Umlaufbahn einen Satelliten zu platzieren, der ein Seil zur Oberfläche herablässt. Wegen der stationären Position des Satelliten könnte das Seil auf dem Boden verankert werden und ein Aufzug könnte nun an dem Seil entlang in den Weltraum fahren.

Wie funktioniert der Aufzug: Um das Seil zu spannen, kann entweder ein gleich langes Seil in die Gegenrichtung abgewickelt oder ein entsprechendes Gegengewicht angebracht werden. Die

Verwendung eines gleich langen Seils in die Gegenrichtung hat den Vorteil, mit dem Weltraumaufzug weit über den stationären Orbit hinaus fahren zu können. Da sich das Seil mit einer Geschwindigkeit um den Mars bewegt, die der Geschwindigkeit des Schwerpunkts auf stationärer Höhe entspricht, also etwa 1447 m/s, können Raumschiffe zu einem Flug in die Tiefen des Sonnensystems gestartet werden.

Um vom stationären Marsorbit bis zur Marsoberfläche zu reichen, ist ein Seil mit einer Länge von etwa 17.033 km notwendig. Länge des Seils und Gravitation treiben die Anforderungen an die Stabilität in die Höhe.

Anders als auf der Erde ist es auf dem Mars möglich mit heute verfügbaren Materialien einen Weltraumaufzug zu bauen. Die folgende Tabelle vergleicht die Anforderungen an das Seil für einen Aufzug auf der Erde mit dem auf dem Mars.

Die Fallbeschleunigung spiegelt den Einfluss der Gravitation auf die Seilstabilität wieder während Radius und Höhe des synchronen Orbits die Länge des Seils bestimmen. Der Verstärkungs-Faktor schließlich beschreibt wie den unterschied der Seilstärke an seiner dicksten Stelle gegenüber seiner dünnsten Stelle. Der Vergleich wird für die marktverfügbaren Materialien Stahl, Kevlar und die noch in der Forschung befindlichen Carbon Nano Röhren (CNR) durchgeführt. Die Tensilstärke gibt ein Maß für die Zugfestigkeit des Materials. Aus der Tabelle kann man leicht ablesen, dass für die Erde lediglich die Konstruktion aus Carbon Nano Röhren in Frage kommt. Bereits die Konstruktion aus Kevlar wäre an der dicksten stelle 250 Millionen Mal stärker als an der dünnsten. D. h. um die Tragkraft eines 1 mm starken Kevlarfadens zu realisieren wäre dieses Kevlar Seil an der dicksten Stelle 250 km stark.

Auf dem Mars sieht die Situation erheblich freundlicher aus. Der 1 mm starke Kevlarfaden würde hier lediglich auf 6 mm an der dicksten Stelle anwachsen. Was bedeutet das für die Masse des Seils? Bei einem Kevlar Seil mit einer Länge von 17.033 km und einer Tragkraft von 1 t würde das Seil 567 t wiegen. Eindeutig zu schwer um es von Erde oder Mond einzufliegen. Will man ein Seil das bei 1 t Traglast nur etwa 60 t wiegt, muss man die Tensilstärke auf mindestens 7,4 GPa steigern. Um unter 20 t zu gelangen müsste die Tensilstärke auf mindestens 12 GPa erhöht werden.

Wenn geeignete Materialien bis zu einer nachhaltigen Marsmission zur Verfügung stehen ist das Mitführen eines Weltraumaufzugs eine sehr interessante Option. Bei einer Masse von 567 t für das Seil amortisiert sich der Aufzug erst bei einem Transportumfang von etwa 2224 t zur Oberfläche.

Das Problem beim Betrieb eines Weltraumliftes auf dem Mars sind die beiden Monde, die auf Umlaufbahnen unterhalb der geostationären Bahn verlaufen. Da sich sowohl Weltraumlift als auch Monde in Äquatornähe befinden, kann es zu Kollisionen zwischen den Monden, besonders Phobos, und dem Seil kommen. Um dies zu vermeiden müsste der Lift entweder mobil sein, oder vom Äquator weg, nach Norden oder Süden ausweichen. Eine Verschiebung um 10° wird als ausreichend betrachtet um jede Kollision auszuschließen.

In einer Studie aus dem Jahr 2003 hat die NASA eine Konstruktions- und Entwicklungsdauer von 15 Jahren geschätzt, bei Entwicklungskosten von 6 bis 7 Mrd. USD.

Bei Verwendung eines Weltraumaufzugs um Material auf dem Mars zu landen entfallen die Ausgaben für die Landefähre, die Transportkosten pro Tonne sinken auf 10 Mio. USD.

Planet	Fallbeschleunigung	Radius	Synchroner Orbit	Verstärkungs Faktor		
	[m/s²]	[km]	[km]	Stahl	Kevlar	CNR
Tensilstärke [GPa]	-	-	-	1,55	3,8	150
Earth	9,81	6.378	42.166	$2{,}3 \times 10^{20}$	$2{,}5 \times 10^{8}$	1,6
Mars	3,71	3.396	20.429	82	6	1,05

Neuentwicklung: Weltraumlift

Die Möglichkeit eines Weltraumlifts für den Mars steht und fällt mit der benötigten Masse für das Seil. Seit der Erfindung von Kevlar wird die Machbarkeit generell für möglich gehalten. Bei der verfügbaren Tensilstärke ist der Aufzug allerdings noch nicht praktikabel. Eine weitere Verdopplung wäre notwendig um eine Nutzlast von etwas über 1 t bei 60 t Seilmasse transportieren zu können.

Um Antrieb und Energiequelle nicht in der Gondel unterbringen zu müssen, bietet es sich an, die Gondel mit dem Seil nach unten zu lassen und nach oben zu ziehen. Für zusätzliche Sicherheit könnte man ein zweites Seil als Führungsseil etablieren, das die Gondel halten kann wenn das Zugseil reißt.

Jedes der beiden Seile hat ein Volumen von etwa 40 m^3 und wiegt etwa 60 t. Für den Start von der Erde kann das Seil auf mehrere Abschnitte aufgeteilt werden.

Zusätzlich zu den Spulenmodulen wird noch ein weiteres Modul mit ebenfalls 20 t veranschlagt, in dem die Elektromotoren zum Abrollen der Spulen berücksichtigt werden, Solarzellen zum Betrieb der Elektromotoren, sowie eine kleinere Spule zur Verbindung mit dem Gegengewicht.

Einmal im Marsorbit, wird zuerst das Führungsseil abgerollt. Als Gegengewicht werden leere Treibstofftanks verwendet. Je weiter das Führungsseil abgerollt wird, desto mehr Treibstofftanks werden am Gegengewicht montiert. Sobald das Führungsseil die Marsoberfläche erreicht wird es an der gewünschten Stelle mit dem, gleich mit abgeseiltem Material, von den ersten Marssiedlern verankert.

Entlang des Führungsseils kann nun die durch das Halteseil gesicherte Aufzugsgondel abgelassen werden. Die Gondel wird mit einem Docking Modul, dem vierten 20 t schweren Modul des Weltraumlifts angeliefert. Das Dockingmodul erlaubt das Andocken von Raumschiffen von der Erde auf der einen Seite und der Raumlift Gondel auf der anderen Seite, verfügt über Lebenserhaltungssysteme, Lager und Lebensraum. Außerdem kann das Dockingmodul die Gondel elektromagnetisch in Richtung Mars beschleunigen und so für eine Anfangsgeschwindigkeit sorgen.

Angetrieben wird die Gondel von einem 50 kW Elektromotor, der an der Spule installiert ist. Über ein Getriebe bewegt er gleichzeitig Gondel und Gegengewicht, so dass Gravitation und Fliehkraft immer im Gleichgewicht bleiben. Mit dieser Leistung wird die Gondel mit etwa 60 m/s auf- und absteigen könne. Die Reisezeit beträgt ca. 80 Stunden. Gespeist wird der Elektromotor von Solarzellen. Etwa 7 t Solarmodule sind hierfür erforderlich und im 3. Modul des Weltraumlifts integriert. Ein derartiger Weltraumlift kann eine jährliche Transportleistung von über 55 t in jede Richtung erreichen. Zählt man auf und ab zusammen also über 110 t.

In der ersten Ausbaustufe des Weltraumlifts wird die Gondel vermutlich nicht für den Personentransport eingesetzt werden können. Für Material alleine muss keine Lebenserhaltung in die Gondel installiert werden, es ist keine Energieerzeugung notwendig genauso wenig wie aufwändige Sicherheitssysteme um einen Absturz zu vermeiden. Muss die Gondel aus technischen Gründen langsamer auf- oder absteigen, muss keine Rücksicht auf menschliches Wohlbefinden genommen werden.

Der im Orbit befindliche Teil des Weltraumlifts wird so konstruiert, dass Aufwuchspotential besteht um durch Kombinieren mehrerer Seile größere Lasten transportieren zu können. Zum Personentransport wird eine Nutzlast von etwa 3,5 t angenommen. Hierfür müsste der Weltraumlift in seiner Transportkapazität verdreifacht werden, jeweils 2 weitere Spulenmodule und 2 weitere Versorgungsmodule sind erforderlich.

Nimmt man für die Entwicklung, Bau und Transport des Weltraumlifts in der ersten Ausbaustufe 10 Mrd. USD an, so würde sich die Amortisierung der Kosten nach einer auf dem Mars abgesetzten Nutzlast von 100 t ergeben, wenn man lediglich die 100 Mio. USD für die Einweg-Marslandefähren vom MSL Typ heranzieht.

Himmels-Haken (Sky-Hook)

Der Sky-Hook ist eine Abwandlung des Weltraumaufzugs, der das Problem der Seilmasse löst. Beim Sky-Hook wird das Seil nicht auf dem Stationären, sondern einem anderen, tieferliegenden Orbit, verankert. Dadurch kann das planetennahe Ende nicht auf der Oberfläche verankert werden, sondern umrundet den Planeten, mit einer Geschwindigkeit die der Geschwindigkeit entspricht die für den Orbit des Ankers notwendig ist.

Für einen Himmels-Haken auf dem Mars bietet es sich an, das Seil auf einem der beiden Monde zu verankern. Bei Verankerung auf Deimos, dem äußeren Mond, würde sich der Haken mit einer Geschwindigkeit von 196 m/s durch den Himmel bewegen. Verwendet man Phobos als Anker würde die Geschwindigkeit sogar auf 772 m/s steigen. Da Deimos weiter entfernt ist als der synchrone Orbit, disqualifiziert sich die Verwendung von Deimos als Ankerpunkt. Die Marsoberfläche bewegt sich mit 241 m/s, womit sich eine Relativgeschwindigkeit zwischen dem Phobos Haken und der Oberfläche von 531 m/s ergibt. Wieweit über der Oberfläche der Haken endet, kann man im Rahmen der Auslegung des Hakens genau untersuchen. Entscheidend ist, dass nach dem ausklinken aus dem Haken noch 531 m/s Geschwindigkeit verloren werden müssen, bis es zur Landung kommen kann.

Im konservativsten Fall in dem das Seil bis zum Marsboden reicht, wird eine Seillänge von etwa 6000 km benötigt. Für ein Seil, das 1 t tragen kann, wird, bei Fertigung aus heute verfügbarem Kevlar, lediglich eine Masse von 80 t benötigt.

Der Sky-Hook stellt eine leichter umsetzbare Alternative zum Weltraumlift dar.

Zwischenfazit

Ein Weltraumlift zur Besiedlung des Mars ist technisch vorstellbar, bei aktuellem Stand der Technik wird eine Amortisierung aber erst nach mehr als 2224 t transportiertem Materials erreicht. Die light Variante Sky-Hook kann auch mit heute verfügbaren Materialien mit akzeptablem Masseneinsatz erreicht werden. Ob der Sky-Hook bei Landung und Start auf dem Mars Vorteile bietet muss eine Detailstudie zeigen. Es bietet sich daher stärker an, konventionelle Landetechniken weiter zu verbessern.

Verbesserte Landefähre

Als konservative Alternative zu Weltraumaufzug oder Sky-Hook kommt eine Verbesserung der Landefähre für den Materialtransport zum Mars in Frage. Eine groß angelegte Marsmission benötigt eine Landefähre die in der Lage ist große Lasten auf die Marsoberfläche sicher und zuverlässig zu transportieren.

Eine Landefähre die dies erreichen möchte muss mehr Bremswirkung durch Reibung mit der dünnen Marsatmosphäre gewinnen. Die folgende Übersicht zeigt das Verhältnis von Nutzlast

Entwicklung Payload/Lander Verhältnis seit 1996

Mission	Jahr	Payload	Lander	Payload/Lander
Pathfinder	1996	11,5 kg	275,5 kg	4%
MER	2003	185 kg	825 kg	22%
M3L	2011	899 kg	2401 kg	37%

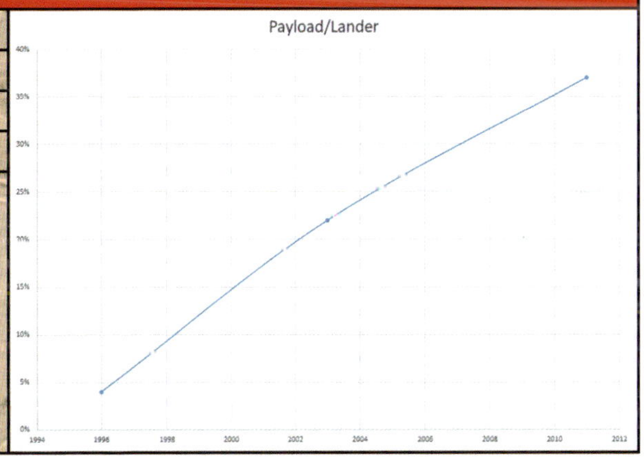

(Payload) zur Lander-Masse seit der Pathfinder Mission 1996.

Für eine nachhaltige Marsmission ist es hilfreich Komponenten die Bereits für die in Band 1 beschriebene Mondsiedlung entwickelt wurden weiter zu verwenden. Diese Komponenten wurden auf eine Masse von etwa 20 t optimiert. Um diese Module auf dem Mars landen zu können muss die anlandbare Nutzlast (Payload) auf 20 t erhöht werden. Dieses Ziel könnte bis 2035 schrittweise wie folgt erreicht werden:

Dragon Kapsel Technische Daten

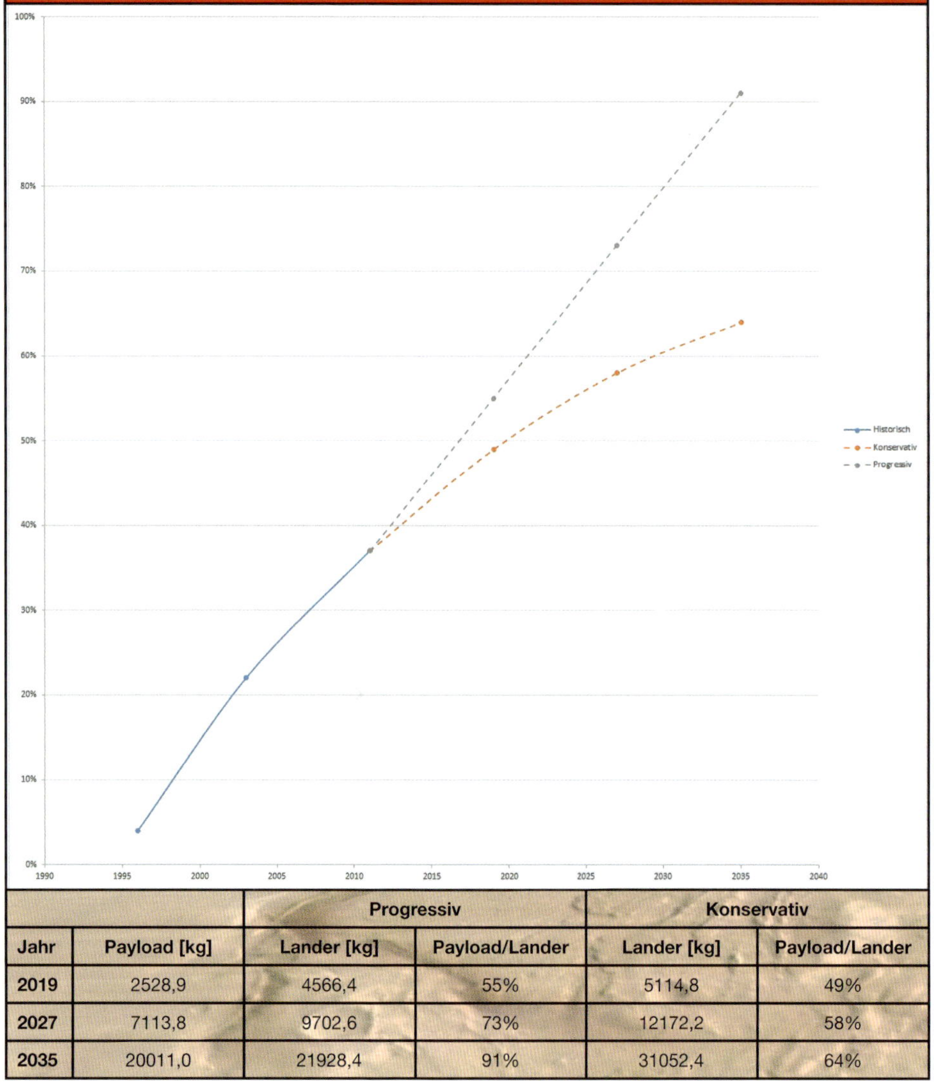

		Progressiv		Konservativ	
Jahr	**Payload [kg]**	**Lander [kg]**	**Payload/Lander**	**Lander [kg]**	**Payload/Lander**
2019	2528,9	4566,4	55%	5114,8	49%
2027	7113,8	9702,6	73%	12172,2	58%
2035	20011,0	21928,4	91%	31052,4	64%

Die Tabelle zeigt einen erheblichen Unterschied zwischen der linearen Extrapolation der Daten der bisherigen Missionen, die eine sehr progressive Entwicklung voraussetzt. Bei nicht-linearer Extrapolation gelangt man zu einer eher konservativen Entwicklung. Der Unterschied in der Lander-Masse beträgt in 2035 bis zu 9,1 t. Zieht man in Betracht, dass die Mehrheit der Lander Bauteile irgendwie für den Betrieb oder Bau einer Marssiedlung Verwendung finden könnten erscheint es als nicht unwahrscheinlich, dass es gelingen könnte 91% Payload Anteil zu erreichen. Im Folgenden wird die konservative Entwicklung angenommen.

Für eine nachhaltige Besiedlung des Mars wird auch eine Leistungsfähige Landefähre benötigt. Die Landefähre sollte die folgenden Eigenschaften haben.

Wiederverwendbarkeit

Die Landefähre soll beliebig oft wiederverwendbar sein.

Die Landefähre soll, wahlweise, im Orbit oder der Oberfläche verbleiben und für alle kommenden Missionen zur Verfügung stehen. Durch die Wiederverwendbarkeit wird gewährleistet das Starts und Landungen kostengünstig über einen langen Zeitraum durchgeführt werden können.

Die Wiederverwendbarkeit der Landefähre wird aufgrund des hohen Gewichts nicht realisierbar sein, solange ein Start vom Mars nicht aus lokal produziertem Treibstoff realisiert werden kann.

Modularität

Einzelne Baugruppen der Fähre sollen leicht austauschbar und wartbar sein.

Diese Anforderung hat mehrere Ziele. Es soll die Weiterverwendung bereits entwickelter Komponenten gefördert werden, die Fähre soll im Weltraum unter Mikrogravitationsbedingungen wartbar sein und es soll möglich sein einzelne Komponenten gegen leistungsfähigere auszutauschen ohne das gesamte Design verändern zu müssen.

Die Weiterverwendung bereits entwickelter Komponenten bietet sich besonders bei den Triebwerken an, da hier bereits eine Vielzahl auf dem Markt verfügbar ist. Zweifellos wird es auch noch andere Kandidaten geben die durch Abwandlung bestehender Systeme den Entwicklungsaufwand reduzieren. Weiterverwendung dient dem Ziel den Entwicklungsaufwand und damit die Kosten zu minimieren.

Wartung unter Mikrogravitation ist wünschenswert um auch eine Wartung im Orbit zu erlauben. Wie beim Space Shuttle ist auch hier damit zu rechnen das die Fähre nicht so langlebig ist wie angenommen. Besonders die Triebwerke könnten nicht für viele Start und Landezyklen ausgelegt sein. Zur Wartung und Pflege gehört natürlich auch das Betanken.

Da die Fähre vermutlich für 30 bis 60 Jahre oder vielleicht sogar darüber hinaus im Einsatz sein wird ist ein Forschungsfortschritt in vielen Bereichen, die die Fähre betreffen, zu erwarten. Triebwerke werden effizienter werden, Computer leichter usw. Ein Modularer Aufbau stellt sicher, dass die Fähre vom Fortschritt profitieren kann und auf Jahrzehnte keine Neuentwicklung notwendig ist.

Flexibilität

Die Fähre muss zum Last- und Personentransport geeignet sein und dabei möglichst wenige Vorgaben an Form und Größe der transportierten Module machen.

Die Fähre sollte in der Lage sein Module von typischen ISS Abmessungen zu transportieren. Diese repräsentieren ganz gut was von der Erde gestartet werden kann.

Transportkapazität

Die Landefähre soll in der Lage sein Frachten von 1 t bis 20 t effizient zwischen Marsoberfläche und Orbit zu transportieren.

Auch diese Anforderung verfolgt mehrere Ziele. Für die ersten Missionen wird keine extrem hohe Nutzlast benötigt. Es ist daher wirtschaftlich uninteressant für diese frühen Missionen eine Fähre zu haben deren Lastkapazität darüber hinausgeht. Höhere Lastkapazität die nicht ausgeschöpft wird, heißt dass die Fähre überdimensioniert ist und damit einen hohen Treibstoffverbrauch hat. Das wiederum bedeutet hohe Kosten. Die Fähre muss also erweiterbar sein um später Lasten von 20 t oder mehr tragen zu können.

Bei der Umsetzung einer zukünftigen Marsfähre sollte man bei diesen Anforderungen keine Abstriche akzeptieren. Jeder hier an der Entwicklung und Fertigstellung eingesparte Euro wird später mehrfach beglichen werden müssen.

Technisch sind die Anforderungen alle umsetzbar, erfordern aber noch einen, zweifellos, umfangreichen Entwicklungsprozess. Das auf den nächsten Seiten vorgestellte Konzept der Sleipnir Fähre zeigt wie eine leistungsfähige Landefähre aussehen könnte.

Neuentwicklung: Mars Fähre Sleipnir
Als Vorbild für die Sleipnir Fähre dient Landemodul des Mars Science Laboratories (MSL). Es wird angenommen, dass eine Verbesserung der Nutzlast zu Landefähre Verhältnisses von 37% auf 64% über einen Zeitraum von 24 Jahren gelingen kann. Die folgende Zweitafelansicht illustriert das Konzept für die Landefähre schematisch.

Sleipnir Konfiguration mit 6 Triebwerken vom Typ SuperDraco

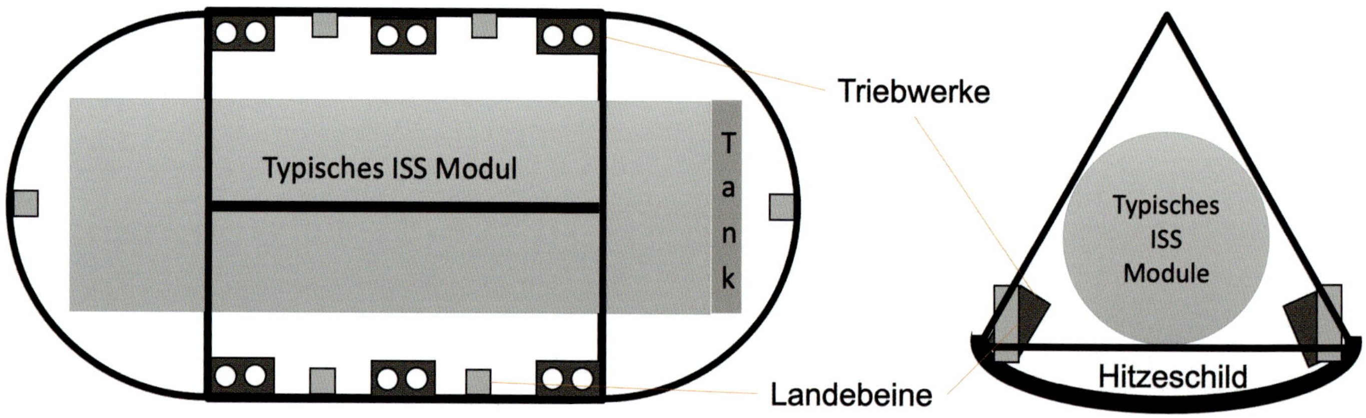

Sleipnir Konfiguration mit 4 Triebwerken vom Typ LE-5B

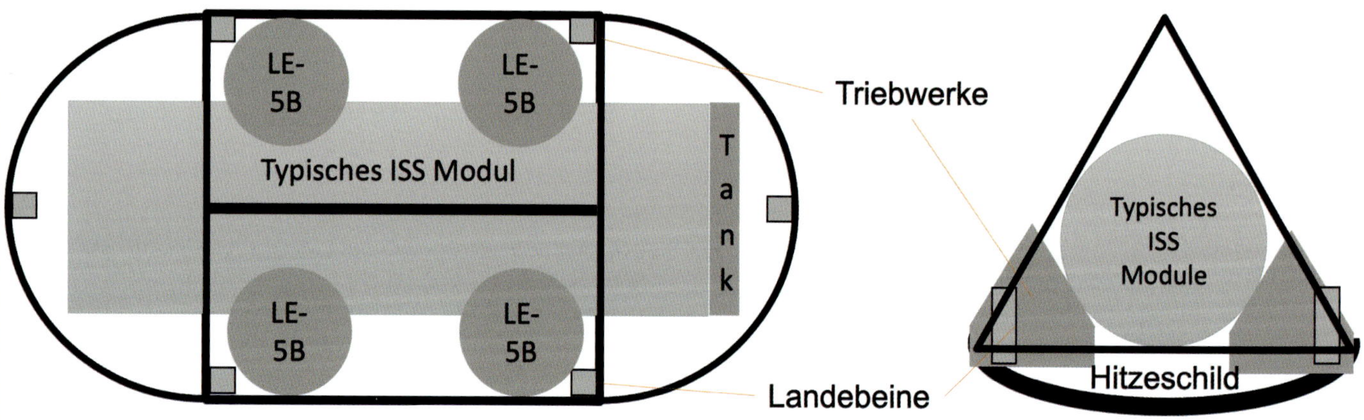

Die Fähre besteht aus zwei unterschiedlichen Modulen, Endmodul und Mittelmodul, die zu verschiedenen Ausbaustufen kombiniert werden können. Abhängig von der Anzahl der Mittelmodule beträgt die Transportfähigkeit vom Marsorbit zur Oberfläche:

Mittelmodule	Traglast [t]	Länge [m]
0	3,7	8
1	9	16
2	14	24
3	20	32

Abhängig von der benötigten Traglast können die Module zu Fähren unterschiedlicher Länge kombiniert werden. Schon ab einer Länge von 16 m besteht die Möglichkeit eine Last von den Abmessungen der ISS Module zu transportieren.

Jedes Modul besteht aus vier Kernkomponenten:

- Hitzeschild
- Struktur
- Fallschirme
- Landebeine

Die Struktur umschließt die Nutzlast und nimmt die bei Start und Landung auftretenden Kräfte auf. Sie bildet das Verbindungsstück, zwischen allen anderen Komponenten. Das Design der Struktur erlaubt die Zerlegung in durch zwei Personen transportierbare Einzelteile.

Die Geschwindigkeit wird bei der Landung in vier Schritten reduziert. Nach dem Eintritt in die Atmosphäre kommt zuerst der Hitzeschild zum Tragen. Der Hitzeschild wird als Einwegschild verwendet. Es wird angenommen, dass der Hitzeschild selbst aus PICO konstruiert wird und über eine Unterstützungsstruktur verfügt, die die Masse des PICOs dreifach Übersteigt. Damit ergibt sich für die unterschiedlichen Konfigurationen der folgende Massenbedarf für den Hitzeschild:

Mittelmodule	Fläche [m²]	PICO Masse [t]	PICO + Struktur [t]
0	39	0,4	1,6
1	94	1	4
2	150	1,6	6,4
3	206	2,1	8,4

Zweck der Struktur ist es einen Teil der beim Eintritt auf den Hitzeschild wirkenden Kräfte aufzunehmen und so die Sleipnir Hauptstruktur zu entlasten.

Der Hitzeschild müsste für jede Nutzlast vorerst, bis eine Produktion auf dem Mars möglich wird, von der Erde mitgebracht werden. Der mitgebrachte Hitzeschild müsste im Marsorbit von Astronauten montiert werden.

Der zweite Schritt der Geschwindigkeitsreduzierung passiert durch Bremsfallschirme. Vorstellbar ist, dass verschiedene Fallschirme für verschiedene Geschwindigkeitsbereiche zum Einsatz kommen. Würden Fallschirme analog zum MSL zum Einsatz kommen müsste die Anzahl entsprechend der folgenden Tabelle erhöht werden:

Mittelmodule	MSL Fallschirme	Einzelschirm Durchmesser
0	3	25 m
1	6	39 m
2	9	48 m
3	13	58 m

Aufgrund des Durchmessers eines einzelnen MSL Fallschirms von 16 m würden sich mehrere Fallschirme in die Quere kommen. Es ist daher besser nur einen, entsprechend größeren Fallschirm zu verwenden. Die benötigten Durchmesser sind zwar ein Aufwuchs gegenüber dem MSL Schirm, bewegen sich aber noch nicht außerhalb des technisch vorstellbaren.

Auch bei den Fallschirmen handelt es sich um Einwegprodukte, die von der Erde mitgebracht werden müssen und im Marsorbit von Astronauten montiert werden. Die erwartete Masse der Fallschirme ist vergleichsweise gering. Sie wird im Folgenden nicht gesondert ausgewiesen.

Während der Fallschirmphase wird der Hitzeschild abgesprengt. Ungebremst fällt er schneller zu Boden und kollidiert nicht mit dem Rest der Fähre. Durch das verringerte Gewicht gestaltet sich die restliche Landung leichter.

Der dritte Schritt der Abbremsung erfolgt durch Flüssigtreibstofftriebwerke. Solange eine Versorgung der Landefähre mit Treibstoff vom Mars nicht möglich ist wird es sicher hierbei um Triebwerke handeln die ein Gemisch aus N_2O_4 und Hydrazin (oder ähnlichem) verbrennen. Für den Anfang bieten sich hier sechs Triebwerke vom Typ SuperDraco an. Später, wenn LH2/LOX aus lokaler Produktion verfügbar ist können die Triebwerke gegen vier, der auch bei der Mondfähre verwendeten LE-5B Triebwerke ausgetauscht werden. Die Triebwerke werden so über die Struktur verteilt um dem Schwerpunkt der Nutzlast optimal Rechnung zu tragen. Jedes Modul wird mehrere Möglichkeiten bieten Triebwerke zu verankern. Die Triebwerke werden sowohl auf der Marsoberfläche als auch im Marsorbit umkonfigurierbar sein. Der Triebwerkschub muss geeignet sein um sowohl Landung als auch Start ausführen zu können.

Im letzten Schritt der Landung wird die verbleibende Geschwindigkeit von den Landebeinen abgefangen. Diese werden dazu ausgefahren. Abhängig von den Bedürfnissen der Nutzlast kann die Anzahl der Landebeine variiert werden, im Zweitafelbild sind 6 Landebeine gezeigt. Idealerweise haben Landebeine und Triebwerke identische mechanische und elektrische Schnittstellen zur Fähre.

Treibstofftank wird als gemeinsames Element vor oder hinter der Nutzlast montiert. Er hat einen Durchmesser von 3,6 m und eine Länge von etwa 60 cm. Abhängig von der Nutzlast wird der Tank im Orbit mit Treibstoff befüllt:

Mittelmodule	Nutzlast [t]	Treibstoffbedarf [t]
0	3,7	0,9
1	9	2,3
2	14	3,6
3	20	5,1

Der Treibstoffbedarf basiert auf linear extrapolierten MSL Werten.

Der Treibstoff muss vorerst von der Erde mitgeführt werden. Es bietet sich daher eine N_2O_2/Hydrazin Mischung an.

Mittelmodule	Nutzlast [t]	Hitzeschild [t]	N_2O_2/ Hydrazin [t]	Struktur [t]	Gesamt [t]
0	3,7	1,6	0,9	3,3	5,8
1	9	4	2,3	7,7	14
2	14	6,4	3,6	11,9	21,9
3	20	8,4	5,1	17,8	31,3

Wie auch bei bisherigen Marslandung wird auch mit Sleipnir keine punktgenaue Landung möglich sein. Ein Transport von Sleipnir vom Landepunkt zum gewünschten Zielpunkt muss auf dem Landweg erfolgen. Hierzu werden durch die Marssiedler an der Struktur Reifen montiert. Das unterste Glied der Landebeine wird anschließend etwas eingefahren um für Bodenfreiheit zu sorgen. Jetzt wird Sleipnir mit Nutzlast vom Mars-Rover zum Zielort gezogen. Nach Verbrauch von allem Treibstoff und absprengen des Hitzeschildes verbleiben im Fall von 20 t Nutzlast noch 37,8 t die vom Mars-Rover zu ziehen sind. Wegen der geringen Schwerkraft wirken sich diese nur etwa wie 12,5 t auf der Erde aus.

Am Zielort angekommen wird entweder die Nutzlast aus Sleipnir ausgebaut oder die Sleipnir Struktur in ihre Einzelteile zerlegt um die Nutzlast freizulegen.

Für den Start vom Mars wird die Konfiguration entsprechend der folgenden Skizze verändert. Da der für den Start der Fähre benötigte Treibstoff, die Masse der Fähre übersteigt, lohnt sich die Wiederverwendung der Marsfähre nur wenn der Treibstoff lokal produziert wurde. Das Bild zeigt daher eine Konfiguration

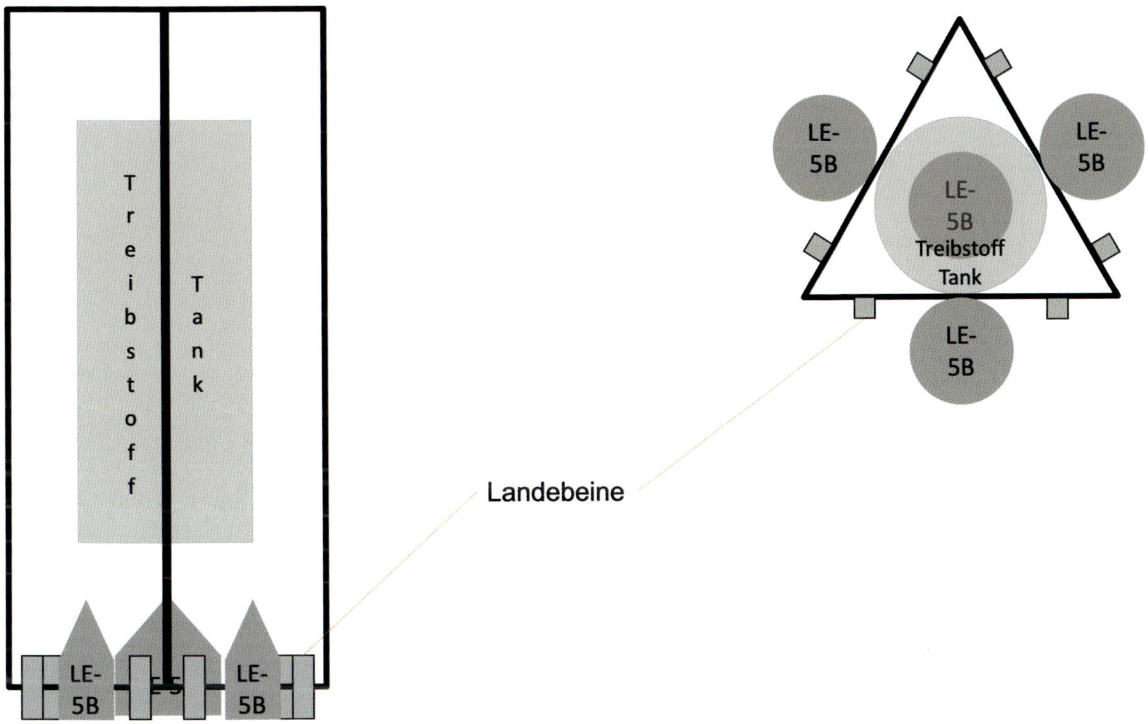

mit 4 LB-5B Triebwerken die LH2/LOX verbrennen:

Der Start erfolgt vertikal im Stile einer irdischen Rakete. Dazu werden die vier LE-5B Triebwerke jetzt am Ende der Struktur angebracht. Der Tank wird an der Oberfläche mit lokal hergestelltem Treibstoff befüllt. Treibstoffbedarf an LH2/LOX ist in der folgenden Tabelle für verschiedene Startkonfigurationen gegeben:

Mittel-module	Struktur [t]	Nutzlast [t]	LH2/LOX [t]	Nutzlast [t]	LH2/LOX [t]
0	3,3	0	18	3,7	38
1	7,7	0	42	9	90
2	11,9	0	64	14	141
3	17,8	0	96	20	204

Die Entwicklungskosten für Sleipnir wird in mehreren Schritten erfolgen müssen und wird deshalb die Kosten für das Mars Science Laboratory von 2,5 Mrd. USD vermutlich um den Faktor 2 übersteigen in der Summe also 5 Mrd. USD. Sleipnir ist zwar erheblich größer als der MSL Lander, dafür entfällt die Notwendigkeit den Rover zu entwickeln. Die Fertigungskosten für individuelle Module können auf 100 Mio. USD abgeschätzt werden. Sleipnir mit 3 Mittelmodulen würde dann 500 Mio. USD kosten.

Zukünftige Verbesserungen im Bereich der Fallschirme bieten die Chance, prozentual gesehen, mehr Geschwindigkeitsreduzierung mit den Fallschirmen zu erreichen und weniger durch das Flüssigtriebwerk abfangen zu müssen. Dadurch kann der Treibstoffverbrauch weiter reduziert werden.

Diese beiden Zwillingskrater weisen zentrale Vertiefungen auf, die vermutlich durch Dampfexplosionen beim Einschlag entstanden sind. [66B]

Start vom Mars

Der Start vom Mars ist aufwendige und kostspielig, lohnt sich daher, bis zur Etablierung eines Weltraumlifts nur für Passagiere. Da für Passagiere bereits eine 200 t Variante des Weltraumlifts erforderlich wäre, werden die ersten Marsreisenden mit ihrem Red Dragon Raumschiff vom Mars starten.

Müsste die Marslandefähre allen für den Start benötigten Treibstoff mitführen, wäre eine Landung mit der Red Dragon Kapsel nicht mehr zu schaffen. Die Alternative liegt darin den Treibstoff auf andere Weise bereitzustellen. Mit Hilfe des MSL Landekonzepts können Treibstofftanks mit bis zu 1 t sicher auf dem Mars gelandet werden. Da der Treibstoff dort über einen langen Zeitraum lagern muss verbietet sich die Verwendung der effizienten Kryotreibstoffe. Ideal ist das von den SuperDraco Triebwerken verwendete NTO/MMH Gemisch. Um damit die Red Dragon Kapsel vom Mars zu starten sind etwa 14,1 t Treibstoff notwendig. Die Dragon Kapsel selbst kann lediglich 1,29 t Treibstoff aufnehmen, der Rest muss in internen und externen Zusatztanks untergebracht werden. Als mögliche Orte für Zusatztanks stehen zur Auswahl:

- Innenbereich als Teil des ansonsten für die Crew reservierten Bereichs.
- An der Seite der Kapsel als Außentanks
- Eine als Tank umfunktionierte vergrößerte Nase
- Eine als Treibstofftank umfunktionierte Hecksektion

Im Crewbereich stehen mindestens 10 m^3 Innenvolumen zur Verfügung. Widmet man 50% des Volumens um, steht den drei Astronauten noch ein ähnlicher Aufenthaltsbereich zur Verfügung wie an Bord der Sojus. Im abgetrennten Tankbereich können 6 t Treibstoff gelagert werden. Abgesehen von dem eingeschränkten Crewbereich hat diese Lösung keine Nachteile. Der Tank kann bereits bei der Abreise von der Erde installiert werden und die Kapselwände gewähren Schutz vor Umwelteinflüssen. Gelingt es den Tank auf die eine oder andere Weise als einen dynamischen Volumenbehälter auszulegen, der mit abnehmbarem Füllstand schrumpft, z. B. durch Verwendung von elastischen Materialien, kann der Nachteil des eingeschränkten Crewbereichs auf den Startvorgang vom Mars beschränkt werden.

Entlang der Seitenwand des Raumschiffs könnten 56 Zylinder mit einer Länge von 3 m und einem Durchmesser von 16 cm angebracht werden. Auf diese Art ließen sich, 3,9 t Treibstoff transportieren. Diese Lösung hat den Nachteil die Dragon Kapsel sehr aufwändig mit 56 Halterungen und mindestens 112 Ventilen und zugehörigen Rohrleitungen ausstatten zu müssen. Bei Reise und Landung sind die Ventile der Umwelt ausgesetzt, womit der eine oder andere Ausfall statistisch zu erwarten ist. Durch die Größe der Zylinder ist ebenfalls eine Hohe Masse für die Tanks zu erwarten. Umgedreht ist die geringe Zylindermasse für die Montage durch die Astronauten einfach. Außerdem ist kein Umfüllen des Treibstoffs erforderlich.

Bereits für den Start von der Erde ist die Dragon Kapsel mit einer Nase ausgestattet die typischerweise vor dem docken mit der ISS abgetrennt wird. Die Selbe Aufnahme kann für einen Treibstofftank verwendet werden. Die Breite der Nase an der Basis kann anhand der verfügbaren Bilder auf ca. 2 m geschätzt werden, damit würde ein Nase zur Aufnahme von 9,21 t Treibstoff, etwa 2,5 m hoch sein. Zweifellos müsste die Halterung für die Nase verstärkt werden um das große Zusatzgewicht aufzunehmen. Größter Nachteil ist vermutlich, die mit dem Zusatzgewicht einhergehende Schwerpunktsverlagerung zur Spitze. Dadurch besteht die Gefahr des Kippens, sobald das Raumschiff in der Luft ist. Dieser Nachteil kann vermutlich nicht durch den Vorteil, der leichten Montage, aufgewogen werden. Zur Montage des Nasentanks müsste die Crew lediglich die leere, und damit leichte, Nase auf das gelandete Raumschiff setzen und könnte sie anschließend Betanken.

Ganz so einfach geht es bei der Hecksektion als Tank nicht. Eine typische Dragon Hecksektion, wie sie heute zur Versorgung der ISS zum Einsatz kommt, hat ein Transportvolumen von 14 m^3 und wiegt etwa 1 t. Das verfügbare Volumen reicht für den Transport von 16,8 t Treibstoff. Es wäre also ein leichtes, eine Hecksektion als Treibstofftank mit dem nötigen Fassungsvermögen zu konstruieren und mit der MSL Landefähre auf dem Mars abzusetzen. Die Herausforderung in diesem Fall ist es die, ohne Treibstoff, 4,2 t schwere Kapsel - auf dem Mars immer noch ein irdisches Äquivalent von 1,5 t – auf der Hecksektion zu platzieren. Mit Hilfe eines, ebenfalls in Vorbereitung auf die Mission angelieferten, Marsfahrzeugs, könnte die Hecksektion zur Kapsel transportiert werden. Mit einem Kran oder Flaschenzug müsste die Kapsel dann auf die Hecksektion gehoben werden. Dazu müsste die Kapsel etwa 1 m in die Luft gehievt und die Hecksektion darunter platziert werden. Dieses Manöver scheint aus heutiger Sicht technisch umsetzbar. Da die Dragon Kapsel bereits zur Aufnahme einer Hecksektion gebaut ist, sollten sich die Modifikationen an der Kapsel auf ein Minimum beschränken.

Die Verwendung der Hecksektion als Tank hat den zusätzlichen Vorteil, diese nach dem Start abwerfen zu können und so ein zwei stufiges Startmanöver ausführen zu können. Der Treibstoffbedarf reduziert sich dadurch auf 12,6 t, von denen lediglich 4,1 t in der Kapsel mitgeführt werden müssen, davon wiederum nur 2,81 t im Innenraum der Kapsel womit das Volumen für die Crew nur um 2,3 m^3 reduziert wird. Insgesamt bietet die Möglichkeit, die Hecksektion als Treibstofftank zu verwenden, das größte Potential für den Start vom Mars.

Weitere Marsforschung

Die heute vorhanden Informationen über den Mars übertreffen zum Teil zwar vergleichbare Informationen über die Erde, haben allerdings auch noch Lücken, die durch zukünftige Forschungsmissionen geschlossen werden sollten, bevor man das Risiko eingehen kann Menschen zum roten Planeten zu schicken.

Die Frage nach der Herkunft von Methan, kann große Auswirkungen auf die Wahl eines Siedlungsstandorts haben. Zum einen kann Methan als Energiequelle genutzt werden zum anderen ist Methan ein möglicher Hinweis auf Mikroorganismen. Mit der indischen Sonde Mangalyaan und dem europäisch-russischen Projekt ExoMars sind bereits zwei Marsmissionen im Orbit, die unter anderem dem Methan Rätsel nachgehen werden. Kann auf diese Weise die Quelle des Methans identifiziert werden, drängt sich die Erforschung der Region mit einem Rover auf, wie es mit dem zweiten Teil der ExoMars Mission überlegt wird.

Bevor man Menschen auf den Mars schickt, sollte demonstriert werden, dass die sichere Landung einer bemannten Kapsel möglich ist, dazu sollte eine unbemannte Testmission mit dem im vorangehenden Kapitel vorgestellten Red Dragon Raumschiff unternommen werden. Von bisher 18 Versuchen sind lediglich 7 gelungen. Eine Erfolgsquote von weniger als 39%. Einen Lichtschimmer bietet die Statistik seit der Jahrtausendwende. Alle vier Landeversuche der NASA seither sind geglückt, Fehlschläge gehen auf das Konto der ESA, die mit den Landern Beagle 2 und Schiaparelli gescheitert ist.

Der Red Dragon Landungsdemonstrator, wie von der NASA und SpaceX für 2018 geplant, lässt sich vermutlich mit dem Transport eines weiteren mobilen Roboters zur Oberflächenerkundung nutzen. Wie schon bei der Mondsiedlung vorgeschlagen, ist die bevorzugte Option eine Marskolonie in festen Fels zu graben. Um die Machbarkeit dieser Option zu prüfen sollte an einem potentiellen Siedlungsort eine Felswand angebohrt werden. Ziel der Untersuchung ist es die genaue Natur des Gesteins zu ermitteln, die Machbarkeit von Bergbau in diesem Felsen zu prüfen und die Tragfähigkeit des Gesteins zu bestimmen.

Idealerweise würden drei Standortkandidaten für die Marssiedlung auf diese Art untersucht werden.

Eine unterirdische Siedlung ist vor allem dann unvermeidlich, wenn die Strahlenbelastung auch in Regionen mit starker Restmagnetisierung nicht für dauerhaften menschlichen Aufenthalt geeignet ist. Um dies herauszufinden müsste eine Forschungsmission zu einer Stelle mit starkem Magnetfeld unternommen werden. Hier bieten sich beispielsweise Regionen in Arabia Terra an. Auch diese Mission kann mit der Landungsdemonstration verbunden werden.

Um die Kosten für die geplante Mission abzuschätzen hilft ein Blick auf die bisherigen Missionskosten mit Marslandung.

Projektkosten für Mars Bodenmissionen		
MSL Curiosity	2012	2.500 Mio. USD
Phönix	2008	420 Mio. USD
Mars Exploration Rovers	2004	820 Mio. USD
Pathfinder	1997	280 Mio. USD

Für die geplante Red Dragon Mission, würde die Dragon Kapsel in modifizierte Variante weiterverwendet werden. Eine Zusammenfassung über die Eigenschaften der Dragon Kapsel wurde bereits im Kapitel „Stand der Technik“ gegeben.

Die angegebenen Startkosten von 54 Mio. USD beziehen sich auf den Start mit einer Falcon 9 Trägerrakete in den Erdorbit und beinhalten die Kosten für die Rakete und die Kapsel. Für die Red Dragon Mission wird die Kapsel modifiziert werden müssen, die Modifikationen sollten allerdings gering ausfallen. Inklusive der Kosten für die Umentwicklung sollte eine Red Dragon Kapsel für 150 Mio. USD herstellbar sein, spätere Nachbauten werden mit 50 Mio. USD veranschlagt.

Entwicklung und Produktion eines Rovers mit der Fähigkeit vertikale Wände anzubohren, sowie die Betreuung der Mission und Wissenschaftliche Analyse sollten vergleichbar mit den Kosten der Phönix Mission bzw. einer halben Mars Exploration Rover Mission sein, diese kosteten 2004 bzw. 2008, 400 Mio. USD. In diesen Kosten sind noch die Startkosten enthalten. Ohne Startkosten betrügen die Missionskosten also etwa 550 Mio. USD. 2011 wurden die Missionskosten durch die NASA auf unter 425 Mio. USD abgeschätzt.

Zum Start der Red Dragon Kapsel ist die Falcon Heavy Rakete der Firma Space X erforderlich.

Bei Startpreisen von 90 Mio. USD werden die Gesamtkosten für die Red Dragon Erkundungsmissionen 640 Mio. USD für die erste und vermutlich 340 Mio. USD für jede Folgemission kosten, wenn man durch Wegfallen der Entwicklung eine 50%ige Einsparung annimmt. Drei Erkundungsmissionen dieses Typs liegen mit etwa 1,32 Mrd. USD, deutlich unter den Kosten für das aktuelle MSL Curiosity Programm.

Zusammenfassung: Erkundungsmissionen

Kurzfassung	
Verwendetes Raumschiff	Red Dragon
Verwendete Trägerrakete	Falcon Heavy
Zahl der Mars Landungen	3
Zahl der Rover	3
Missionskosten	1,32 Mrd. USD

Drei Falcon Heavy bringen je ein Red Dragon Raumschiffe mit jeweils einem Rover an Board von der Erde zum Mars. Dort landen die Red Dragons durch eine Kombination aus Aerobreaking und Landetriebwerken. Nach der Landung öffnen sich Luken an den Raumschiffen und geben den Weg für den Rover frei. An Bord des Red Dragons befindet sich neben dem Rover noch eine Vorrichtung mit der an der Landestelle nach Wasser gebohrt werden kann. Wird Wasser gefunden wird dieses zu Trinkwasser aufbereitet und aufblasbaren Behältern gespeichert.

An Bord des Rovers befinden sich mindestens folgende Geräte:

- Bohrer
- Strahlenmessgerät
- 3D Kamera
- Thermometer
- Windmessgerät
- Geräte zur Bestimmung von Gesteinseigenschaften

Der Rover begibt sich zielstrebig zu den in der Nähe der Landestelle liegenden Siedlungskandidaten und bohrt dort an verschiedenen Stellen vertikale Gesteinswände an. Die entnommenen Gesteinsproben werden auf ihre Eignung als Siedlungsstandort untersucht.

Verglichen mit anderen Marsrovern ist die wissenschaftliche Ausstattung gering, es ist allerdings vorstellbar, dass höhere Anforderungen an die Geschwindigkeit des Rovers entstehen, wenn der Abstand des Red Dragon Landepunktes zum gewünschten Siedlungsort mehrere Kilometer betragen kann.

Sonnenuntergang auf dem Mars aufgenommen durch den Mars Rover Spirit im Gusev Krater. [66C]

Konzepte für eine Marssiedlung

In den meisten hier vorgestellten Marsmissionen ist ein verbleib der Astronauten, auf dem Mars für über 500 Tage erforderlich. Um während dieser Zeit das Überleben zu gewährleisten muss eine Station auf der Marsoberfläche errichtet werden. Die Basis kann nach Missionsende ausgebaut und weiter bemannt, oder aufgegeben werden.

Bei der Ankunft der Siedler muss alles vorhanden sein was für die nächsten Monate benötig wird. Wie bereits in früheren Kapiteln vorgestellt gibt es drei Möglichkeiten Material zum Mars zu bringen: Als Außenfracht am nach dem MSL Konzept, mit einer verbesserten Landefähre oder in einem Red Dragon Raumschiff. Wegen der Notwendigen Aufklärungsmission gibt es an jedem Siedlungsstandort mindestens zwei Red Dragon Raumschiffe: Die Landefähre und die Kapsel von der Forschungsmission.

Die Landefähre kann einer Basis als Kommunikations- und Fluchtmodul, notfalls auch als Schlafstädte, Aufenthaltsraum und Toilette für zwei Personen dienen.

Wasserversorgung

Das von der Erforschungsmission übrige Modul sollte mit einem Wassererzeuger ausgerüstet sein. Bereits als Teil der Forschungsmission wäre es essentiell die Gewinnung von Wasser aus dem Marsboden zu testen. Nur ein Standort an dem dies gelingt kann als Siedlungskandidat in Erwägung gezogen werden. Das Wassergewinnungsmodul sollte aus dem Marsboden mit Hilfe von Sonnenlicht mindestens 1 Liter Wasser pro Tag erzeugen können. Bereits mit Ende der Erkundungsmission sollte mit der Wassergewinnung begonnen werden, damit zum Zeitpunkt der Ankunft von irdischen Siedlern Trinkwasser bereitsteht, bei der gewünschten Produktion ergäben sich mindestens 780 Liter. In internen oder externen Tanks sollte das Wassermodul in der Lage sein 5.000 Liter oder mehr zu speichern.

Egal ob man mitgebrachtes Wasser recycelt oder Marswasser verwendet, eine Filtration ist erforderlich. Die gründlichste Art der Reinigung ist durch Destillation. Der Energieaufwand für Destillation beträgt, bei 50% Wirkungsgrad für den Prozess, etwa 0,7 kWh pro Person und Tag um einen Wasserbedarf von 4 Litern zu decken. Importiert man die Gleiche Menge von der Erde sind etwa 2 t Wasser pro Person für 512 Tage notwendig. Hier bietet sich die Verwendung eines Wassergewinnungsmoduls aus Kostengründen an.

Zusammen mit der Möglichkeit Wasser wieder aufzubereiten stehen sowohl Möglichkeiten zur Wassergewinnung als auch zum Wasserrecycling zur Verfügung. Die Wasserversorgung einer Marssiedlung ist daher kein Problem. Gelingt es Wasser in großen Mengen aus dem Marsboden zu gewinnen, kann darüber nachgedacht werden Wasser als Rohstoff für die Wasserstoff und Sauerstofferzeugung zu verwenden.

Neuentwicklung: Wassergewinnungsmodul

Für die nördlichen Breiten auf dem Mars ist bereits erwiesen, dass Wasser, als Wassereis, schon in sehr geringer Tiefe im Marsboden vorliegt. In Äquatornähe deuten Satellitenmessungen ebenfalls auf Wasserstoffvorkommen hin, ob diese als Teil von Wasser oder anderen chemischen Verbindungen vorliegen, muss sich noch zeigen.

Bedingt durch den geringen Luftdruck auf dem Mars sublimiert Wassereis, sobald es freigelegt wird. Zur Gewinnung und Reinigung des Wassers bieten sich daher zwei Optionen an. In beiden Varianten wird das Wassergewinnungsmodul in eine Red Dragon Kapsel eingebaut, bereits während der Standorterkundung kann auf diese Weise die Gewinnung von Wasser getestet werden.

Durch den Boden der Kapsel bohren einer oder mehrere Bohrer in den Marsboden. Die Bohrer sind innen hohl. In der ersten Variante wird nun mittels einer Vakuumpumpe der Bohrer evakuiert. Angebohrtes Wassereis sublimiert, Wasserdampf begibt sich den Bohrer nach oben. Auf der Druckseite der Pumpe kondensiert der Wasserdampf zu gereinigtem Wasser. Vorteil dieses Verfahrens ist, dass Reinigung und Förderung in einem Schritt erfolgen und praktisch keine Feststoffe das Bohrloch nach oben gelangen können.

In der zweiten Variante wird der Boden ebenfalls angebohrt. Diesmal enthält der Bohrer allerdings eine Schraube. Mit der Schraube wird der Marsboden in die Kapsel gefördert. Im nächsten Schritt wird Wasser aus dem Marsboden verdampft und später durch Kondensation zurück gewonnen. Der von Wasser gereinigte Sand wird wieder ausgeworfen. Vorstellbar ist, dass durch Beheizen der Schraube auf einem gewissen Abschnitt die Förderung und Verdampfung kombiniert werden kann. Alternativ zur Schraube könnte auch ein Schaufelrad, wie beim Braunkohletagbau eingesetzt oder ein Staubsauger, verwendet werden.

Gewonnenes Wasser kann entweder innerhalb der Red Dragon Kapsel im zuvor ungenutzten Volumen gelagert werden oder in ‚aufblasbaren' Tanks außerhalb.

Unabhängig davon, welche Lösung sich in einer Detailuntersuchung als die geeignetste herausstellt, wird irgendwann alles Wasser in einer Region abgebaut sein, ein Verlegen des Moduls wird erforderlich. Zu diesem Zweck, sollten die Landestelzen mit Reifen nachrüstbar sein. Durch die Reifen wird es späteren Siedlern ermöglicht das Modul zu einem neuen Abbaufeld zu bewegen.

Wasserproduktion	1 Liter/Tag
Wirkungsgrad	50%
Energieaufnahme	0,18 kWh/Liter
Masse (inkl. Kapsel)	6,5 t
Masse (ohne Kapsel)	25 kg
Solarfläche	0,4 m²

Die Tabelle gibt die durchschnittliche Wasserproduktion an die mit der verfügbaren Leistung des Moduls pro Tag möglich ist. Der Wert ist sehr konservativ. Abhängig von mehr Leistung und dem Wasserinhalt im Boden sollten auch erheblich größere Produktionsmengen möglich sein. Unter guten Bedingungen erscheint eine tägliche Produktion von 1000 Litern oder darüber, nicht abwegig.

Die Kosten für die Entwicklung des Wasserprozessors sollten gering ausfallen. Als Teil der unverzichtbaren Erkundungs- und Demonstrationsmission muss lediglich der Prozessor als Instrument an Bord der Red Dragon Kapsel durch geschickte Kombination bereits bestehender Technologien entwickelt werden. Die Entwicklungskosten sollten sich bei unter 100 Mio. USD bewegen, die Herstellungskosten 1 Mio. USD/Liter Tagesleistung nicht übersteigen.

Künstliche Atmosphäre

Wie bereits beschrieben ist die Marsatmosphäre auf Grund von Zusammensetzung und Druck nicht zum Erhalt menschlichen Lebens geeignet. Entsprechend muss innerhalb einer Marssiedlung eine künstliche Atmosphäre geschaffen werden.

Wie irdische Atmosphäre

Die naheliegende Möglichkeit ist es, Luft von der Erde zu importieren und mit Hilfe von Lebenserhaltungssystemen das Sauerstoff zu Kohlendioxid Verhältnis konstant zu halten. Diese Variante ist für die ISS gewählt worden. Vom Menschen erzeugtes CO_2 würde aus Luft herausgefiltert und an die Marsatmosphäre abgegeben. Durch Elektrolyse von Wasser könnte neuer Sauerstoff einfach nachproduziert werden, entstehender Wasserstoff kann wie auf der ISS entlüftet werden oder zur Treibstofferzeugung weiterverwendet werden. Dieses Vorgehen ist durch die Erfahrungen auf der ISS sehr gut etabliert und bietet den weiteren Vorteil, dass die Atmosphäre während der gesamten Reise, von der Erde bis zum Mars, unverändert bleibt.

Die Nachteile an diesem Vorgehen liegen im Bedarf von Stickstoff, der von der Erde importiert werden muss, mit weniger als 1 kg/m³, fällt dieser Nachteil allerdings verhältnismäßig gering aus und fällt nur dann entscheidend ins Gewicht, wenn ein erheblicher Ausbau der Marssiedlung gewünscht ist. Eher problematisch ist der Bedarf von Wasser. Bei einem Sauerstoffbedarf von 0,84 kg pro Tag und Astronaut, wären für die 1000 tägige Mission knapp 1 t Wasser pro Person mitzuführen. Um das zu vermeiden ist ein CO_2 Regenerationsverfahren, dass ohne Verbrauch von Wasser auskommt, z. B. durch direkte Elektrolyse von CO_2, extrem hilfreich. CO_2 Elektrolyse ist theoretisch möglich und kann auch schon durchgeführt werden. An der Umsetzung in alltagstaugliche Geräte wird zurzeit noch gearbeitet. Bei einem Prozesswirkungsgrad für die CO_2 Elektrolyse von 50% beträgt der Energiebedarf 4,2 kWh pro Tag und Person. Alternativ müssten für eine 512 tägige Mission etwa 430 kg Sauerstoff pro Marsreisenden von der Erde importiert werden.

Neuentwicklung: CO_2 Prozessor

Der CO_2 Prozessor wird ein relativ kleines Gerät für die Wiederaufbereitung von Atemluft. Durch Elektrolyse wird CO_2 in Kohlenstoff und Sauerstoff aufgespalten. Der Prozess ist unter Laborbedingungen bereits auf verschiedene Wege zu erreichen. Noch liegt die Schwierigkeit im Verschleiß des Anodenmaterials, was einen dauerhaften Einsatz erschwert.

Die Verbesserung des Prozesses und Einführung in die Praxis ist auch außerhalb der Verwendung für eine Marsmission ausgesprochen lohnend. Ein Einsatz auf der ISS löst auch hier das Problem Sauerstoff von der Erde nachliefern zu müssen. Auch ein Einsatz auf der Erde ist vorstellbar, wenn man nach Möglichkeiten Sucht der Erdatmosphäre CO_2 zu entziehen um den Klimawandel zu bekämpfen.

Sauerstoffproduktion	0,84 kg/Tag
Wirkungsgrad	50%
Energieaufnahme	4,2 kWh/Tag
Masse	0,1 t
Entwicklungskosten	25 Mio. USD
Stückpreis	5 Mio. USD

Mit 50% ist der Wirkungsgrad für die Elektrolyse besonders konservativ abgeschätzt und wird sehr wahrscheinlich erheblich höher ausfallen.

Um die Entwicklung des CO_2 Prozessors abzuschließen sind Ausgaben von etwa 25 Mio. USD vorstellbar. Der einzelne Prozessor wird anschließend etwa 5 Mio. USD kosten.

Erdähnliche Atmosphäre

Als Alternative zur mitgebrachten Atmosphäre von der Erde kann auf dem Mars durch Verdichtung der Marsatmosphäre und Reduzierung des CO_2 Anteils eine erdähnliche Atmosphäre hergestellt, werden die einen Luftdruck in der Größenordnung von 1 bar aufweist und einen Inertgasanteil von ca. 80% besitzt. Anders als auf der Erde würde hier als Inertgas nicht überwiegend Stickstoff und wenig Argon verwendet, sondern eine Mischung die etwa zu gleichen Teilen aus Stickstoff und Argon besteht. Ein Gerät wie der im folgenden Einschub beschriebene Atmosphärenprozessor kann die Herstellung dieser erdähnlichen Atmosphäre aus der Marsatmosphäre leisten.

Vorteil dieses Verfahrens ist, dass es gelingt die Marsatmosphäre als Ressource zu verwenden. Neben den für die Atemluft erforderlichen Gasen fällt auch Kohlenstoff als Nebenprodukt an. Dieser Kohlenstoff kann als Aktivkohle zur Filtration oder als Komponente in der Treibstofferzeugung eingesetzt werden. Durch die Ähnlichkeit zur Erdatmosphäre sind auch keine Vorbereitungen zur Atmosphärentrennung notwendig, ein vermischen der beiden Atmosphären ist außerdem unproblematisch.

Eine mit Atmosphärenprozessor ausgestattete Siedlung ist von Atemluftlieferungen von der Erde vollkommen unabhängig, kann neben Sauerstoff auch das Edelgas Argon, Stickstoff, Kohlenstoff und reines CO_2 produzieren. Bei fortschreitender Industrialisierung können diese Gase als Prozessgase oder Rohstoffe wertvoll sein.

Bei Aufbereitung von CO_2 muss keine Ressource außer Energie verbraucht werden um menschliches Leben zu ermöglichen. Der Energieverbrauch ist allerdings beachtlich und stellt für eine kleine Siedlung eine Herausforderung dar.

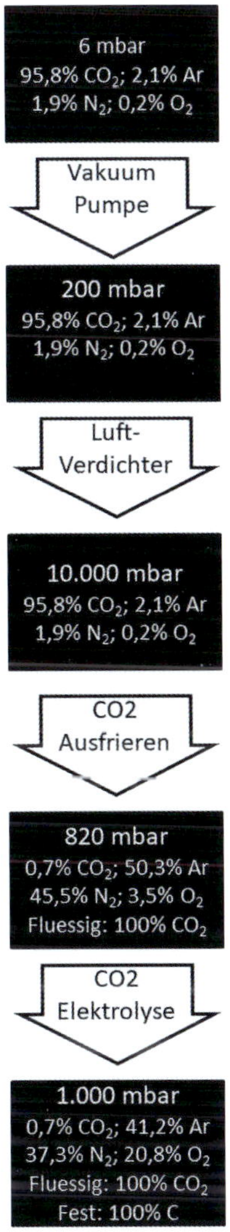

Neuentwicklung: Atmosphärenprozessor

Der Mars hat eine Atmosphäre die wegen Druck und Zusammensetzung nicht für Menschen geeignet ist. Durch vier relativ einfache Schritte lässt sich aus der Marsluft eine für Menschen atembare Mischung herstellen.

Im ersten Schritt werden Vakuumpumpen verwendet um die Marsluft von 6 mbar auf 200 mbar zu verdichten. Vakuumpumpen in diesem Druckbereich sind weit verbreitet und technisch ausgereift. Eine typische Pumpe erreicht 40 m^3/h bei einer Leistungsaufnahme von 1300 W und wiegt 50 kg.

Im zweiten Schritt wird die Luft mit einem Verdichter komprimiert. Kompressoren in der nötigen Leistungsklasse sind extrem weit verbreitet. Ein Kompressor komprimiert etwa 24 m^3/h, verbraucht 2200 W und wiegt 60 kg.

Im dritten Schritt wird das CO_2 ausgefroren. Entsprechend des Phasendiagrams friert CO_2 bei ca. -38 °C aus, wenn es unter 10 bar steht und verflüssigt sich. In der marsschen Äquatorregion wird diese Temperatur etwa 16 h am Tag unterschritten. Am Ende des Ausfrierzyklus wird das flüssige CO_2 abgelassen. Alternative zum ausfrieren über die Außentemperatur, kann auch Expansionskühlung verwendet werden in dem das unter 10 bar Druck stehende Gasgemisch in einen größeren Behälter expandiert wird. Egal für welche Methode man sich entscheidet, erhält man am Ende ein weitgehend CO_2 freies Gasgemisch.

Im vierten Schritt wird aus dem abgetrennten CO_2 durch Elektrolyse reiner Kohlenstoff und Sauerstoff hergestellt. Elektrolyse von Gasen ist technisch wenig komplex, erfordert allerdings eine geeignete Elektrodenwahl. Hier ist evtl. noch etwas Entwicklungsarbeit zu leisten an deren Ende ein nahezu verschleißfreier Prozess stehen wird.

Ein geeigneter Zielwert, ist die Gewinnung von 8 m^3 Atemluft (unter Normalbedingungen) pro Tag. Um dies zu erreichen ist eine Kombination aus 28 Vakuumpumpen und 5 Kompressoren mit einer Gesamtmasse von 1,7 t notwendig. Zusammen mit der Elektrolyseanlage ergeben sich für den Atmosphärenprozessor die folgenden Kennzahlen:

Kennzahlen	
Atemlufterzeugung	8 m^3/Tag
O2 Produktion	2,4 kg/Tag
Ar Produktion	5,9 kg/Tag
N2 Produktion	3,7 kg/Tag
C Produktion	0,8 kg/Tag
CO2 Produktion	3,8 kg/Tag
Leistungsaufnahme	55 kW
Masse	2,5 t
Entwicklungskosten	<100 Mio. USD
Stückpreis	<2 Mio. USD

Sauerstoffatmosphäre

Die dritte alternative zur Gestaltung der Siedlungsatmosphäre ist die reine Sauerstoffatmosphäre. Hierfür wird auf alle Elemente der Erdatmosphäre, mit Ausnahme von Sauerstoff verzichtet. Das Ergebnis ist eine Atmosphäre mit ca. 340 mbar Luftdruck, die zu 100% aus Sauerstoff besteht. Absolut betrachtet enthält sie etwa so viel Sauerstoff wie die Erdatmosphäre. Derartige Sauerstoffatmosphären wurden bereits während der Gemini, Mercury und Apollo Missionen erfolgreich eingesetzt. Die Schwierigkeit liegt darin, dass beim Start von der Erde die Erdatmosphäre aus der Raumkapsel verdrängt werden muss, dieser Vorgang, bei dem die Astronauten in ihren Raumanzügen bereits im Raumschiff sind, erfordert eine Sauerstoffatmosphäre höheren Drucks. Materialien die vorher nicht oder schwer entzündlich waren werden nun leicht flammbar. Ungeschickte Materialwahl hat hier z. B. bei Apollo 1 zu einem schweren Unfall mit drei Toten geführt. Heute kennt man das Verhalten der Materialien besser und hat seither das Verfahren unter Kontrolle.

Der Vorteil der Sauerstoffatmosphäre liegt für eine Siedlung auf dem Mars primär darin, dass Sauerstoff anfangs leicht aus Wasser, und später, falls die Siedlung zu einer Produktionsstätte ausgebaut wird, aus Metalloxiden gewonnen werden kann. Anders als Stickstoff oder Argon ist Sauerstoff auf dem Mars sehr leicht zugänglich, entsprechend einfach ist das Wachstum einer Siedlung mit Sauerstoffatmosphäre zu realisieren. Der Vergleich der Leistungsaufnahme eines Geräts zur Wasserstoffelektrolyse mit dem Atmosphärenprozessor zeigt deutliche Vorteile im Energieverbrauch und Gewicht. Lediglich eine Leistung von 2 kW und etwa 3 Liter Wasser sind notwendig um die gewünschten 8 m³ Siedlungsatmosphäre zu erzeugen.

Wasserelektrolyse	
Energiebedarf [kWh/kg]	9,60
Wirkungsgrad	92%
Leistungsaufnahme [kW]	2
O_2 Produktion [kg/Tag]	2,22
O_2 Produktion [m³/Tag]	8,85
H_2 Produktion [kg/Tag]	0,56

Energieversorgung

Die Versorgung einer Marssiedlung mit Energie ist bei heutigem Stand der Technik nicht effizient lösbar. Eine effiziente Energieversorgung, in Form eines Kernreaktors mit Dampfturbine und Generator, ist für den Mars wegen der immer noch vorhandenen Schwierigkeiten des Landes großer Lasten, nicht ohne Weiterentwicklung der Landetechnologie umsetzbar. Zu Beginn werden, nach einer Bedarfsermittlung, die mit heutiger Technologie umsetzbaren Lösungen zur Energieversorgung betrachtet.

Energiebedarf

Der wichtigste Energieverbraucher auf einer Marssiedlung sind die Lebenserhaltungssysteme. Im Rahmen einer nachhaltigen Lösung sollten diese als Kreislaufprozess ausgelegt sein und ohne Materialien von der Erde auskommen. Mit Wasser und Sauerstoff wurden bereits zwei wichtige Lebenserhaltungsaspekte in den vorangehenden Abschnitten angesprochen. Zur Ermittlung des Energiebedarfs wird diese Liste noch weiter komplettiert und ergänzt.

Wärmeversorgung

Auch in Äquatornähe wird es nachts auf dem Mars kalt. Die planetenweite Jahresmitteltemperatur beträgt -55 °C. Die Temperatur innerhalb einer Marssiedlung sollte, wie in klimatisierten Räumen auf der Erde, etwa 20 °C betragen. Für eine Raumkapsel vom Dragon Typ mit 3,6 m Durchmesser und 2,5 m Höhe, lässt sich je nach Isolierung ein Heizbedarf von 20 kWh/Tag, bei 10 cm Polysterol-Äquivalent, bis 98 kWh/Tag, bei 2 cm Polysterol-Äquivalenter Isolierung ermitteln. In diesem Szenario würde die Innentemperatur immer noch -15 °C betragen, auch wenn die Außentemperatur auf -90 °C fällt.

Mobilität

Da zurzeit noch nicht möglich ist an einem exakt vorherbestimmbaren Punkt auf dem Mars zu Landen müssen die Marssiedler angeflogene Ausrüstung aus mehreren Kilometern Umkreis zur Siedlung transportieren können. Die Landeellipse, also die Fläche in der die Landung wahrscheinlich stattfindet, beträgt für das MSL beispielsweise 20 km auf 8 km. Skaliert man, dass bei den Apollo Missionen verwendete Mondfahrzeug, den Lunar Rover, auf den Einsatz für den Mars und eine Zuladung von 1 t, so ergibt sich eine Leistung für das Fahrzeug von 4,32 kW. Nimmt man an, das Fahrzeug solle 8 h pro Tag im Einsatz sein und elektrisch geladen werden, so ergibt sich ein elektrischer Energiebedarf von 40 kWh wenn man einen Ladewirkungsgrad von 86% berücksichtigt.

Siedlungsbetrieb

Auf die ein oder andere Art und Weise werden eklektische Systeme und Computer für den Betrieb der bisher nicht näher betrachteten Infrastruktur und Kommunikationsanalgen notwendig sein. Eine Leistungsaufnahme von 1 kW scheint als Obergrenze geeignet. Zieht man die Energiequelle von MSL Curiosity, von 110 W, heran reicht auch weit weniger zur Versorgung von Kommunikations- und Forschungsausrüstung. Dadurch ergibt sich ein täglicher Energiebedarf von 2,6 kWh bis 24 kWh.

Werkzeuge

Sollen die Siedler während ihres Aufenthalts auf dem Mars auch etwas tun wird die Verwendung von elektrischen Werkzeugen, Laborgeräten oder anderen Hilfsmitteln unerlässlich sein. Es kann davon ausgegangen werden, dass der Betrieb der Geräte auf die Arbeitszeit beschränkt ist. Bedingt durch den geringen Freizeitwert des Planeten kann von einer Arbeitszeit von 12h ausgegangen werden, die Leistungsaufnahme der Geräte wird vermutlich zwischen 0,5 kW und 1 kW liegen, womit sich der Energiebedarf zu 6 kWh bis 12 kWh pro Person ergibt.

Gesamter Energiebedarf

Die untenstehende Tabelle fasst den Energiebedarf für vier Szenarien zusammen. Im ersten Szenario wird lediglich eine auf überleben getrimmte Kolonie errichtet, die zwei Personen ein Ausharren ermöglicht bis sich das Rückreisefenster öffnet. Die Siedlungsgröße ist minimal und besteht nur aus drei Modulen. Dem Kommunikationsmodul, einem Wassermodul und einem Lager/Schleusenmodul. Letzteres wird nicht beheizt. Energie für das Marsauto steht nur dann zur Verfügung, wenn es Überschüsse gibt. Elektrisches Werkzeug erhalten die Siedler keines. Benötigter Sauerstoff wird von der Erde mitgebracht.

Im zweiten Scenario bleibt die Crewgröße bei zwei Personen, allerdings mit der Möglichkeit die Siedlung auszubauen. Dazu wird ein Atmosphärenprozessor hinzugefügt mit dem Ziel etwa 1 m3 Atemluft pro Tag herstellen zu können. Die Siedler erhalten elektrisches Werkzeug und ein weiteres beheiztes Modul. Ausflüge mit dem Marsauto sollen einen Tag pro Woche ermöglicht werden.

Im dritten Szenario wird die Besatzung auf 4 Personen erhöht. Neben dem Kommunikations- und Wassermodul werden zwei weitere Module beheizt die bei Tag als Laborfläche dienen und in der Nacht als Schlafräume. Ausflüge mit dem Marsauto werden jeden dritten Tag ermöglicht, Werkzeuge werden für jeden Siedler berücksichtigt. Ein Ausbau der Siedlung ist vorgesehen, allerdings wird die zur Erweiterung benötigte Atemluft von der Erde importiert, womit der Atmosphärenprozessor entfällt.

Auch im vierten Szenario bleibt die Siedlerzahl bei 4. Wasser- und Atmosphärenprozessor werden eingesetzt. Insgesamt werden 6 Module beheizt, diese sind allerdings weniger stark isoliert um Gewicht zu sparen und mehr Innenraumvolumen zu erhalten. Jedem Crewmitglied steht Werkzeug zur Verfügung, das Marsfahrzeug kann jeden Tag verwendet werden. Der Atmosphärenprozessor erzeugt 8 m^3 Atmosphäre pro Tag, womit die Siedlung zügig erweitert werden kann.

Beim Vergleich der Szenarien fällt auf, dass die Atemluftproduktion aus der Marsatmosphäre der größte elektrische Verbraucher ist. Beschließt man auf einen Atmosphärenprozessor zu verzichten oder eine reine Sauerstoffatmosphäre aus Marswasser zu erzeugen, oder Atemluft von der Erde zu importieren, bleibt Heizung als zweiter großer Energieverbraucher übrig.

	Szenario 1	Szenario 2	Szenario 3	Szenario 4
Wasserversorgung [kWh elekt.]	1,4	1,4	2,8	2,8
Luftrecycling [kWh elekt.]	8,4	8,4	16,8	16,8
Luftproduktion [kWh elekt.]	0	165	0	1320
Heizung [kWh therm.]	40	60	80	588
Mobilitaet [kWh elekt.]	0	6,7	13,3	40
Siedlungsbetrieb [kWh elekt.]	2,6	4	8	8
Werkzeuge [kWh elekt.]	0	12	24	24
Summe thermisch [kWh]	40	60	80	588
Summe elektrisch [kWh]	12,4	197,5	64,9	1411,6
Summe [kWh]	52,4	257,5	144,9	1999,6

Energieerzeugung

Solarenergie

Die naheliegende Energiequelle für eine Marssiedlung ist die Sonnenergie. Photovoltaikanalgen können Sonnenlicht direkt in elektrischen Strom umsetzten, die Lebensdauer der Solarzellen beträgt mehrere Jahrzehnte, es ist kein Brennstoff erforderlich und es entstehen keine umwelt- oder gesundheitsschädlichen Nebenprodukte. Der Rover Opportunity, genau wie viele vor ihm, wird mit Solarenergie versorgt und befindet sich seit 10 Jahren in Betrieb. Auf den ersten Blick erscheinen Solarzellen zur Energieerzeugung eine exzellente Wahl.

Im Wesentlichen leidet Solarstrom auf dem Mars allerdings unter denselben Problemen wie auf der Erde. Wegen des Tag und Nacht, sowie Sommer und Winter Zyklus ist Strom nicht kontinuierlich verfügbar. Sand und Staubstürme können außerdem den Himmel verdunkeln und weitere Einbußen in der Stromproduktion erzeugen. All diese Phänomene wurden bei den Rovern Spirit und Opportunity im Detail beobachtet. Die folgende Tabelle zeigt die pro Tag erzeugte Solarenergie in Sommer und Winter, mit und ohne Sandsturm.

Jahreszeit	Normal	Sturm
Sommer [Wh/d/m²]	667	408
Winter [Wh/d/m²]	229	75

Bei der Auslegung einer Versorgung mit Solarenergie muss man sich dem Problem des Sandsturms gesondert widmen, da dieser zu erheblichen Einbußen in der Energieversorgung führt. Der einfachste Ansatz das Thema zu adressieren ist es die minimale Energieproduktion für die Auslegung zu verwenden. In diesem Fall ergibt sich das folgende Bild für die verschiedenen Szenarios (siehe Tabelle Seite 93 oben).

Beim Vergleich der benötigten Massen wird schnell klar, dass lediglich die Szenarien ohne Atmosphärenprozessor im Bereich des Möglichen bewegen. Eine Lösung zwischen Szenario 1 und 3 ist vermutlich möglich.

Bei der Verwendung von Solarzellen muss ein Teil der Energie für die Nacht in einem Akkumulator gespeichert werden. Ein Lithium-Polymere Akkumulator ist hier im Punkto Energiedichte das Beste was zurzeit auf dem Markt verfügbar ist mit einer Energiedichte von 0,15 kWh/kg. Von allen genannten Verbrauchern sind lediglich der Betrieb der Siedlung und die Heizung rund um die Uhr erforderlich. Je nach Szenario sind etwa 21 kWh bis 44 kWh Energie zu speichern. Die Akkumulatormasse fällt daher im Vergleich zu den Solarzellen nicht ins Gewicht.

Letztendlich sind Sandstürme auf dem Mars allerdings eine Seltenheit. Selbst bei einer Dauer von, je einem Monat im Sommer und im Winter, liegt die Mittlerer Energieproduktion mit 435 Wh/m² noch deutlich über dem Minimum von 75 Wh/m². Selbst in Szenario 1 würde die Überproduktion ausreichen um im Jahresmittel mit dem Atmosphärenprozessor noch 1 m3 Luft pro Tag herzu-

	Szenario 1	Szenario 2	Szenario 3	Szenario 4
Benötigte Energie [kWh]	52.4	92.5	144.9	1999.6
Energieproduktion [kWh/m2]	0.075	0.075	0.075	0.075
Benötigte Fläche [m2]	699	1233	1932	26661
Benötigte Masse [t]	9.0	15.9	24.9	343.9
Mittlere Mehrproduktion [kWh]	252	445	696	9610
Masse Akkumulator [t]	0.142	0.213	0.293	1.987
Gesamtmasse [t]	9.2	16.1	25.2	345.9

stellen, sowie umfangreiche Werkzeug- und Fahrzeugnutzung zu erlauben.

Ein auf die solare Energieerzeugung optimierter Stromverbrauch würde sich wie folgt darstellen.

	Solar 2 Personen	Solar 4 Personen
Wasserversorgung [kWh elektr.]	1.4	2.8
Luftrecycling [kWh elektr.]	8.4	16.8
Luftproduktion [kWh elektr.]	0	0
Heizung [kWh therm.]	40	60
Mobilität [kWh elektr.]	0	0
Siedlungsbetrieb [kWh elektr.]	2.6	8
Werkzeuge [kWh elektr.]	0	0
Summe thermisch [kWh]	40	60
Summe elektrisch [kWh]	12.4	27.6
Summe [kWh]	52.4	87.6
Benötigte Fläche [m²]	699	1168
Benötigte Masse [t]	9.0	15.1
Mittlere Mehrproduktion [kWh]	292	481
Masse Akkumulator [t]	0.142	0.23
Gesamtmasse [t]	9.2	15.3

Die tägliche Mehrproduktion kann wie folgt verwendet werden:

	Solar 2 Personen	Solar 4 Personen
Mobilität [kWh]	20	40
Werkzeuge [kWh]	12	24
Luftproduktion aus Marsatmosphäre [kWh]	260	387
Luftproduktion aus Marsatmosphäre [m³]	1,56	2,32

Über ein Marsjahr, 22,3 Erdmonate, betrachtet bieten beide Solarszenarien auch die Möglichkeit zum Ausbau der Siedlung, Erkundung des Planeten und Durchführung von Forschungsmissionen. Lediglich während winterlicher Sandstürme muss der Stationsbetrieb auf ein Minimum reduziert werden. Bei Verwendung effizienterer Isolierung kann der größte Posten, Heizung, noch weiter reduziert werden.

Als Alternative zur Vergrößerung der Solarzellenfläche, zur Überbrückung der Sandsturmsaison, kann auch ein größerer Akkumulator verwendet werden. Der Akkumulator muss jetzt nicht nur einen halben, sondern 30 Tage halten und wird entsprechend schwerer. Durch die verbesserte Energieerzeugung wird die Solarfläche allerdings kleiner. Die Tabelle zeigt die Veränderungen für die vier Szenarios. Es zeigt sich, dass der Mehrbedarf an Batterien in der Summe zu einer schlechteren Massenbilanz führt. Außerdem wird die Chance verloren in den Sommermonaten mehr Strom zu erzeugen.

	Szenario 1	Szenario 2	Szenario 3	Szenario 4
Benötigte Energie [kWh]	52.4	92.5	144.9	1999.6
Energieproduktion [kWh/m²]	0.229	0.229	0.229	0.229
Benötigte Fläche [m²]	229	404	633	8732
Benötigte Masse [t]	2.1	3.7	5.8	79.9
Mittlere Mehrproduktion [kWh]	47	83	131	1803
Masse Akkumulator [t]	8.52	12.8	17.6	119.2
Gesamtmasse [t]	10.6	16.5	23.4	199.1
Summe thermisch [kWh]	40	60	80	588
Summe elektrisch [kWh]	12,4	197,5	64,9	1411,6
Summe [kWh]	52,4	257,5	144,9	1999,6

Ein Solarkraftwerk mit kleinem Stromspeicher um die Nächte zu überbrücken bietet deutliche Leistungs und Gewichtsvorteile gegenüber einer Lösung mit großem Akkumulator. Insgesamt ist für die Versorgung einer Siedlung mit Solarenergie etwa 4,6 t Material pro Siedler erforderlich. Diese Lösung ist technisch machbar und bietet ein ausreichendes Wachstumspotential um auch eine nachhaltige Marskolonie zu unterstützen.

Solar- und Windenergie

Eine weitere Alternative zum Überbrücken der Sandsturmsaison, kann die Verwendung von Windkraftwerken während der Sturmsaison sein. Da die Marsluft erheblich dünner ist als die Erdatmosphäre ist außerhalb der Sturmsaison keine Energieproduktion durch Windkraft zu erwarten.

Für eine Siedlung auf dem Mars sind unter Handhabungs- und Wartungsgesichtspunkten vertikale Windkraftanalgen, wie auf nebenstehendem Bild gezeigt, besser geeignet. Eine Anlage mit einer irdischen Nennleistung von 7,5 kW bei 14 m/s wird während eines Sandsturms auf dem Mars etwa ein Drittel der irdischen Leistung erreichen können. Genaue Werte sollten durch eine Detailstudie ermittelt werden.

Mit unter 1000 kg, inklusive Mast ist die Windkraftanlage auch sehr leicht und könnte Problemlos von den Siedlern auf den Landemodulen installiert werden. Eine tägliche Energieerzeugung von 60 Wh pro kg Windkraftanalage erscheint während der Sturmsaison möglich.

Berücksichtigt man diese Werte ergeben sich für die ersten drei Szenarios sehr moderate Massenbilanzen für das kombinierte Kraftwerk, wie die folgende Tabelle zeigt.

Im einfachsten Szenario fällt der Massenbedarf auf lediglich 3,2 t. Etwa ein Drittel des mit reiner Solarer Erzeugung nötigen Gewichts (siehe Tabelle Seite 95 oben).

Überwiegend fällt die für die Wind-Solar-Hybrid Lösung benötigte Masse erheblich niedriger aus als im rein von der Sonne gespeisten Vergleichsfall. Die durchschnittliche Masse der Anlage sinkt auf etwa 1,6 t pro Person. Nachteil dieser Lösung im Vergleich zur zuvor vorgestellten liegt im geringeren Aufwuchspotential, da die mittlere Mehrproduktion geringer ausfällt. Die Mehrproduktion reicht allerdings schon im einfachsten Szenario für große Mobilität und den Einsatz von Werkzeugen. Atemluft kann in diesem Fall nicht vor Ort produziert werden und müsste von der Erde eingeflogen werden. Im ergiebigsten Fall ließen sich im vorherigen Abschnitt 2,56 m³ Atemluft pro Tag erzeugen, nach einem Erdjahr sind dies etwa 850 m³, was einer Masse von etwas über 1 t entspricht, es würde also mindestens 6 Jahre dauern, bis sich die reine Solar Lösung gegenüber der Hybrid Lösung rechnet.

Die Hybrid Lösung ist, wegen der geringeren Solarzellenfläche, technisch noch einfacher umsetzbar als die reine Solarlösung.

Thermoionischer Kernreaktor

Unter einem thermoionischen Kernreaktor versteht man einen Reaktor der mittels des thermoionischen Effekts Wärme in elektrischen Strom umwandelt. Im ersten Band Besiedlung des Mondes

	Szenario 1	Szenario 2	Szenario 3	Szenario 4
Benötigte Energie [kWh]	52.4	257,5	144.9	1999.6
Energieproduktion Solar [kWh/kg]	0.018	0,018	0.018	0.018
Benötigte Fläche [m²]	229	1124	633	8732
Benötigte Masse Solar [t]	2.4	11,9	6.7	92.7
Energieproduktion Wind [kWh/kg]	0.060	0,060	0.060	0.060
Benötigte Masse Wind [t]	0.6	2,9	1.6	22.4
Mittlere Mehrproduktion [kWh]	47	232	131	1803
Masse Akkumulator [t]	0.142	0,213	0.293	1.987
Gesamtmasse [t]	3.2	15,0	8.6	117.1
Summe [kWh]	52,4	257,5	144,9	1999,6

wurden bereits einige Reaktoren dieses Typs erwähnt. Die meisten sind historischer Art. Von praktischer Bedeutung ist heute keiner mehr. Lediglich ein Model konnte mit vergleichsweise geringem Aufwand in funktionsfähigen Zustand gebracht werden: Die sowjetische TOPAZ-II Serie.

Der TOPAZ-II Reaktor wurde noch zu Sowjetzeiten für den Einsatz in Erdbeobachtungssatelliten entwickelt und nach der Wende in den USA auf seine Tauglichkeit für den Einsatz im Weltraum untersucht. Die Untersuchungen in den 1990er Jahren bestätigten die generelle Eignung des Reaktors auch unter dem Aspekt einer möglichen Marsmission. Der Reaktor verwendet hochreines Uranoxid als Brennstoff, wiegt 1061 kg, hat eine thermische Leistung von 110 kW, von denen 6 kW über den thermoionischen Effekt in elektrische Leistung umgewandelt werden. Durch Verbesserung der thermoionischen Umwandlung durch Verwendung von zeitgenössischen Elementen lässt sich die elektrische Energiegewinnung auf 7 kW erhöhen.

Das ursprüngliche Reaktordesign sieht Treibstoff für einen dreijährigen Betrieb vor. Die folgende Tabelle zeigt wie viele Reaktoren für die jeweiligen Szenarien erforderlich sind und wie lange der Brennstoff reichen würde, wenn die mögliche Energiemehrproduktion nicht ausgeschöpft wird.

	Szenario 1	Szenario 2	Szenario 3	Szenario 4
Benötigte Energie [kWh]	52,4	257,5	144,9	1999,6
Benötigte thermische Energie [kWh]	40	60	80	588
Benötigte elektrische Energie [kWh]	12	198	65	1412
Erforderliche Reaktoranzahl	1	2	1	9
Thermischer Überschuss [kWh]	2432	4884	2392	21660
Elektrischer Überschuss [kWh]	155,6	138,5	103,1	100,4
Mittlere relative Reaktorleistung	7,38%	58,78%	38,63%	93,36%
Erwartete Lebensdauer [Jahre]	40,6	5,1	7,8	3,2
Gesamtmasse [t]	1,1	2,1	1,1	9,5
Summe [kWh]	52,4	257,5	144,9	1999,6

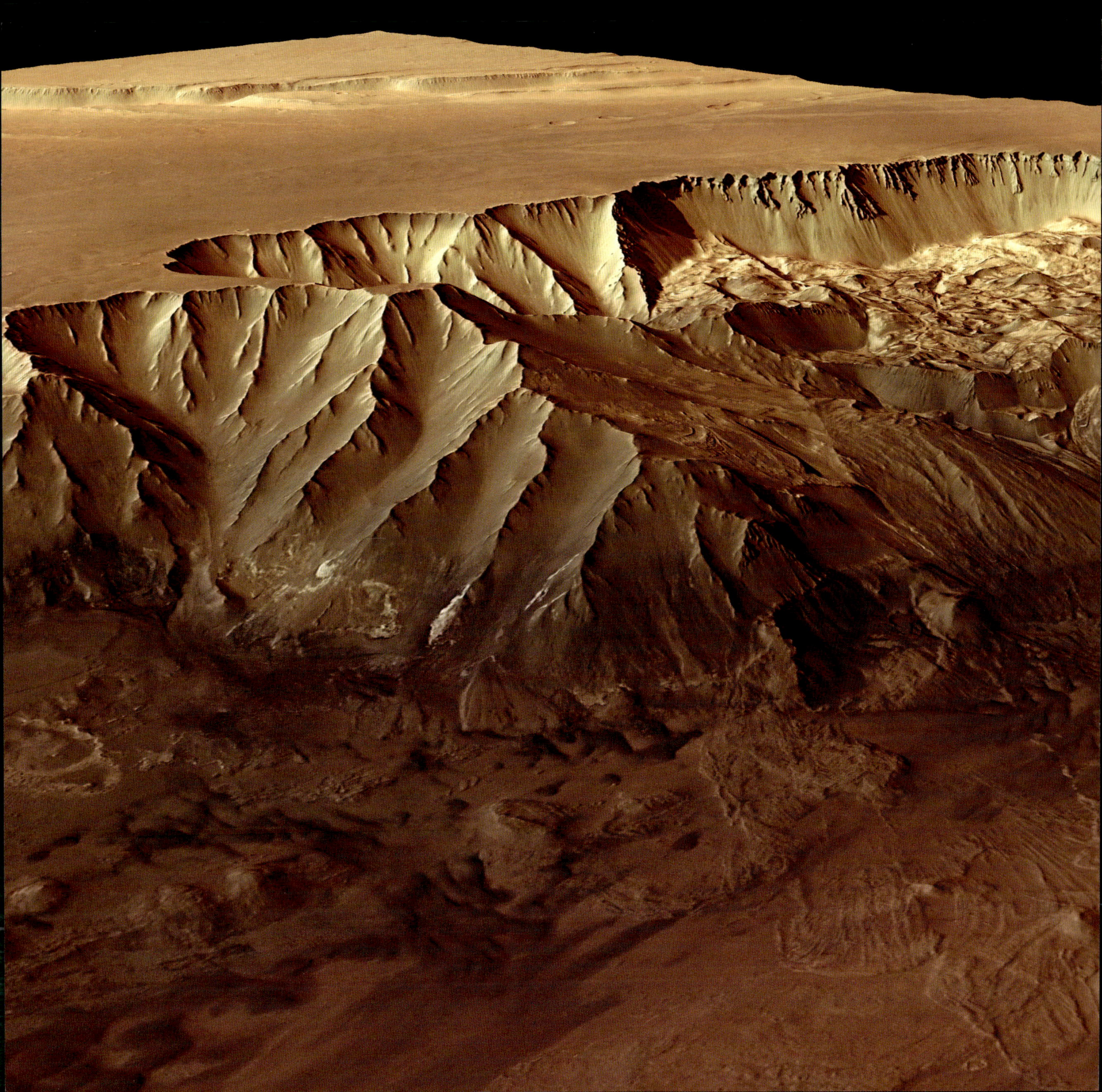

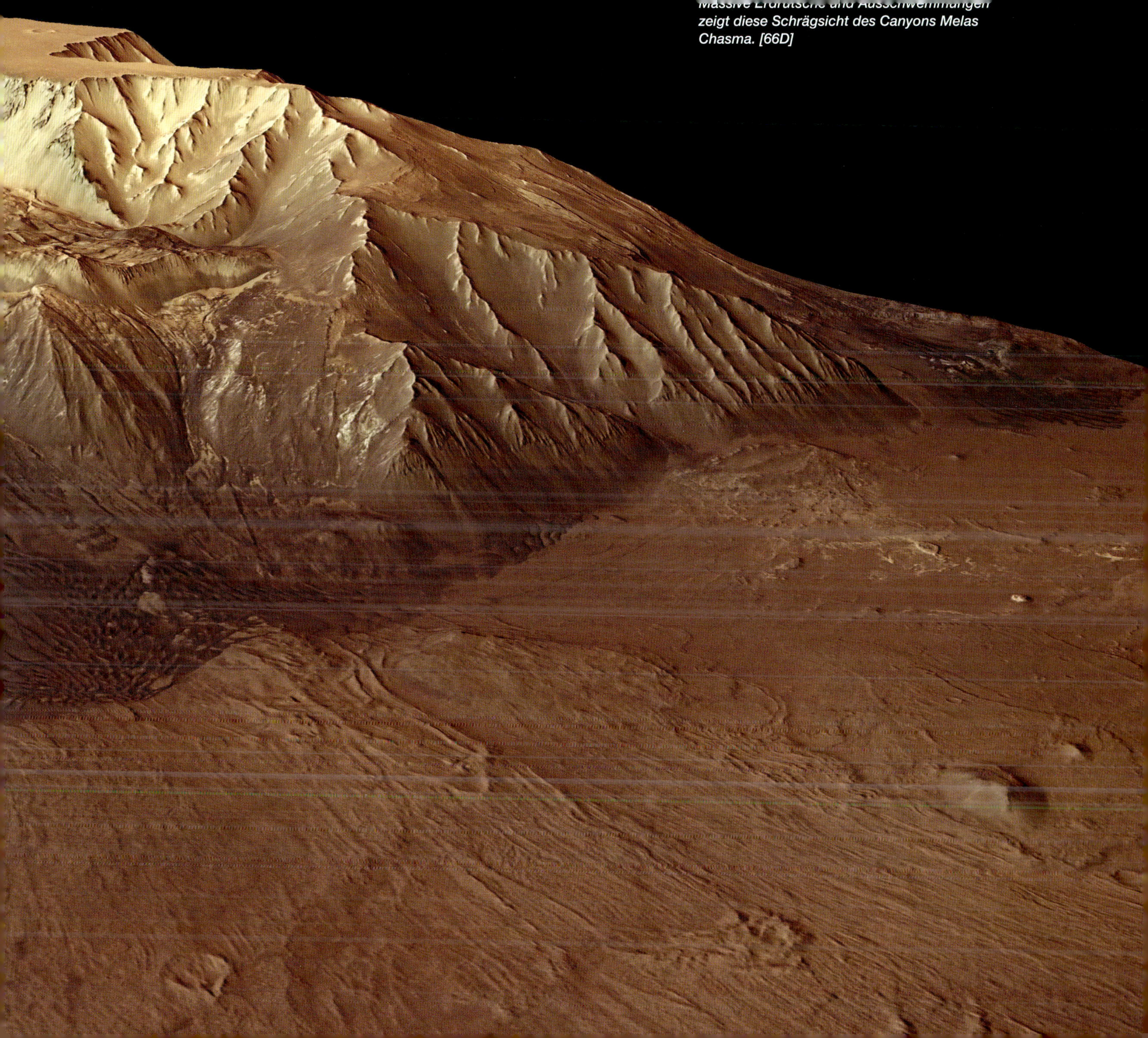

Massive Erdrutsche und Ausschwemmungen zeigt diese Schrägsicht des Canyons Melas Chasma. [66D]

Die Gewichtsbilanz bestätigt TOPAZ-II Reaktoren als geeignete Energiequelle für alle vier Szenarien, zumindest für einen vorübergehenden Marsaufenthalt. Bei der Nachhaltigkeit liegt der Reaktor wegen seines geringen Brennstoffinventars nicht so gut im Rennen. Großer Vorteil eines Kernreaktors sind die großen Mengen an anfallender thermischer Energie schon mit dem kleinen Reaktor bei 7,38% Leistung werden 182 kWh Wärme pro Tag erzeugt, es könnten also bis zu 9 Red Dragon Module beheizt werden oder auch nur zwei bei schlechter Isolierung. Durch die Verwendung des TOPAZ-II kann an Isolierung entsprechend eingespart werden, womit mehr Wohnraum für die Siedler zur Verfügung steht und weniger Masse transportiert werden muss.

Ein Uran Spaltreaktor mit einer thermischen Leistung wird sich bei einer Strahlendosis von etwa 12,3 kSv/h gemessen in einem Meter Abstand vom ungeschirmten Reaktorkern stabilisieren. Nimmt man für die oben genannte Abschirmung die Halbwertsdicke von Beton, 9 cm, an reduziert sich die Strahlendosis am obigen Messpunkt zwar auf 5,5 Sv/h ist allerdings für Menschen an diesem Ort immer noch tödlich. Wartet man nach Abschalten des Reaktors 15 Tage, fällt die Strahlendosis auf 2,9% ihres Anfangswerts. Jetzt wäre zumindest ein kurzfristiger Aufenthalt in Reaktornähe zu Reparaturzwecken überlebbar. Um sich dauerhaft in der Reaktornähe aufhalten zu können sind etwa 3 m Betonäquivalente Abschirmung erforderlich. Idealweise wird diese Abschirmung aus Marssand gewonnen der zusätzlich mit lokal gewonnenem Wasser befeuchtet wird. Die Kombination würde einen sehr guten Schutz vor Neutronenstrahlung und Gammastrahlung bieten. So ist es möglich den Reaktor nahe an der Siedlung aufzustellen und Leitungslängen für Fernwärme und Strom zu minimieren.

Die große Wärmeleistung des Reaktors ist für eine Expansion der Siedlung und entsprechend mehr beheiztem Volumen ein beachtlicher Vorteil.

Umentwicklung: Red TOPAZ

Basierend auf dem bis in die 1980er Jahre von der Sowjetunion entwickelten TOPAZ-II Reaktor ist ein Kernreaktor mit 110 kW thermischer Leistung zur Versorgung einer Marssiedlung vorstellbar.

TOPAZ-II hat eine Gesamtlänge von 3,9 m. Der Reaktor selbst ist nur 92 cm hoch und 41 cm breit. Der Reaktor enthält 27 kg Brennstoff. Der Großteil an Masse und Volumen konzentriert sich in den anderen Komponenten. So wiegt die Abschirmung alleine 390 kg, etwa die Hälfte des Volumens entfällt auf den Radiator zur Kühlung.

Zur Landung und Einsatz auf dem Mars bietet es sich an den TOPAZ-II Reaktor in abgewandelter Form in eine Red Dragon Kapsel einzubauen.

Die Kapsel ist an der Basis etwa 3,6 m breit und 5,1 m Hoch und wäre damit in der Lage den TOPAZ-II in unveränderter Form aufzunehmen. Für den Einsatz auf dem Mars bietet sich allerdings eine Anpassung an. Um die minimale Einsatzdauer von 3 auf 9 Jahre zu steigern sollten im unteren Fünftel der Kapsel drei Reaktoren verbaut werden. Im mittleren Fünftel könnten drei redundante Kontrolleinheiten untergebracht werden. In den oberen beiden Fünfteln schließlich ein Wärmetauscher vom den drei Primärkühlkreisen auf einen Sekundären Kühlkreis. Mit dem Sekundären Kühlkreis kann der außen an der Kapsel angebrachte Radiator und/oder die Siedlung mit Wärme versorgt werden.

Während des Transports von der Erde zum Mars befindet sich der Radiator im lichten Volumen der Kapsel. Nach Ankunft auf dem Mars wird der Radiator herausgenommen und auf der Kapsel montiert. Das Lichte Volumen der Kapsel wird nun mit Marssand und Marswasser gefüllt um eine minimale Abschirmung zu erreichen. Wegen der Höhe der Kapsel, ergibt sich mit etwa 4 m zwischen den Reaktoren und dem oberen Ende bereits eine ausreichend starke Schirmung, wenn man für den Marssand von einer Halbwertsdicke von 9 cm ausgeht, analog zu Beton.

Um auch seitlich für ausreichend Strahlenschutz zu sorgen, ist es am besten den Reaktor einzugraben. Hierfür müsste ein etwa 5 m tiefes und 3,8 m breites Loch gegraben werden. Um das Loch zu graben ist eine Schalung notwendig. Bei Fertigung aus 10 mm dickem Aluminium wiegt die Schalung etwa 1340 kg.

Gelingt ein Eingraben nicht, kann der Reaktor auch auf der Oberfläche stehen. In diesem Fall wird die Schalung mit einem Durchmesser von 7 m errichtet. In beiden Fällen wir die Schalung mit Marssand aufgefüllt.

Anschlüsse für Strom und sekundären Kühlkreislauf befinden sich auf der Oberseite der Kapsel und können von den Siedlern problemlos erreicht werden. Ein derartig geschirmter Reaktor verursacht, selbst in unmittelbarer Nähe, lediglich eine Strahlendosis von weniger als 1,1 mSv/a. Die Strahlenbelastung ist damit vernachlässigbar im Vergleich zur Hintergrundstrahlung auf dem Mars.

Für das Red Topaz Reaktormodul sind folgende technische Daten zu erwarten:

Thermische Leistung	110 kW
Elektrische Leistung	7 kW
Leistungsbereich	0% bis 150%
Masse (inkl. Modul)	6,5 t
Masse Schalung	2,0 t
Brennstoffinventar	3 x 27 kg
Brennstoffart	UO_2 (96% Angereichert)
Kühlmittel (primär):	NaK
Einsatzdauer	9 Jahre

Bei Verwendung von Uran oder anderen radioaktiven Substanzen in der Raumfahrt ist das Risiko durch ein Unglück beim Start bewohntes Gebiet zu kontaminieren immer ein wichtiges Sicherheitsthema. Um das Risiko zur reduzieren bietet sich ein Start von einer schwimmenden Plattform in den Weiten des Pazifiks, z. B. der Odyssey, an.

Da noch 6 TOPAZ-II Reaktoren aus Sowjetzeiten verfügbar sind, müssten nur noch bestehenden Komponenten umgebaut werden. Um auch die gewünschte Umentwicklung auszuführen und eine technologische Erneuerung zu erreichen sollten etwa 1 Mrd. USD investiert werden.

Thermoelektrische Radionuklidbatterie

Bei einer Radionuklidbatterie, wird nicht die bei der Kernspaltung freigesetzte Energie, sondern die beim Kernzerfall gewonnene Energie genutzt. Die größte Energiemenge pro Zerfall, wird typischer weise durch Alpha-Strahlung erreicht. Analog zur Kernspaltung erwärmt sich durch den Zerfall das Material, durch den Thermoelektrischen Effekt kann daraus elektrische Energie gewonnen werden.

Alphastrahler kommen bevorzugt in Elementen großer Ordnungszahl vor. Alle chemischen Elemente lassen sich entsprechend ihrer Protonenzahl ordnen. Das Element mit der höchsten Protonenzahl ist Uran. Mit 92 Protonen ist es das, in großen Mengen, natürlich vorkommende Element mit dem schwersten Kern. Neben den Protonen ist die Neutronenzahl im Kern mitentscheidend über die Stabilität des Kerns. Uran-238, das häufigste der natürlich vorkommenden Uranisotope, beispielsweise verfügt über 146 Neutronen. Schon Anfang der 1940er Jahre hat man erkannt, dass es möglich ist durch Hinzufügen eines weiteren Neutrons Uran-239 herzustellen. Bedingt durch die ungerade Neutronenzahl ist Uran-239 instabil. Um den Neutronenüberschuss abzubauen wandelt der Kern ein Neutron in ein Proton um. Um die Ladung zu erhalten wird ein Elektron abgesandt, Beta-Zerfall findet statt, Neptunium-239 mit 93 Protonen und 146 Neutronen entsteht – das erste transuranische Element. Auch Np-239 zerfällt über Beta-Zerfall innerhalb weniger Tage zu Plutonium-239. Mit einer Halbwertszeit von 24,000 Jahren ist Pu-239 ziemlich stabil. Die gerade beschriebene Reaktion läuft in Kernreaktoren Weltweit in großem Maßstab ab. Viele Tonnen Plutonium werden auf diese Art pro Jahr hergestellt, was es zum häufigsten der Transurane macht. Pu-239 zerfällt durch Alphastrahlung zu Uran-235, das eine Halbwertszeit von 700 Mio. Jahren hat, und damit weitgehend stabil ist.

Das Prinzip des erbrüten von Transuranen durch Neutroneneinfang lässt sich auch noch zu höheren Elementen weiterspinnen. Bis hinauf zu Ordnungszahl 98 gibt es Alphastrahler mit Halbwertszeiten von weit über 100 Jahren. Jedes dieser Isotope ist generell für die Verwendung in einer Batterie geeignet. Je kürzer die Halbwertszeit desto weniger Material ist erforderlich. Je länger die Halbwertszeit desto länger hält auch die Batterie. Größter Vorteil der Alphastrahler gegenüber einem Spaltreaktor liegt in der Abwesenheit von Neutronenstrahlung und vor allem im Mangel an hochenergetischer Gammastrahlung. Problematisch ist das bei nahezu allen langlebigen Transuranen spontane Spaltung ein Konkurrenzprozess zum Alphazerfall darstellt. Für die Raumfahrt besonders interessant sind daher Isotope bei denen die Spontanspaltrate sehr niedrig ist. Der aktuelle Favorit ist daher Plutonium-238 mit einer Halbwertszeit von 87,7 Jahren und Curium-244 mit einer Halbwertszeit von 18,1 Jahren. Bei diesen Isotopen muss kein großer Aufwand in Abschirmung investiert werden. Die Batterie kann einfach gehandhabt werden.

Radionuklidbatterien auf Pu-238 Basis, sind in der Raumfahrt seit langem im Einsatz. Nahezu alle Sonden die ins äußere Sonnensystem, jenseits des Mars, entsandt werden arbeiten mit Zerfallsenergie. Auch MSL Curiosity arbeitet mit einer Pu-238 Batterie, dem Multi-Mission Radioisotope Thermoelectric Generator (MM

Multi-Mission Radioisotope Thermoelectric Gnerator (MMRTG) der NASA

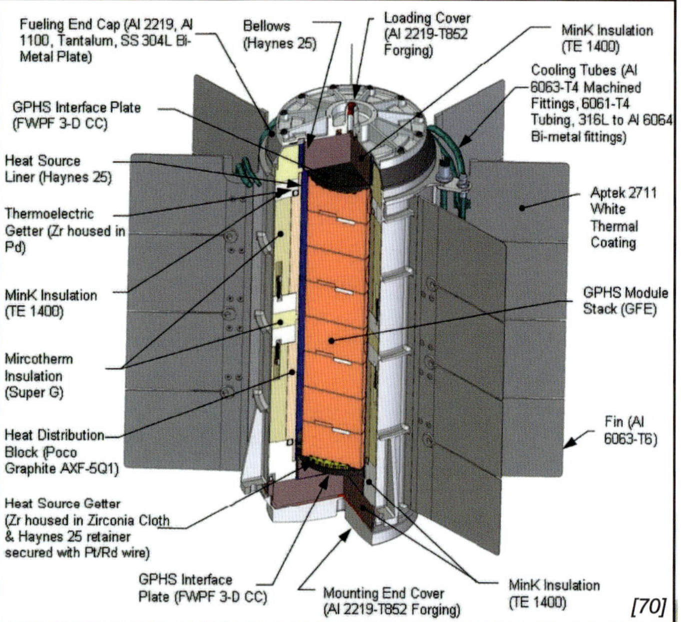

[70]

Elektrsiche Leistung beim Start	125 W
Elektrische Leistung nach 14 Jahren	100 W
Termische Leistung beim Start	2000 W
Thermische Leistung nach 14 Jahren	1600 W
Radionuklid	Pu-238
Nuklidinventar	4 kg
Masse	45 kg
Elektrische Leistungsdichte beim Start	2,78 W/kg

RTG). Der MMRTG ist bereits sehr weit Entwickelt und verfügt über zahlreiche Sicherheitsmaßnahmen um das Risiko für die irdische Umwelt beim Start zu minimieren. Basierend auf dieser Batterie ist auch eine Energieversorgung auf dem Mars vorstellbar. Das folgende Bild zeigt eine schematische Darstellung der Batterie.

Mit diesen Daten lässt sich der Bedarf an MMRTG Batterien für die Versorgung der Marssiedlung in den Verschiedenen Szenarien bestimmen (siehe Tabelle Seite 99 oben).

Mit einem Bedarf von lediglich 270 kg stellt die Radionuklidbatterie die geringsten Massenanforderungen für die Energieversorgung für das einfache Siedlungsszenario. Mit einer Lebensdauer von mindestens 14 Jahren ist auch ein langfristiger Betrieb der Siedlung gewährleistet. Theoretisch wäre diese Lösung ziemlich ideal. Leider gibt es keine 24 kg Pu-238 mehr. Das in den USA bis 1988 hergestellte Material geht zur Neige. Bereits seit 1993 musste die NASA Pu-238 von Russland kaufen. Auch die russischen Reste gehen dem Ende entgegen. Die in den USA vorhandenen Reste reichen nur noch für eine einzige Batterie und sollen für eine Mission ins äußere Sonnensystem verwendet werden. Eine Nachproduktion ist zurzeit technisch nicht möglich. In USA könnten allerdings zwei Forschungsreaktoren zur Pu-238 Produktion verwendet werden. Die Herstellung würde etwa 10 Mio. USD/kg kosten. Maximal 2 kg könnten auf diese Weise pro Jahr produziert werden. Selbst zu diesen Preisen dürfte eine MMRTG Batterie nicht mehr als 50 Mio. USD kosten. Die langen Produktionszyklen von Pu-238 machen den Einsatz von MMRTGs zur Versorgung einer Marsmission sehr unwahrscheinlich.

Kernreaktor mit Dampfturbine

In meinem Buch „Die Besiedlung des Mondes“, wurde ausführlich gezeigt, wie es mit ausreichend vorhandener Energie gelingen kann eine weitgehend autarke und sogar produktive extraterrestrische Siedlung zu gründen. Größtmögliche Unabhängigkeit von der Erde ist für eine Marssiedlung, wegen der großen Entfernungen, noch wichtiger als für eine Mondsiedlung. Trotz der immensen Schwierigkeiten sollte der Einsatz eines Kernreaktors mit Dampfturbine, wie im ersten Band beschrieben, ernsthaft erwogen werden. Eine produktive Marssiedlung ist ohne leistungsfähige Energiequelle nicht vorstellbar.

Das Problem beim Einsatz des für die Mondsiedlung entwickelten Reaktors sind die bisher bescheidenen Erfolge bei der Landung auf dem Mars. Bisher ist es nicht gelungen eine Nutzlast von über 900 kg abzusetzen. Der Sprung auf ein 20 t schweres Reaktormodul ist daher in naher Zukunft nicht zu erwarten. Da der Reaktor auch erst für eine Produktionsphase benötigt wird, ist dieser Umstand zwar unschön, aber keine Katastrophe. Ist erstmal eine Marssiedlung etabliert ist es vorstellbar den Reaktor nicht, wie für den Mond vorgeschlagen, in zwei 20 t Modulen anzuliefern, sondern auf vierzig 1 t Lieferungen aufzuteilen und

	Szenario 1	Szenario 2	Szenario 3	Szenario 4
Benötigte Energie [kWh]	52,4	257,5	144,9	1999,6
Benötigte thermische Energie [kWh]	40	60	80	588
Benötigte elektrische Energie [kWh]	12	198	65	1412
Erforderliche MMRTGs	6	83	28	589
Thermischer Überschuss [kWh]	190	3127	995	22030
Elektrischer Überschuss [kWh]	2,0	1,7	2,3	2,0
Erwartete Lebensdauer [Jahre]	14 Jahre	14 Jahre	14 Jahre	14 Jahre
Pu-238 Bedarf [kg]	24,0	332,0	112,0	2356,0
Gesamtmasse [t]	0,3	88,1	29,7	624,9
Summe [kWh]	52,4	257,5	144,9	1999,6

diese dann auf dem Mars durch die Siedler zusammen bauen zu lassen.

Gelingt der Aufbau oder die Anlandung des Reaktors stehen 10 MW elektrische und ca. 20 MW thermische Leistung zu Verfügung. Jedes der oben vorgestellten Szenarien kann damit problemlos abgedeckt werden.

Abwägung der Energiequellen

In der folgenden Tabelle werden die möglichen Energiequellen entsprechend ihrer Gesamtmasse und elektrischer Überproduktion verglichen. Ersteres ist ein Maß für die Kosten, letzteres ein Maß für das mögliche Stationswachstum (siehe Tabelle Seite 99 unten).

Für Szenario 1 ist ohne Zweifel die Verwendung von 6 MMRTGs die mit Abstand beste Lösung. Da es allerdings nicht genug Pu-238 für die Batterien gibt, bleibt die Solar-Wind Hybridlösung als beste Alternative, da sich der Red TOPAZ, unter Hinzurechnung der Schalung für die Abschirmung in einem ähnlichen Massenbereich bewegt. Für alle anderen Szenarien hat Red TOPAZ klare Vorteile, gefolgt von der Hybrid Lösung. Reine Solare Versorgung und auch der Radionuklidgenerator sind in diesen Leistungsbereichen nicht mehr geeignet.

	Szenario 1	Szenario 2	Szenario 3	Szenario 4
Solar Masse [t]	9,2	44,5	25,2	345,9
Solar elekt. Überproduktion [kWh/Tag]	252	1238	696	9610
Hybrid Masse [t]	3,2	15,0	8,6	117,1
Hybrid elekt. Überproduktion [kWh/Tag]	47	232	131	1803
TOPAZ Masse [t]	1,1	2,1	1,1	9,5
TOPAZ elekt. Überproduktion [kWh/Tag]	155,6	138,5	103,1	100,4
MMRTG Masse [t]	0,3	88,1	29,7	624,9
MMRTG elekt. Überproduktion [kWh/Tag]	2,0	1,7	2,3	2,0
Gesamtmasse [t]	0,3	88,1	29,7	624,9
Summe [kWh]	52,4	257,5	144,9	1999,6

Siedlungsoption 1: Überlebensraum

Zweck dieser Siedlungsoption ist es, 2 Personen ein Überleben auf dem Mars zu sichern bis sich ein Fenster für den Rückflug öffnet. Die Astronauten in dieser Option müssen zwei hartgesottene Überlebenskünstler sein, mit einer breiten Ausbildung im Betrieb und Reparatur der Gerätschaften, Raumfahrt und Medizin. Die während Reise und Aufenthalt beengten Platzverhältnisse stellen außerdem besondere Anforderungen an Charakter und Gemüt. Ein extremes Maß an Leidensfähigkeit ist erforderlich.

Diese einfachste aller Siedlungen besteht nur aus drei Modulen: Dem Wassermodul, das noch von der Standorterkundung vorhanden ist, dem Reisemodul in dem die beiden Astronauten auch schon die Anreise verbracht haben sowie einem Vorratsmodul. Lediglich das Reisemodul wird auch beheizt.

Bei der Landung steuern die Astronauten, soweit möglich, eines der beiden Marsfahrzeuge an. Mit dem Marsfahrzeug wird das Wassermodul und später das Vorratsmodul aufgesucht und zum Landemodul gebracht, die drei Module werden verbunden. Im nächsten Schritt wird das zweite Marsfahrzeug in Betrieb genommen und gemeinsam die Lieferungen mit den Solarzellen aufgesucht und zur Basis transportiert. Das Solarfeld wird aufgebaut und in Betrieb genommen. Später folgt auch noch das Windrad. Nachdem die Energieversorgung steht, werden die Batterien der Marsfahrzeuge mit der Überproduktion aufgeladen, die Batterien dienen gleichzeitig auch als Pufferspeicher. Von der Erde gelieferter Treibstoff für die Rückreise wird während der Wartezeit eingesammelt und die als Tank dienende Hecksektion für die Rückreise befüllt.

Die weiteren Aktivitäten der Astronauten beschränken sich auf einfachste Untersuchungen und Erkundung der Umgebung. Lediglich das Reisemodul wird auf Wohnraumqualität beheizt. Die beiden anderen Module werden nur soweit beheizt wie es zum Schutz der Elektronik notwendig ist.

Die Siedlung wird mit einer reinen Sauerstoffatmosphäre betrieben die entweder durch einen CO_2 Prozessor aufbereitet werden kann oder von der Erde eingeflogen wird. Beides benötigt gleich viel Masse. Dargestellt ist die Option mit CO_2 Prozessor.

Zusammenfassung Option 1		Kosten [M$]
Siedler	2	-
Module	3	150
Aufenthaltsdauer [Tage]	518	-
Beheizte Module	1	-
Benötigte Energie [kWh]	37,6	-
Benötigte Solarfläche [m²]	164,2	16,4
Wasserversorgung [kWh elekt.]	1,4	100
Luftrecycling [kWh elekt.]	8,4	35
Heizung [kWh therm.]	20	-
Siedlungsbetrieb [kWh elekt.]	7,8	-
Werkzeuge [kWh elekt.]	0	-
Mittlere Mehrproduktion [kWh]	33,9	-
Masse Solarmodule [t]	2,1	-
Masse Windkraftwerk [t]	0,4	4,2
Masse Red TOPAZ [t]	0,0	-
Gesamtmasse Energieversorgung [t]	2,5	-
Masse Vorräte [t]	3,108	0,16
Masse Marsfahrzeuge [t]	2	400
Masse Verbindungselemente [t]	0,4	20
Gesamt ohne Module [t]	**8,0**	**576**

Siedlungsoption 2: Einfache Marssiedlung

Ziel dieser Option ist es eine kleine Marssiedlung zu etablieren, mit der Möglichkeit zu expandieren und die Siedlung zu erweitern um Unterkünfte für weitere Siedler zu schaffen die mit dem nächsten Startfenster von der Erde kommen. Vorräte sind für eine Synodische Periode ausgelegt. Die Vorratsmenge ist gegenüber der ersten Option von 3 kg pro Person und Tag auf 4 kg erhöht worden.

Die Siedlerzahl wird auf 4 Personen erhöht. Bei 4 Siedlern ist es nicht länger nötig, dass jeder alles kann. Es ist durchaus möglich und sinnvoll Spezialisten zu schicken.

Siedler 1 sollte einen starken medizinischen Hintergrund haben und durchaus in der Lage sein potentiell anfallende Behandlungen und Operationen vornehmen zu können. Themenverwandt kennt er sich auch mit Biologie und Chemie aus und kann entsprechendes Laborgerät benutzen um Gewebe- oder Gesteinsproben zu untersuchen. Durch dieses Hintergrundwissen ist er verantwortlich für die Wartung und Reparatur der Wasser und Luftfiltersysteme. In Vorbereitung auf die Mission erhält er außerdem eine Ausbildung in der Landwirtschaft.

Siedler 2 ist der klassische Astronaut mit einem starken Hintergrund als Testpilot. Er verfügt außerdem über eine solide technische Ausbildung um sämtliche Gerätschaften warten und reparieren zu können. Zusammen mit Siedler 1 erhält er eine Ausbildung in der Landwirtschaft.

Siedler 3 hat ebenfalls einen technischen Hintergrund allerdings mit einem Schwerpunkt auf Chemie oder Geologie. Er wird für die Wartung und Reparatur der Siedlung ausgebildet um Siedler 2 dabei zu unterstützen und im Notfall auch dessen Tätigkeiten übernehmen zu können. Er verfügt ebenfalls über solide Flugerfahrung und kann eine Red Dragon Kapsel steuern. In Vorbereitung auf die Mission oder während des Fluges erhält er eine Zusatzausbildung in den Grundlagen des Bergbaus.

Siedler 4 ist professioneller Bergmann vorzugsweise mit Zusatzkenntnissen in der Geologie. Er hat die Leitung über das erste extraterrestrische Bergbauprojekt und versteht sich auf Wartung und Reparatur der für den Bergbau notwendigen Ausrüstung.

Alle Siedler werden in erster Hilfe sowie Funktion und Reparatur der Lebenserhaltungssysteme geschult.

Die einfache Marssiedlung besteht aus vier Modulen: Den drei Modulen die schon aus der ersten Option bekannt sind sowie einem Labormodul. Erfolgt die Anreise der 4 Siedler in zwei Red Dragon Kapseln, wird das zweite Reisemodul als Labormodule verwendet. Das Labormodul dient bei Tag der Untersuchung von biologischen oder geologischen Proben und bei Nacht als Schlafraum für zwei Siedler. Im Notfall kann das Modul auch als Operations- oder Behandlungsraum verwendet werden. Labormodul und das Kommunikations-/Kommandomodul werden kontinuierlich beheizt.

Zusammenfassung Option 2A (Hybridversorgung)		Kosten [M$]
Siedler	4	-
Module	4	200
Aufenthaltsdauer [Tage]	780	-
Beheizte Module	2	-
Benötigte Energie [kWh]	94	-
Benötigte Solarfläche [m2]	410,5	41,0
Wasserversorgung [kWh elekt.]	2,8	100
Luftrecycling [kWh elekt.]	16,8	45
Heizung [kWh therm.]	40	-
Siedlungsbetrieb [kWh elekt.]	10,4	-
Werkzeuge [kWh elekt.]	24	-
Mittlere Mehrproduktion [kWh]	84,7	-
Masse Solarmodule [t]	5,3	-
Masse Windkraftwerk [t]	1,1	10,5
Masse Red TOPAZ [t]	0,0	-
Gesamtmasse Energieversorgung [t]	6,3	-
Masse Vorräte [t]	12,48	0,62
Masse Marsfahrzeuge [t]	2	400
Masse Verbindungselemente [t]	1	50
Masse Bergbauausrüstung [t]	1,2	1,2
Masse Gartenausrüstung [t]	1	1
Masse Laborausrüstung [t]	1	5
Traglufthalle [t]	1	20
Gesamt ohne Module [t]	**25**	**674**

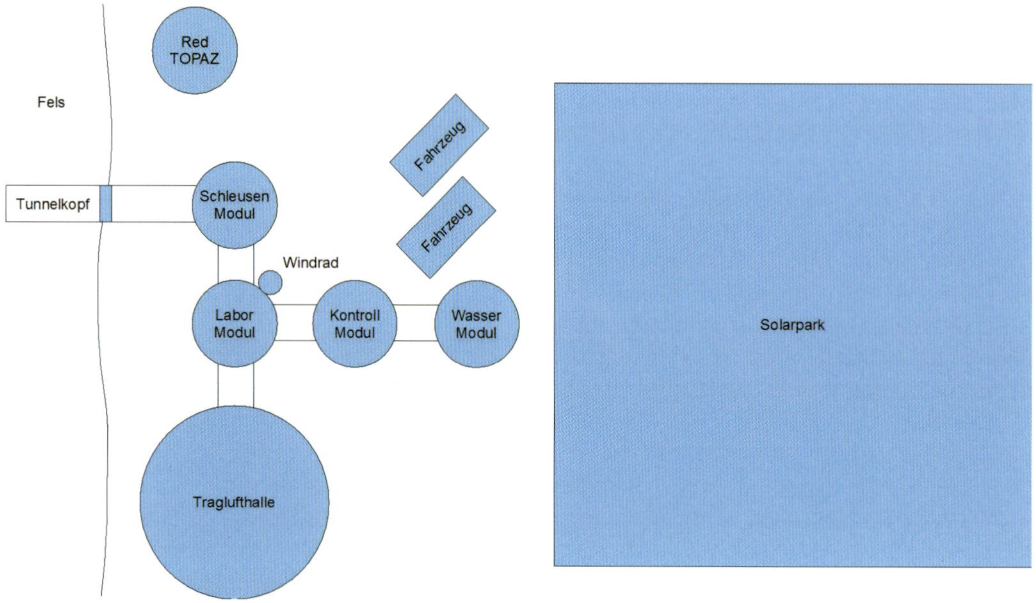

Übersicht einfache Marssiedlung im Anfangsstadium mit großem Solarfeld.

Das Wassermodul wird in dieser Siedlungsoption zusätzlich mit einem Elektrolysegerät ausgerüstet. Idealerweise ist das Elektrolysegerät bereits zum Zeitpunkt der Erkundungsmission vorhanden und produziert schon im Vorfeld etwas Sauerstoff aus gewonnenem Wasser. Mit etwa 10 kWh Energieverbrauch pro Tag können auf dem Weg der Elektrolyse etwa 8 m³ Sauerstoffatmosphäre hergestellt werden – genug für die Expansion der Siedlung.

Die Expansion der Siedlung soll auf zwei Wegen stattfinden: Über Grund und unter Grund. Für die unter Grund Expansion wird das Schleusenmodul, wie in der Skizze gezeigt, nahe einer fast vertikalen Felswand aufgestellt. Noch in ihren Raumanzügen legen die Siedler einen Tunnelkopf an, der nur ein oder zwei Meter tief sein muss. Hier wird nun eine Schleusentüre eingesetzt die den Tunnelkopf gegen die Marsatmosphäre hermetisch abdichtet. An die Schleusentüre wird nun das Schleusenmodul der Station mit einem flexiblen Tunnelelement angeschlossen. Ab jetzt kann der Bergmann mit Unterstützung von Siedler 3 unter Sauerstoffatmosphäre ohne den Zwang eines Raumanzugs den Tunnel weiter ausbauen. Das abgebaute Material wird über Loren durch das Schleusenmodul abtransportiert.

Die Untertageerweiterung der Siedlung hat zahlreiche Vorteile:

- Die Erweiterung der Siedlung ist nahezu beliebig möglich.
- Es besteht die Möglichkeit aus dem abgebauten Material Rohstoffe zu gewinnen.
- Der Fels bietet eine natürliche Isolation gegen die kalte Marsatmosphäre, womit der Heizaufwand deutlich kleiner ist.
- Der Fels bietet einen natürlichen Strahlenschutz.

Voraussetzung für eine erfolgreiche Erweiterung der Siedlung in das Marsgestein ist eine gute Tragfähigkeit des Materials. Bei der Auswahl eines Standorts für eine einfache Marssiedlung sollte auf geeigneten Fels großer Wert gelegt werden.

Die Gesteinsmenge die ein Bergmann pro Arbeitstag bewegen kann ist von vielen Faktoren abhängig. In den 1920er Jahren konnte in russischen Bergwerken bis zu 2,5 t Steinkohle pro Bergmann und Tag gefördert werden. Die Dichte von Mars und Mond sind vergleichbar, damit kann für die Dichte von Marsgestein die Dichte von Mondgestein, von etwa 1,5 t/m³, zur Abschätzung herangezogen werden, da die Schwerkraft auf dem Mars nur 1/3 der Erde beträgt, ist eine Abbaumenge von 1 m³ pro Mann und Tag (entspricht 0,5 t Steinkohle auf der Erde) nicht unwahrscheinlich, wahrscheinlich kann sogar mehr abgebaut werden.

Um einen 1,5 m breiten und 2,5 m hohen Tunnel einen Meter voranzutreiben benötigen zwei Bergleute entsprechend 1,9 Tage. Um ein Zimmer mit 9 m^2 Grundfläche und 2,5 m Höhe zu erstellen sind entsprechend etwa 11 Arbeitstage notwendig. Bereits nach 30 Tagen können zwei Personen einen 4 m langen Tunnelkopf und zwei Zimmer mit 9 m^2 erstellt haben. Nach 780 Tagen könnten 82 m Tunnel und 500 m^2 Wohnfläche freigelegt sein mit einem Gesamtvolumen von 1560 m^3. Selbst bei weitaus geringerer Abbaugeschwindigkeit können nach spätestens 90 Tagen ausreichend Unterkünfte im Berg geschaffen werden um den Siedlern zusätzliche Unterkünfte bereitzustellen.

Die Erweiterung der Siedlung an der Oberfläche hat das Ziel die Möglichkeit marsianischer Landwirtschaft auszuloten. Um Pflanzen und Siedlern die Chance möglichst erdähnlicher Bedingungen zu geben wird eine Traglufthalle, wie im folgenden Einschub beschrieben, aufgestellt. Mit durch Elektrolyse erzeugtem Sauerstoff wird die Halle langsam aufgefüllt. Zwei Wochen nach der Aufstellung sollte sie vollständig gefüllt sein. Jetzt können die Siedler, ohne die Notwendigkeit von Raumanzügen, auf 50 m^2 Marsboden, mit landwirtschaftlichen Experimenten beginnen. Gelingt es Nahrungsmittel anzubauen können diese die von der Erde mitgebrachten Vorräte ergänzen. Bei der Vorratsplanung wird ein Erfolg der Landwirtschaft allerdings nicht angenommen.

Die Atmosphäre der einfachen Marssiedlung ist eine überwiegende Sauerstoffatmosphäre mit ähnlichen Mengen an CO_2 wie dies auf der Erde der Fall ist um Pflanzenwachstum zu ermöglichen. CO_2 kann entweder durch den CO_2 Prozessor recycelt werden oder es wird an die Marsatmosphäre abgegeben und durch aus Elektrolyse von Wasser gewonnen Sauerstoff ersetzt.

Neuentwicklung: Traglufthalle für den Mars

Wie das Beispiel des Luftballons zeigt, ist der einfachste Weg mit geringem Gewicht ein möglichst großes Volumen zu erzeugen, ein elastisches Material mit Luft zu füllen. Im Wesentlichen kommt das auf der Erde bei der Errichtung von Traglufthallen Routinemäßig zum Einsatz.

Maß	Wert
Bodenfläche	50 m^2
Durchmesser	8 m
Volumen	134 m^3
Oberfläche	201 m^2
Gesamtgewicht	1 t

Traglufthallen sind extrem leicht und wiegen nur 1 kg/m^2 Außenfläche. Für die Traglufthallen auf dem Mars bietet es sich an dasselbe Material zu nutzen, welches bereits bei den Raumanzügen zum Einsatz kommt. Genaue Daten über das Stoffgewicht konnten nicht recherchiert werden, 5 kg/m^2 erscheint jedoch eine konservative Obergrenze, wenn man zukünftige Fortschritte in der Materialentwicklung berücksichtigt.

Die Bodenfläche der Halle soll 50 m^2 betragen. Als Form bietet eine Halbkugel gute Stabilitätseigenschaften und wird als Form angenommen.

Wegen der geringen Komplexität der Traglufthalle und der weitgehenden Verwendung von verfügbaren Materialien werden die Herstellungskosten auf 20 Mio. USD geschätzt.

Um die Traglufthalle zu beheizen sind je nach Temperatur und erreichter Isolierung zwischen 530 kWh/Tag und 720 kWh/Tag erforderlich. Das 5 bis 7-fache des Gesamtenergiebedarfs für die Restsiedlung. Auch zur Beheizung der in den Berg gegrabenen Räume und Tunnel wird Energie notwendig sein. Würde man auch diesen Energiebedarf aus regenerativen Quellen decken wollen würde die benötigte Masse für das Kraftwerk schnell die Masse aller anderen Komponenten der Siedlung übersteigen. An dieser Stelle wird der Red TOPAZ wegen der großen verfügbaren thermischen Energie extrem interessant. Bei 100% Leistung konnen etwa 2,6 MWh thermische Energie gewonnen werden. Die Tabelle zeigt, eine Energieversorgung die auf vier Säulen steht. Eine Kombination aus Solarenergie, Windkraft und Pufferspeicher in den Fahrzeugbatterien sorgt für die Sicherstellung der Überlebensfähigkeit der Siedlung auch bei komplettem Ausfall des Reaktors. In diesem Fall würde sich die Siedlungsfunktionalität auf Überleben beschränken.

Farbechtes Bild vom Mars. Aufgenommen von der Rosetta Sonde auf ihrem Weg zum Kometen 67P/Tschurjumow-Gerassimenko bei einem Swing-By Manöver am Mars im Februar 2007. [70B]

Zusammenfassung Option 2B (Hybrid und Red TOPAZ)		Kosten [M$]
Siedler	4	-
Module	4	200
Aufenthaltsdauer [Tage]	780	-
Beheizte Module	4	-
Benötigte Energie [kWh]	134	-
Benötigte Solarfläche [m²]	305,7	30,6
Wasserversorgung [kWh elekt.]	2,8	100
Luftrecycling [kWh elekt.]	16,8	45
Heizung [kWh therm.]	80	-
Siedlungsbetrieb [kWh elekt.]	10,4	-
Werkzeuge [kWh elekt.]	24	-
Mittlere Mehrproduktion [kWhe]	247,1	-
Mittlere Mehrproduktion [kWht]	2560,0	-
Masse Solarmodule [t]	3,9	-
Masse Windkraftwerk [t]	0,8	7,8
Masse Red TOPAZ [t]	3,1	1000
Gesamtmasse Energieversorgung [t]	7,8	-
Masse Vorräte [t]	12,48	0,62
Masse Marsfahrzeuge [t]	2	400
Masse Verbindungselemente [t]	1	50
Masse Bergbauausrüstung [t]	1,2	1,2
Masse Gartenausrüstung [t]	1	1
Masse Laborausrüstung [t]	1	5
Traglufthalle [t]	1	20
Gesamt ohne Module [t]	**26,5**	**1661**

Mit dem Reaktor im Betrieb ist eine großzügige Erweiterung der Siedlung möglich.

Die Alternative zur Beheizung der Traglufthalle mit nuklearem Feuer ist gar keine Heizung.

Temperaturen mit positiven Werten sind am Landeplatz von Opportunity etwa zwischen 10h und 16h vorstellbar. Nachts besteht die Gefahr eines Abfalls auf -80°C. Inwieweit sich diese Temperaturschwankung durch ein geschicktes Design der Traglufthalle kompensieren lassen muss eine Detailstudie zeigen.

Siedlungsoption 3: Große Marssiedlung

Die Große Marssiedlung ist im Wesentlichen eine Erweiterung der einfachen Siedlung, um mehr Siedler unterzubringen. Je mehr Siedler geschickt werden können umso größer kann die Spezialisierung jeder einzelnen Person ausfallen. Außerdem gibt es die Möglichkeit mehrere Personen mit wichtigem Spezialwissen zu entsenden, beispielsweise 2 Mediziner. Theoretisch gibt es keine Obergrenze wie viele Personen man auf die Reise schickt. Praktisch dürften allerdings bereits 8 Siedler die Grenze des technisch und finanziell Machbaren strapazieren.

Um die 4 zusätzlichen Siedler unterzubringen sind 2 weitere Red Dragon Module notwendig. In der folgenden Skizze sind diese der Einfachheit halber als Wohnmodule gekennzeichnet. Diese Module können entweder Reisemodule der Siedler sein, dann wären sie von der Ausstattung dem Kontroll- und Labormodul sehr ähnlich, oder sie wurden im Vorfeld bereits angelandet und könnten damit entsprechend spezialisiert ausgestattet werden. Aus Kostengründen ist die erste Option zu bevorzugen.

Je größer die Siedlung wird umso mehr wächst der Bedarf an Strom und Heizung. Die Tabelle zeigt eine Lösung die Solarstrom, Windkraft und Kernenergie nutzt. Als Verbraucher neu hinzu kommt der Atmosphärenprozessor zur Erzeugung einer Argon-, Stickstoff-, Sauerstoffatmosphäre mit Spuren von Kohlendioxid. Der Prozessor arbeitet primär mit der solaren Überschussenergie in den Sommermonaten und ist auf eine maximale tägliche Produktion von 4 m³ Atemluft ausgelegt. Im Jahresmittel gelingt die Produktion von 2 m³ täglich. Damit die Erweiterung der Siedlung nicht durch den Atmosphärenprozessor eingebremst wird seht zusätzlich die Möglichkeit zur Verfügung durch Elektrolyse Sauerstoff zu gewinnen. Durch so erzeugten Sauerstoff wird der Sauerstoff Partialdruck bei ca. 320 mbar gehalten, dadurch kann es, bei entsprechend erfolgreicher Expansion, zu einer Erhöhung des prozentualen Sauerstoffanteils kommen.

Die Siedler werden wie bereits angedeutet um einen weiteren Mediziner, einen hauptberuflichen Gärtner, einen gelernten Geologen und einen Steinmetz ergänzt. Durch die stärkere Besatzung gelingt es Bergbau und Landwirtschaft effektiver anzugehen. Steinmetz, Geologe und Bergmann kümmern sich um die Erweiterung der Station unter Tage. Die Anwesenheit des Geologen ermöglicht es das abgebaute Gestein gründlicher zu untersuchen und während des Aushöhlens Regionen mit hoher Tragfähigkeit aufzuspüren und solche mit geringer Tragfähigkeit zu vermeiden. Sowohl Geologe als auch der Steinmetz unterstützten den Bergmann bei den Abbautätigkeiten. Aus dem abgebauten Gestein, kann der Steinmetz einfache Objekte fertigen, allen voran: Säulen zum Abstützen der Stollen. Später können auch einfache Möbelstücke aus Stein gefertigt werden. Stühle, Tische, Bänke und Betten.

Die ersten Schritte der Menschheit in der Landwirtschaft auf dem Mars werden in dieser Siedlungsoption vom Gärtner geleitet unterstützt durch die beiden Mediziner wird versucht den Marsboden unter der Traglufthalle zu bestellen. Auch das Ausbringen besonders resistenter Pflanzen unter freien Himmel kann eine Option sein. Gelingt es nicht dem Marsboden Lebensmittel abzuringen,

Zusammenfassung Option 3 (mit Hybrid und Red TOPAZ)		Kosten [M$]
Siedler	8	-
Module	7	350
Aufenthaltsdauer [Tage]	780	-
Beheizte Module	7	-
Benötigte Energie [kWh]	245,4	-
Benötigte Solarfläche [m²]	744,1	74,4
Wasserversorgung [kWh elekt.]	5,6	100
Luftrecycling [kWh elekt.]	33,6	65
Mittlere Luftproduktion [kWhe]	330	-
Heizung [kWh therm.]	140	-
Siedlungsbetrieb [kWh elekt.]	18,2	-
Werkzeuge [kWh elekt.]	48	-
Mittlere Mehrproduktion [kWhe]	56,6	-
Mittlere Mehrproduktion [kWht]	2500,0	-
Masse Solarmodule [t]	9,6	-
Masse Windkraftwerk [t]	1,7	16,9
Masse Red TOPAZ [t]	3,1	1000
Gesamtmasse Energieversorgung [t]	14,4	-
Masse Vorräte [t]	24,96	1,25
Masse Marsfahrzeuge [t]	2	400
Masse Verbindungselemente [t]	1,6	80
Masse Bergbauausrüstung [t]	2	2
Masse Gartenausrüstung [t]	2	2
Masse Laborausrüstung [t]	2	10
Traglufthalle [t]	2	10
Gesamt ohne Module [t]	**49,0**	**1752**

kann, als Rückfalllösung eine hydroponische Gartenanlage mit mitgebrachtem Boden implementiert werden. Eine hydroponische Anlage ist sowohl in der Traglufthalle als auch unter Tage vorstellbar.

Die beiden Astronauten sind jetzt nicht länger für Garten- und Bergbau essentiell und können sich der Erkundung der Umgebung widmen.

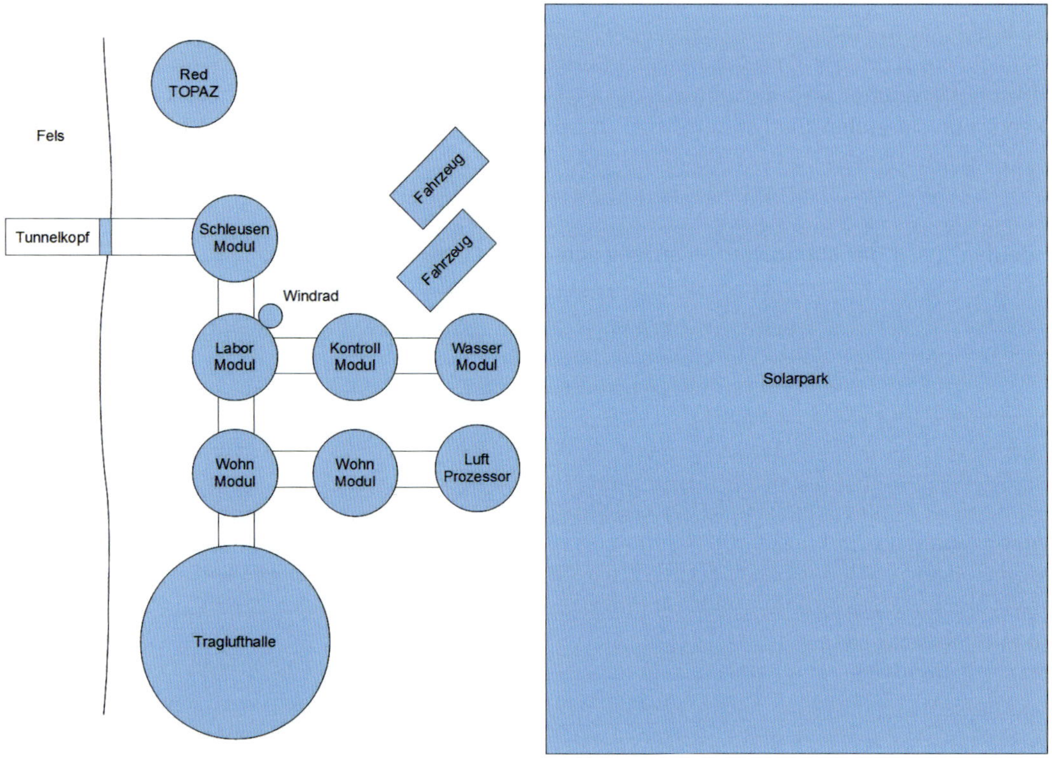

Übersicht große Marssiedlung im Anfangsstadium.

In-Situ Nahrungsproduktion

Die Produktion von Nahrungsmitteln unter Verwendung der Ressourcen des Mars, genannt in-situ (also vor Ort) Produktion, ist eine interessante Möglichkeit den Materialbedarf für die Siedlung zu reduzieren. Ein Blick auf die Massenbilanzen der einfachen und großen Marssiedlung zeigt den Anteil der Vorräte mit etwa 50%. Obwohl Vorräte mehr darstellen als Essen, kann durch die Schaffung einer autarken Lebensmittelproduktion erheblich eingespart werden, vor allem wenn man an eine Missionsdauer von mehr als 780 Tagen denkt oder sogar an einer unbegrenzten Missionsdauer interessiert ist, worum es in diesem Buch primär geht. Mit 4 kg pro Siedler und Tag (3,1 t für 780 Tage) sind die Vorräte im Vergleich zum Bedarf auf der ISS, mit 5 kg pro Tag, schon knapper bemessen. Die Reduktion berücksichtigt die Option Wasser und Sauerstoff in-situ herzustellen.

Hydroponische Gärten unter künstlichem Sonnenlicht sind ein probates Mittel zur Nahrungsversorgung einer Marssiedlung. Alle Experimente die bisher in diese Richtung stattgefunden haben bestätigen die Praktikabilität dieser Vorgehensweise.

Es wurde abgeschätzt, dass ein Hydroponischer Garten, mit einer Masse von 1 t, inklusive des für die Pflanzen benötigten Wassers und Kohlendioxids, in der Lage ist eine Person mit Lebensmitteln zu versorgen. Ein Hydroponischer Garten auf dem

Mars ist um einiges leichter zu betreiben als auf dem Mond. Der Tag-Nacht-Zyklus ist dem der Erde sehr ähnlich, womit der Bedarf zur künstlichen Beleuchtung entfällt, sofern der Garten im freien errichtet werden kann. Für die ersten Siedler sollte man davon nicht unbedingt ausgehen. Auf jeden Fall entfällt der Bedarf für Wasser und CO_2. Wahrscheinlich muss auch nicht aller Boden von der Erde importiert werden, da bisherige Ergebnisse der Marsforschung darauf hindeuten, dass der Marsboden Pflanzenwachstum unterstützten kann.

In-Situ Nahrungsmittelproduktion ist aus heutiger Sicht technisch möglich und stellt eine große Chance dar, die man nutzen sollte. Natürlich bleibt für die ersten Siedler, besonders wenn man direkt zum Mars fliegt und nicht zuerst mit dem Mond Erfahrung sammelt, ein Restrisiko das es nicht funktioniert. Es sollten daher auch Lebensmittel von der Erde mitgebracht werden. Ein akzeptabler Kompromiss für die ersten Siedler könnte sein: 1 t Gartenbaumaterialien und 2,1 t Vorräte und Lebensmittel pro Siedler.

In-Situ Treibstoffproduktion

Die Herstellung von Treibstoff für die Rückreise zur Erde aus lokal auf dem Mars vorhandenen Rohstoffen ist eine der größten Hoffnungen der bemannten Marsraumfahrt und bietet die Chance auf erhebliche Kostenersparnisse. Auf den ersten Blick sieht die Situation ausgesprochen vorteilhaft aus. Auf dem Mars ist Wasser in großen Mengen nachgewiesen. Damit bietet sich die Elektrolyse von Wasser zur Treibstoffgewinnung an:

$$2H_2O + \textit{Energie (571,8 kJ/mol)} \rightarrow 2H_2 + O_2$$

An dieser Stelle könnte man es bereits gut sein lassen und sich dem Problem der Lagerung von flüssigem Wasserstoff stellen. In diesem einfachsten Fall kann man sich den exzellenten Spezifischen Impuls von LH2/LOX Triebwerken von ca. 447 Sekunden zu Nutze machen. Eine zweistufige Red Dragon Kapsel benötigte so für den Start vom Mars lediglich 8 t Treibstoff. Zwei Produktionsszenarien sind denkbar: 500 Tage während die Siedler auf dem Mars sind und auf das Rückflugfenster warten, oder 1280 Tage, wenn mit der Treibstoffproduktion eine Synodische Periode vor der Ankunft der Siedler begonnen wird.

Da LH2 nicht verlustfrei gelagert werden kann wird eine Leckrate von 1% pro Tag angenommen. Bei dieser Leckrate stellt sich nach ziemlich exakt 500 Tagen ein Gleichgewicht bei 8 t Treibstoff ein, wenn man 80 kg pro Tag produziert. Ab dem 500. Tag wird lediglich die Leckrate ausgeglichen. Um 80 kg Wasser pro Tag durch Elektrolyse aufzuspalten ist eine Leistung von 32 kW erforderlich. Nur um diese Leistung zu erbringen sind 5 Red TOPAZ Reaktoren mit einem Gesamtgewicht von 15,5 t erforderlich. In dieser Rechnung noch nicht berücksichtigt wurden der Energiebedarf zur Verflüssigung und Kühlung, sowie die Masse der zur Treibstoffproduktion notwendigen Anlagen. Die Verwendung von in-situ produziertem LH2/LOX ist entsprechend nicht kosteneffizient.

Die Lösung zum Problem der Lagerung besteht in der Umwandlung von Wasserstoff zu Methan. Dies geschieht unter Verwendung des Kohlenstoffdioxids aus der Marsatmosphäre entsprechend des Sabatier Prozesses:

$$CO_2 + 4H_2 \rightarrow CH_4 + 2H_2O + \textit{Energie (165 kJ/mol)}$$

Auch wenn der Prozess exotherm verläuft ist es nicht praktikabel die freigesetzte Energie in erwähnenswertem Umfang für die Elektrolyse von Wasser nutzbar zu machen. Ein LOX/Methan Triebwerk erreicht etwa 80% des Spezifischen Impulses seines LH2/LOX Gegenstücks. Der Treibstoffbedarf für den Start vom Mars steigt auf 11,6 t, bei stöchiometrischem Verhältnis von Brennstoff und Oxidator sind 9,28 t Sauerstoff und 2,32 t Methan erforderlich. Die Herstellung des Methans wiederum erfordert lediglich 580 kg Wasserstoff. Der limitierende Faktor wird jetzt die Sauerstoffherstellung. Durch Elektrolyse von Wasser können bei einem Energieeinsatz von 16,7 kW nach 500 Tagen die gewünschten 9,28 t hergestellt werden. Zur gleichen Zeitraum werden 2,32 t Wasserstoff erzeugt von dem lediglich 580 kg für die Methanproduktion benötigt werden.

Um die benötigten 16,7 kW über einen Zeitraum von 500 Tagen zu erbringen wären 3 Red TOPAZ Reaktoren erforderlich, mit einer Masse von 9,3 t inklusive Abschirmung. Streckt man den Zeitraum auf 1280 Tage reicht eine Leistung von 6,5 kW aus. Hinzu kommen noch ein Leistungsbedarf von etwa 500 W für Kühlung und etwa 200 W für die Verflüssigung. Dies kann durch einen einzigen Red TOPAZ geleistet werden. Damit ist folgendes Szenario vorstellbar: Etwa zwei Jahre vor den Siedlern startet ein Red Dragon mit TOPAZ Reaktor, Verflüssigungsanalgen, Elektrolysegerät und einem Gerät für den Sabatier Prozess zum Mars und beginnt dort mit der Treibstoffproduktion. Der Treibstoff wird innerhalb der Dragon Kapsel im nicht von den Geräten eingenommenen Volumen gelagert. Der Volumenbedarf mit 8 m³ für den Sauerstoff und 5,5 m³ für flüssiges Methan übersteigt das Innenraumvolume der aktuellen Dragon Kapsel mit 3,6 m Durchmesser, knapp. Für eine Marsmission in 2018 ist diese Option daher, basierend auf aktueller Technologie, nicht möglich. SpaceX plant allerdings die Entwicklung einer Kapsel mit 5 m Durchmesser und einem Innenvolumen von 20 m³. Dies wäre für die in-Situ Produktion von Treibstoff ausreichend. Bereits heute machbar wäre es die Produktion auf 2 Module mit TOPAZ Reaktor zu verteilen. In diesem Fall sind lediglich 600 Tage notwendig um den Treibstoff zu erzeugen. Diese Option hat den Charme das die Treibstoffproduktion zur Ankunft der Siedler bereits abgeschlossen ist und der Reaktor 180 Tage Zeit hatte sich abzukühlen. Jetzt könnten sich Siedler immerhin eine halbe Stunde in 10 m Abstand aufhalten und mehrere Stunden in 100 m Abstand. So ist das umfüllen des Treibstoffs in einen anderen, nicht kontaminierten, Behälter möglich. Der Reaktor kann jetzt wieder die Arbeit aufnehmen und erneut Treibstoff produzieren.

Die technisch umsetzbarste Option ist es ein separates Modul zur Treibstoffproduktion und Verflüssigung zum Mars zu schicken und dieses mit der elektrischen Energie von zwei Red TOPAZ zu betreiben. Der Treibstoff kann jetzt direkt in den für den Rückflug vorgesehenen Tanks gespeichert werden. Ein derartiger Aufbau erfordert die Anwesenheit von Personal. Wenn Siedler anwesend sind, kann auch gleich eine Schalung für die Reaktoren errichtet werden um das Strahlungsproblem zu vermeiden. Außerdem kann die thermische Energie zur Beheizung der Siedlung verwendet werden. Die Anlandung von drei Modulen und 4 t Schalungsmaterial ist der Lieferung von 12 t Treibstoff immer noch vorzuziehen. Um in den 500 Tagen bis zum Rückflug den notwendigen Treibstoff zu produzieren ist es notwendig die Reaktoren mindestens auf 129% ihrer Nennleistung zu betreiben. Dieser Betriebsmodus ist mit den TOPAZ-II Spezifikationen in Einklang.

Für eine Marsmission, in der ein Rückflug gewünscht ist macht die in-Situ Produktion von Methan/LOX Treibstoff Sinn, wenn die notwendige Energie aus zwei Red TOPAZ Reaktoren gewonnen wird. Die von den Reaktoren erzeugte Wärmeenergie kann außerdem für die Heizung der Siedlung verwendet werden. Leistungsreserven des Reaktors können außerdem Verwendet werden um Schwankungen der Solarenergieproduktion zu kompensieren. Mit der erweiterten Lebensdauer der Red TOPAZ Module lassen sich insgesamt 5 Zyklen lang Treibstoff produzieren.

Verwendung von Solarzellen liegt eine Brennstoff, und damit Zyklusbegrenzung nicht vor. Um im Jahresmittel die erforderliche Leistung von etwa 18 kW aufzubringen sind ca. 1000 m² Solarfläche notwendig um die gewünschte Treibstoffmenge in 500 Tagen produzieren zu können – vorausgesetzt in dieser Zeitspanne liegt auch ein Marssommer. Eine derartige Solaranlage würde etwa 13

In-Situ Treibstoffproduktion mit Kernreaktor	
Red TOPAZ Module	2
Treibstoffproduktionsmodul	1
Abschirmung	4 t
Produzierter Treibstoff	Methan/LOX
Reaktorleistung (500 Tage)	129%
Reaktorleistung (780 Tage)	82%
Lebensdauer	5 Zyklen

In-Situ Treibstoffproduktion mit Solarzellen	
Fläche Solarzellen	1000 m²
Treibstoffproduktionsmodul	1
Masse Solarzellen	13 t
Produzierter Treibstoff	Methan/LOX
Solarleistung (500 Tage)	18 kW
Solarleistung (780 Tage)	11,5 kW
Lebensdauer	unbegrenzt

t wiegen, und ist damit immer noch eine interessante Option. Für die folgenden Zyklen mit 780 Tagen sind lediglich 11,5 kW mittlere Leistung erforderlich, die übrigen 6,5 kW stünden für die Siedlungsversorgung zur Verfügung.

Zusammenfassung

Es wurde gezeigt, wie bereits mit relativ geringen Mitteln eine Basis auf dem Mars etabliert werden kann. Bereits ab 3 Modulen und 7,2 t zusätzlichem Material lässt sich eine Marssiedlung für 2 Personen, mit dem Ziel eines Rückflugs nach 500 Tagen, etablieren. Die Hinzunahme von weiteren Modulen und Material kann eine dauerhafte Siedlung für 4 Personen ab 4 Modulen und etwa 25 t Material, ohne Kernreaktor realisiert werden. Durch Verwendung eines Kernreaktors lässt sich zwar der Materialbedarf reduzieren, der Reaktor wäre dann allerdings Essenziel, ein Ausfall würde den Tot der Siedler bedeuten. Ein derartiges Szenario wurde daher nicht betrachtet. Durch Hinzunahme eines Reaktors ergibt sich ein immenses Wachstumspotential für die Siedlung, durch die Möglichkeit Landwirtschaftsflächen unter Traglufthallen und unter Tage geschaffene Wohnräume zu beheizen. Durch die Hinzunahme von 2 Reaktoren oder 1000 m² Solarfläche kann innerhalb von 500 Tagen ausreichend Treibstoff für den Start einer Red Dragon Kapsel in den Marsorbit produziert werden.

Eine Weiterentwicklung des sowjetischen TOPAZ-II Reaktors für den Einsatz auf den Mars ist für den langfristigen und nachhaltigen Betrieb einer wachstumsorientierten Marssiedlung eine Schlüsseltechnologie, deren Entwicklung sich angesichts der hohen Transportkosten zum Mars besonders lohnt.

Künstlerische Darstellung der ersten Menschen auf dem Mars gemäß der NASA Pläne. Man erkennt den Mars 2020 Rover links im Bild. Menschen wohnen in oberirdischen, mitgebrachten Habitaten. [70C]

Sofort zum Mars und zurück

Spätestens seit Neil Armstrong 1969 einen Fuß auf den Mond gesetzt wird träumen viele vom nächsten großen Schritt: Dem ersten Schritt auf dem Mars.

In den letzten 10 Jahren ist das Interesse am Mars und Marsreisen zunehmend gewachsen. Es gibt zahlreiche private Initiativen die den Mars als nächstes Reiseziel befürworten, die sich nicht mit einer weiteren Reise zum Mond aufhalten wollen, und in einer Mondsiedlung keinen Nutzen sehen. Die Vorteile eine Mondsiedlung als Ausgangspunkt für die Besiedlung des Mars werden in den späteren Kapiteln, besonders beim Vergleich zu den in den nächsten Kapiteln vorgestellten Reiseszenarios, deutlich hervortreten.

Die *Sofort zum Mars* Kapitel sind für die Ungeduldigen unter uns, jene die keine Zeit und kein Geld auf die Gründung einer Mondbasis verwenden wollen, und lieber heute als morgen zum Mars reisen möchten. Dieses Kapitel widmet sich der kürzest möglichen Marsreise, unter Verwendung des schnellen Marstransfers, wie er im Kapitel *Grundlagen der Marsreise* vorgestellt wurde.

Missionsübersicht

Das Raumschiff für die Marsmission wird im niedrigen Erdorbit, in der Nähe der ISS, aus zahlreichen Einzelteilen zusammengebaut. Wegen der hohen Geschwindigkeitsanforderungen wird das Raumschiff überwiegend aus Treibstoff bestehen, hinzukommen zahlreiche Antriebselemente sowie die Crewquartiere. Für die schnelle Marsreise ist eine Crew von 4 Personen ausreichend. Als Crewquarttiere dienen die Nachbauten von 3 ISS Modulen, sowie eine Red Dragon Kapsel. Als Alternative zum Nachbau der ISS Module könnten auch bestehende Module zur Anwendung kommen. Verglichen mit den Gesamtkosten der schnellen Marsmission sind die Kosten für den Nachbau der Module gering. Wegen der geringeren Sonnenintensität müssen die Solarzellen in ihrer Größe angepasst werden, was gemeinsam mit einem Nachbau erledigt werden kann. Ohne Space Shuttle gibt es lediglich Startkapazitäten für russische Module. Damit bietet sich folgende Konfiguration für die Crewquartiere an (siehe Tabelle Seite 111).

Ein Raumschiff in dieser Konfiguration bietet pro Passagier etwa 78 m³ Lebensraum und verfügt über eine mittlerer Solarleistung von 8,3 kW. Wegen der geringen Reisezeit, stellt die Strahlenbelastung kein Problem dar. Außerdem ist die Menge an benötigten Vorräten gering, womit kein separates Lagermodul mitgeführt werden muss. Die beiden ausgewählten Module können als unabhängige Raumstation funktionieren und verfügen damit über die technischen Vorrausetzungen die Crew während des Marsflugs mit Lebenserhaltung zu versorgen.

Das Gewicht für die Red Dragon Kapsel ergibt sich aus dem Trockengewicht der Kapsel (3180 kg), mitgeführtem Treibstoff (1290 kg) für die Landung sowie für Lebenserhaltung und Transport der Crew notwenige Installationen (1030 kg) wie Sitze, Lebenserhaltung, Toilette usw.

Das Raumschiff wird aus dem Erdorbit gestartet und auf die schnelle Marstransferbahn gebracht. Die Bahn wird so gewählt, dass der Scheitelpunkt hinter der Marsumlaufbahn liegt. Kurz vor Erreichen der Marsumlaufbahn, wechseln 3 Crewmitglieder in die Red Dragon Kapsel und lösen sich von dem Raumschiff. Mit zusätzlich mitgeführten Bremstriebwerken wird diese erheblich kleinere Masse auf die Bahngeschwindigkeit des Mars abgebremst, kurz vor dem Eindringen in die Marsatmosphäre wird die Bremsstufe separiert, die Marsatmosphäre bremst die Dragon Kapsel weiter ab, zum Schluss werden die SuperDraco Triebwerke gezündet um an der gewünschten Stelle zu landen.

Crewquartiere für schnellen Marsflug					
Modul	**Masse**	**Länge**	**Durchmesser**	**Volumen**	**Solarfläche**
Sarja 2	19,323 t	12,60 m	4,1 m	ca. 150 m^3	70,6 m^2
Swesda 2	19,050	13,10 m	4,15 m	ca. 150 m^3	ca. 107 m^2
Sarja Solarflächen Erweiterung	1,5 t	-	-	-	92,5 m^2
Swesda Solarflächen Erweiterung	2,1 t	-	-	-	140 m^2
Pressurized Mating Adapter	1,6 t	2,0 m	1,3 m	ca. 3 m^3	keine
Red Dragon Kapsel	5,5 t	ca. 4 m	3,6 m	10 m^3	keine
Rationen und Verbrauchsgüter	1,8 t	-	-	-	-
Crew und Raumanzüge	1,0 t	-	-	-	-
Summe	51,873 t	37,7 m	-	313 m^3	410 m^2

Einmal auf dem Boden begibt sich die Crew zu den zuvor angeflogenen Marsfahrzeugen und sammelt damit die ebenfalls zuvor eingeflogenen Treibstofftanks ein. Der Red Dragon wird mit den Tanks ausgerüstet und betankt. Die restliche Zeit verbringt die Crew mit Wissenschaftlichen Experimenten und Erkundung der Umgebung. Nach weniger als 2 Tagen auf der Oberfläche startetet der Red Dragon mit Hilfe der SuperDraco Triebwerke.

Im Marsorbit gibt es ein Rendezvous mit der separat geschickten Beschleunigungsstufe. Diese Stufe katapultiert den Red Dragon aus der Marsumlaufbahn, zurück auf die Transferbahn. Dort koppelt der Red Dragon mit dem Marsraumschiff. Noch vor dem Koppeln wird die Beschleunigungsstufe abgeworfen.

Während des Transfers zur Erde wird die von der Erde mitgeführte Bremsstufe, durch ein geeignetes Manöver, in Flugrichtung vor den Red Dragon montiert. Sobald die Erde naht, steigen alle 4 Crewmitglieder in den Red Dragon um. Red Dragon und Bremsstufe lösen sich vom Hauptraumschiff, dies fliegt mit seiner ungebremsten Geschwindigkeit an der Erde vorbei und wird irgendwann das Sonnensystem verlassen. Ein Abbremsen dieser größeren Masse ist verglichen mit den Herstellungskosten nicht rentabel.

Red Dragon mit Passagieren schwenkt in die Erdumlaufbahn ein und begibt sich auf Rendezvous Kurs mit der ISS. Dort angedockt steigen die Astronauten in die Raumstation um und kehren mit Sojus Raumschiffen zur Erde zurück.

In den folgenden Sektionen werden die unterschiedlichen Teilabschnitte des Missionsprofils näher betrachtet. Aus Gründen die sich später zeigen, findet die Betrachtung umgekehrt-chronologisch statt. Begonnen wird mit dem Abbremsen der Red Dragon Kapsel zum Einschwenken in die Erdumlaufbahn.

Einschwenken in den Erdorbit

Auf dem letzten Abschnitt der Reise muss lediglich die Red Dragon Kapsel mit einer Masse von 6,5 t (inklusive Besatzung) um 12 km/s abgebremst werden. Technisch ist eine derartig hohe Geschwindigkeitsänderung im Grenzbereich des mit einer Stufe möglichen.

Für Einschwenken in die Erdumlaufbahn reicht eine zweistufige Abbremsung um jeweils 6 km/s. Für beide Stufen zusammen ergibt sich entsprechend ein Hydrazin/N_2O_4 Treibstoffbedarf nach der folgenden Tabelle:

	Treibstoff [t]	Leer-masse [t]	Kosten [M$]	Δv [m/s]	Brenn-dauer [h]
Stufe 1	119	21,52	781	6000	0,1
Stufe 2	1718	308,52	10793	6000	0,6
Gesamt	**1.837**	**330**	**11.574**	**12.000**	

Die Tabelle zeigt ebenfalls die mit den Treibstoffmodulen verbundenen Kosten. Dabei wurden Kosten von 25 Mio. USD für jedes Antriebsmodul, 20 Mio. USD für jedes Treibstoffmodul und 4 Mio. USD/t zum Transport von der Erde in die Erdumlaufbahn angenommen.

Beschleunigen aus dem Marsorbit

Um auf den Rückweg zur Erde zu gelangen, muss die Red Dragon Kapsel aus der niedrigen Marsumlaufbahn auf die Reisegeschwindigkeit des Marsraumschiffs beschleunigt werden. Die hierfür notwenige Geschwindigkeitsänderung ist 17,5 km/s. Hier bietet sich eine dreistufige Beschleunigung entsprechend der Übersichtstabelle an.

	Treibstoff [t]	Leer-masse [t]	Kosten [M$]	Δv [m/s]	Brenn-dauer [h]
Stufe 1	92	17,22	735	5833	0,1
Stufe 2	1209	231,22	7653	5833	0,4
Stufe 3	14488	2769,22	89737	5833	5,4
Gesamt	**15.789**	**3.018**	**98.125**	**17.500**	

Der benötigte Treibstoff muss in Vorbereitung auf die Marsmission, im Rahmen eines klassischen Hohmann Transfers von der Erde zum Mars gebracht werden.

	Treibstoff [t]	Leer-masse [t]	Kosten [M$]	Δv [m/s]	Brenn-dauer [h]
Stufe 1	131289	30741,66	812539	5293	7
Gesamt	**131.289**	**30.742**	**812.539**	**5.293**	

Durch den energieoptimierten Transfer des Treibstoffs von der Erde zum Mars können die Missionskosten stark reduziert werden.

Start von der Marsoberfläche

Ähnliches gilt für den Start von der Marsoberfläche. Wie im Kapitel Grundlagen der Marsreise beschrieben müssen 12,6 t Treibstoff und eine Hecksektion als Zusatztank im Vorfeld des Starts zum Mars gebracht werden. Darüber hinaus braucht es ein Marsfahrzeug um die Hecksektion und Treibstoff zur Kapsel zu transportieren, sowie eine Hebeanlage um die Kapsel auf die Hecksektion zu hieven.

Für die Anlieferung von 12,6 t Treibstoff gefüllt in 1 t Treibstofftanks, 1 t Marsfahrzeug und 1 t Hecksektion und 0,4 t Hebeanlage sind 16 Landefähren nötig.

Landung auf der Marsoberfläche

Die Landung auf der Marsoberfläche wird mit dem Red Dragon nach dem bereits zuvor beschriebenen Muster ausgeführt. Der für die Landung benötigte Treibstoff wird von der Erde aus mitgeführt.

Abbremsen auf die Marsumlaufbahn

Um Treibstoff und Kosten zu sparen wird lediglich das Red Dragon Raumschiff mit 3 Crewmitgliedern von der Reisegeschwindigkeit auf die für die Landung notwendige Geschwindigkeit abgebremst. Insgesamt muss die Geschwindigkeit um 17,5 km/s reduziert werden. Auch hier ist eine dreistufige Bremsrakete erforderlich.

Treibstoffbedarf und Kosten fallen etwas höher aus als beim Beschleunigen vom Mars, da hier der für die Landung notwendige Treibstoff noch mitgeführt wird.

	Treibstoff [t]	Leer-masse [t]	Kosten [M$]	Δv [m/s]	Brenn-dauer [h]
Stufe 1	105	20,52	835	5833	0,1
Stufe 2	1372	262,52	8665	5833	0,5
Stufe 3	16426	3139,52	101713	5833	6,1
Gesamt	**17.903**	**3.423**	**111.213**	**17.500**	

Beschleunigen aus der Erdumlaufbahn

Beim Start von der Erde muss der Treibstoff für das Abbremsen auf die Marsumlaufbahn und das Marsraumschiff auf die gewünschte Reisegeschwindigkeit beschleunigt werden. Die benötigte Geschwindigkeitsänderung beträgt 12 km/s. Die Beschleunigung erfolgt umso treibstoffsparender je mehr Stufen im Einsatz sind. Bei einem vierstufigen Antrieb ergibt sich folgender Bedarf:

	Treibstoff [t]	Leer-masse [t]	Kosten [M$]	Δv [m/s]	Brenn-dauer [h]
Stufe 1	39412	25224,84	243818	3000	37,3
Stufe 2	78343	7142	484639	3000	14,8
Stufe 3	234047	21313	1447399	3000	24,6
Stufe 4	699125	63617	4322677	3000	44,1
Gesamt	**1.050.927**	**118.041**	**6.507.323**	**12.000**	

Wie die Übersicht zeigt sind die Kosten nur für den Start von der Erde mit 6,5 Billionen USD extrem hoch. Die nächste Tabelle zeigt die Preisveränderung beim Einsatz einer 10-Stufigen Rakete.

Durch die Hinzunahme weiterer Stufen lassen sich die Kosten dramatisch reduzieren. Die unten stehende Tabelle zeigt eine Gesamtübersicht bei Berücksichtigung einer 10-Stufigen Rakete beim Start vom Erdorbit.

Victory Krater von HiRise aufgenommen. Der Krater wurde von September 2006 bis August 2008 vom Rover Opportunity besucht. [70D]

	Treibstoff [t]	Leermasse [t]	Kosten [M$]	Δv [m/s]	Brenndauer [h]
Regulärer Hohmann zum Mars zur Treibstoffanlieferung					
Stufe 1	131289	30741,66	812539	5293	8
Gesamt	131.289	30.742	812.539	5.293	
Abbremsen auf Erdorbit					
Stufe 1	119	21,52	781	6000	0,1
Stufe 2	1718	308,52	10793	6000	0,6
Gesamt	1.837	330	11.574	12.000	
Beschleunigen vom Marsorbit					
Stufe 1	92	17,22	735	5833	0,1
Stufe 2	1209	231,22	7653	5833	0,4
Stufe 3	14488	2769,22	89737	5833	5,4
Gesamt	15.789	3.018	98.125	17.500	
Abbremsen auf Marsorbit					
Stufe 1	105	20,52	835	5833	0,1
Stufe 2	1372	262,52	8665	5833	0,5
Stufe 3	16426	3139,52	101713	5833	6,1
Gesamt	17.903	3.423	111.213	17.500	
Beschleunigung vom Erdorbit					
Stufe 1	10319	22579,84	63966	1200	9,2
Stufe 2	5379	509	33591	1200	1,0
Stufe 3	8194	781	51219	1200	0,8
Stufe 4	12485	1195	77989	1200	0,7
Stufe 5	19019	1813	118627	1200	0,8
Stufe 6	28960	2733	180251	1200	1,0
Stufe 7	44079	4123	273867	1200	1,4
Stufe 8	67070	6229	416155	1200	1,8
Stufe 9	102028	9423	632423	1200	2,5
Stufe 10	155176	14271	961147	1200	3,4
Gesamt	**452.709**	**63.657**	**2.809.235**	**12.000**	
Summe	**619.527**	**101.169**	**3.842.686**	**64.293**	

Insgesamt müssen 742 kt Treibstofftanks und Treibstoff in den Weltraum geflogen werden – 1630 Mal so viel wie für die Internationale Raumstation. Um das zu bewerkstelligen wären 25818 Proton Starts notwendig, etwa 3 Starts jeden Tag bis 2035, mehr als 14 Starts pro Tag wenn das 2018 Startfenster genutzt werden sollen. Kombiniert mit den Gesamtkosten von fast 4 Billionen USD ist die Idee einer schnellen Marsreise, mit einer Reisedauer von ca. 90 Tagen, von rein theoretischer Natur und ohne Chance auf Umsetzbarkeit. Entscheidend für die hohen Kosten ist das Abbremsen auf den Marsorbit. Bedingt durch die hohe Reisegeschwindigkeit sind hierfür ca. 20.000 t Treibstoff und Tanks notwendig nur um die 6,5 t schwere Red Dragon Kapsel abzubremsen. Eine weitere Gewichtsreduzierung an der Kapsel scheint nicht möglich. Neben den 20.000 t Treibstoff fallen die 52 t für das Marsraumschiff kaum ins Gewicht. Eine Reduzierung der Raumschiffgröße hat daher auf die Gesamtkosten nur einen geringen Einfluss. Durch exzessive Verwendung noch mehrstufigerer Triebwerke können die Kosten gesenkt werden. Eine Reduzierung unter 1 Billion USD erscheint nicht möglich. Als weitere Herausforderung in dieser Variante sind die langen Brenndauern für die Triebwerke zu erwähnen. Typischerweise brennen Triebwerke für wenige Minuten und nicht Stunden.

Insgesamt ist diese Variante der Marsreise weder finanziell noch technisch sinnvoll. Der risikoaffine Raumfahrer, dem auch längere Zeit auf beengtem Raum keine größere Sorge bereitet kann exzessiven Gebrauch von Aerobreaking Manövern machen. Allerdings benötigen diese Manöver so viel Zeit, dass man nicht mehr von einer schnellen Marsmission sprechen kann. Sinnvoller Einsatz von Aerobreaking ist lediglich bei der Versorgungsmission, die den Treibstoff für die Rückreise in den Mars Orbit bringt, möglich. Immerhin ließen sich dadurch etwa 550.000 M$ einsparen.

Sofort hin und später zurück

Das vorherige Kapitel hat die, vermutlich, unüberwindbaren Probleme einer kurzen Marsmission mit sofortiger Rückkehr gezeigt. In diesem Kapitel wird eine längere Missionsdauer akzeptiert um die Kosten zu senken. Das vorherige Kapitel hat den Transfer von der Erde zum Mars und wieder zurück, als großen Kostentreiber identifiziert. Es lohnt sich also hier anzusetzen und auf den schnellen Marstransfer zu Gunsten eines Hohmann Transfers zu verzichten. Dadurch erhöht sich die Reisedauer, bei günstigem Oppositionsabstand, auf etwa 240 Tage – in jede Richtung.

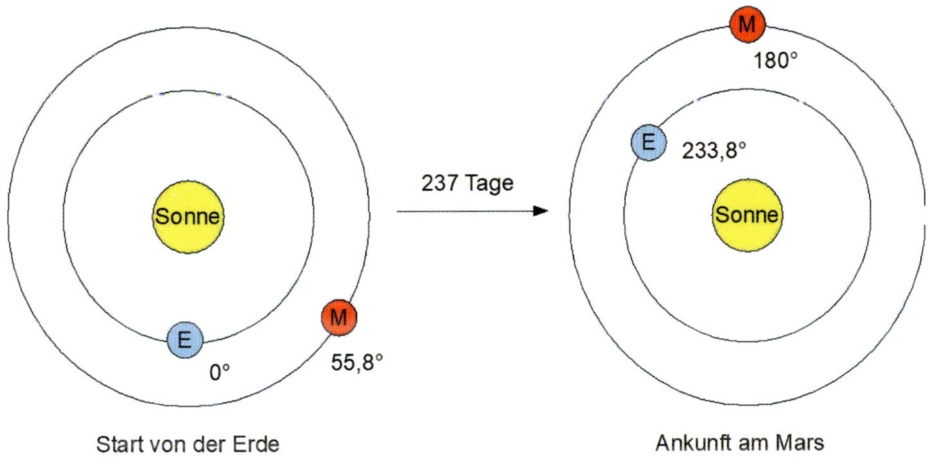

Planetenkonstellation für die Hinreise.

Obenstehende Skizze zeigt links die Planetenkonstellation beim Start des Marsraumschiffs von der Erde, der Mars ist hier um 55,8° der Erde voraus. Wäre die Mission 2018 durchgeführt worden, dauerte der Flug 237 Tage, in dieser Zeit verändert sich die Planetenposition. Mars steht jetzt in der 180° Position während sich die Erde um 233,8° weiterbewegt hat. Im viel propagierten One-Way Szenario endet die Marsmission mit einer Ankunft der Siedler auf dem Mars, eine Rückreise wird nicht vorgesehen. Nach der Ankunft am Mars, wird in diesem Kapitel ein Kassensturz gemacht und die Kosten für eine One-Way Mission bestimmt. Die One-Way Mission wird keinesfalls als Himmelfahrtskommando, bei dem die Astronauten nur der Tod erwartet geplant sondern als erste Welle von vielen Siedlern die in den Folgejahren nachkommen können.

Im zweiten Abschnitt des Kapitels wird dann der Aufwand untersucht vom Mars zurück zur Erde zu gelangen. Auch für die Rückreise wird sich die Erde weiterbewegen. Eine unmittelbare Rückreise würde daher die Erde in der 107,6° Position antreffen, wenn das Raumschiff in die 0° Position zurückkehrt. Um dies zu vermeiden muss das nächste Startfenster zur Erde abgewartet werden. Nach 518 Tagen ergibt sich folgende Konstellation:

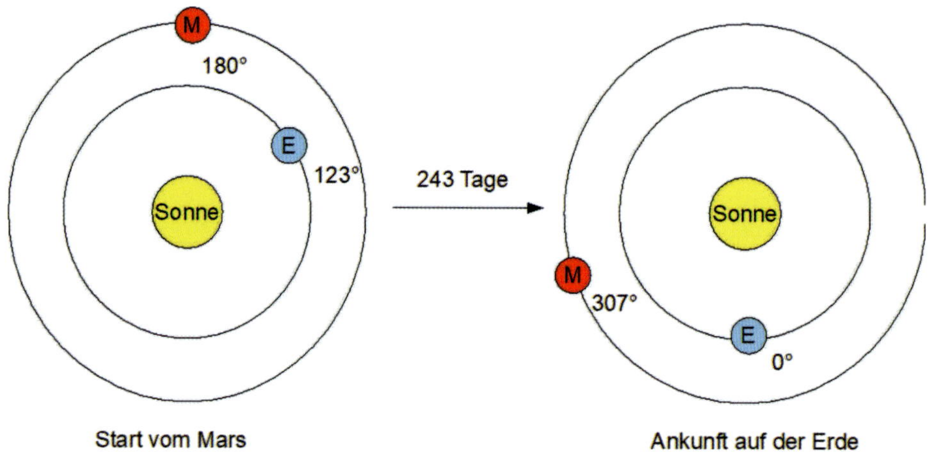

Planetenkonstellation für die Rückreise.

Ein 2020 ausgeführter Rückflug würde 243 Tage dauern. Damit steigt die Missionsdauer auf 998 Tage.
Neben der Reisezeit ist die zu transportierende Nutzlast ein entscheidender Preisfaktor. Je kleiner das Raumschiff, desto geringer die Kosten. Im Folgenden werden daher zwei verschiedene Optionen für die Marsreise vorgestellt. In der ersten Variante wird ein Raumschiff ähnlich dem im vorherigen Kapitel beschrieben verwendet, die Crewstärke beträgt 4 Personen, der für jedes Crewmitglied verfügbare Platz ist relativ großzügig. In der zweiten Variante wird die Crew halbiert und Bequemlichkeit radikal zur Kostenreduktion geopfert.

Forschungsmissionen

In Vorbereitung auf die bemannte Marsmission werden drei unbemannte Missionen zu möglichen Landepunkten und zur Erprobung des Red Dragons unternommen. Voraussetzung für die Forschungsmissionen ist die Verfügbarkeit der Heavy Dragon Trägerrakete.

Um den geringen Oppositionsabstand in 2035 ausnutzen zu können müsste die Erkundungsmission bereits 2031 stattfinden. Auch ein Testlauf, sofern Erfolgreich in 2033, ist noch akzeptabel. Delta-v Bedarf und Flugzeit steigen, wie bereits gezeigt, bis 2027 um 15% bzw. 20% an, was das Zeitfenster zwischen 2020 und 2031 unattraktiv macht.

Als Ergebnis dieser Erkundungsmissionen wird ein Siedlungsstandort identifiziert.

Vorbereitungsmission	
Module	3
Kosten	1,3 Mrd. USD
Start	2031

Vorbereitungsmissionen

Bis zum Rückflug müssen die Siedler auf dem Mars 518 Tage ausharren. Dazu ist die eine oder andere Form der Marssiedlung erforderlich. Im Kapitel Siedlungskonzepte wurden drei Optionen für eine Marssiedlung vorgestellt, die unterschiedliche Mengen an Material benötigen. All diese Materialen müssen vor den Siedlern auf dem Mars ankommen. Basierend auf der bisher nicht sehr positiven Statistik für Marsmissionen ist es empfehlenswert eine Chance zu haben zwei Jahre später noch fehlende Ausrüstung nachzuliefern. Zum Ausnutzen das 2020 Startfensters für den bemannten Flug gibt es eine derartige Gelegenheit nicht. Alles Material hätte in 2018, zum Zeitpunkt minimaler Annäherung transportiert werden müssen.

Da Falcon Heavy bereits für die Erforschungsmission eine notwendige Voraussetzung ist, bietet es sich an auch bei den Vorbereitungsmissionen auf diese kostengünstigere Trägerrakete zurückzugreifen. Materialien werden entweder, wie im Kapitel Grundlagen der Marsreise vorgestellt, mit einem verbesserten MSL Konzept oder mit einer unbemannten Red Dragon Kapsel zum Mars transportiert. Bei einem Gesamtgewicht von 4 t für das MSL System kann eine Falcon Heavy 3 Systeme pro Start transportieren. Damit ergeben sich die Materialtransportkosten zum Mars entsprechend der Tabelle. Während Proton und Falcon Heavy noch in einer Preisliga spielen, scheidet die Atlas V wegen der hohen Kosten aus. Im Folgenden werden die Preise für die Falcon Heavy und Proton für die Vorbereitungsflüge herangezogen. Falcon Heavy für Starts von Red Dragon Modulen und Paketen von 3 MSL Transportern, Proton für einzelne MSL Transporter.

Startkosten zum Mars pro Tonne angelandeten Materials, bzw. für 4 t zu LMO	
MSL auf Atlas V	283 M$
MSL auf Proton	105 M$
MSL auf Falcon Heavy	92 M$
Red Dragon Modul	210 M$

Egal welche Siedlungsvariante gewählt wird, 2031 wird ein Jahr sein in dem die Raumfahrtindustrie sehr gut beschäftigt sein wird. Es ist wahrscheinlich, dass die mit den hohen Startaufkommen einhergehende Anforderung zur Massenproduktion die Preise eher senken als erhöhen wird. Die folgende Tabelle zeigt die erforderlichen Flüge und deren Kosten zur Vorbereitung der drei Siedlungsoptionen.

	Option 1	Option 2A	Option 2B	Option 3
Red Dragon Module	1	1	2	2
MSL Transporter	7	24	25	47
Erforderliche Starts	4	9	11	19
Materialkosten	576 M$	674 M$	1.661 M$	1.752 M$
Startkosten	897 M$	2.418 M$	2.763 M$	4.830 M$
Gesamtkosten	1.473 M$	3.092 M$	4.424 M$	6.582 M$

Der Kostenvergleich zeigt, dass der Einsatz des TOPAZ Reaktors zur Siedlungsversorgung, wegen der hohen erwarteten Entwicklungskosten von 1 Mrd. USD, die Kosten für die Siedlung vorerst erhöht. Die Kosten für die einfachste Siedlung sind bereits unter 1,5 Mrd. USD zu haben und damit ausgesprochen überschaubar. Gegen Mehrkosten von 153 Mio. USD, kann Option 1 mit weiteren Vorräten und Werkzeugen ausgestattet werden um 780 Tage zu überbrücken.

Bequemer Marstransfer

In dieser Variante wird alles auf dem heutigen Stand der Technik mögliche getan um den Marsreisenden ähnliche Platzverhältnisse zu bieten wie auf U-Booten oder während des Mars 500 Projekts.

Der Raumschiffaufbau ist dem Raumschiff aus dem vorhergehenden Kapitel sehr ähnlich. Wegen der längeren Reisezeit wird eines der ISS Module mit Blei abgeschirmt.

Crewquartiere für bequemen Marsflug

Modul	Masse	Länge	Durchmesser	Volumen	Solarfläche
Sarja	19,323 t	12,60 m	4,1 m	ca. 150 m³	70,6 m²
Swesda	19,050	13,10 m	4,15 m	ca. 150 m³	ca. 107 m²
Sarja Solarflächen Erweiterung	1,5 t				92,5 m²
Swesda Solarflächen Erweiterung	2,1 t				140 m²
Pressurized Mating Adapter	1,6 t	2,0 m	1,3 m	ca. 3 m³	Keine
Red Dragon Kapsel	5,5 t	ca. 4 m	3,6 m	10 m³	keine
Rationen und Verbrauchsgüter	9,6 t				
Crew und Raumanzüge	1,0 t				
Bleiabschirmung	18,0 t				
Summe	86,673 t	37,7 m		313 m³	410 m²

Das Marsraumschiff wird im Orbit aus den bereits vorhandenen ISS Modulen konstruiert. Swesda wird als Aufenthalts- und Wohnmodul verwendet und mit der Bleiabschirmung ausgestattet. Sarja dient als Lagerraum für die Vorräte für Hin- und Rückreise. Beide Module werden mit größeren Solarzelle ausgerüstet um der geringeren Sonneneinstrahlung auf dem Marsorbit Rechnung zu tragen. Der Pressurized Mating Adapter ist ein erforderliches Übergangselement um das Dragon Raumschiff am russischen Teil der Raumstation docken zu können. Raum- und Leistungsangebot des Marsraumschiffs bleiben im Vergleich zur schnellen Marsmission fast unverändert. Durch die zusätzlich mitgeführten Vorräte reduziert sich das Platzangebot anfangs etwas.

Als Antrieb für den Start aus dem Erdorbit dienen zwei LH2/LOX Triebwerke vom Typ MK1. Der Antrieb könnte ein oder zweistufig ausgelegt werden, wird im Folgenden konservativ als einstufig betrachtet. Die Tabelle vergleicht die Kosten beim Start von LEO, mit der Möglichkeit von niedrigen Mondorbit, LLO, zu starten. Voraussetzung hierfür ist die Fertigstellung einer Mondbasis wie im ersten Band beschrieben, mit der Möglichkeit Al/LOX Monotreibstoff auf dem Mond herzustellen. Durch die Wiederverwendung von Treibstofftanks und Antriebselementen aus der Gründungszeit der Mondsiedlung fallen für diese Elemente keine Kosten an. Beim Start von der Erde wird die Falcon Heavy Trägerrakete wegen ihrer höheren Kosteneffizienz verwendet.

Da auf dem Mond kein Wasserstoff verfügbar ist muss für ein LH2/Al/LOX Gemisch der Wasserstoffanteil, 20%, von der Erde importiert werden. Eigenschaften des Dreikomponenten Gemisches sind ähnlich wie LH2/LOX und werde daher mit diesem verglichen. Der Vergleich zeigt, dass ein Bau und Start vom LEO angetrieben durch LH2/LOX etwa 1,8 Mrd. USD kostet, während

Bequem zum Mars

Raumschiffkonfiguration		Masse [t]	Material [M$]	LEO [M$]	LLO [M$]
2	Antriebsmodul (MK1)	8	220	32	1
1	Red Dragon (betankt)	5,5	50	22	61
18	Abschirmung	18	20	72	18
1920	Tages Rationen	9,6	0,48	38,4	105,6
4	Crewmitglieder	1	0	120	240
	Ballast	1	0	4	1
1	ISS Modul Sarja	19,323	0	0	135
1	PMA	1,6	0	0	11,2
1	ISS Modul Swesda	19,05	0	0	133
1	Solarzellenerweiterung	3,6	100	14,4	39,6
	Summe	**86,7**	**390**	**303**	**746**

Missionskosten [M$]		
Treibstoff	**LEO**	**LLO**
LH2/(Al)/LOX	1845	1515
Al/LOX	5335	1384
UDMH/N_2O_2	3469	3252

Gesamter Treibstoffbedarf [t]		
LH2/LOX	277	106
Al/LOX	1028	206
UDMH/N_2O_2	624	166

Treibstoffart	LH2/LOX					RP-1/LOX					UDMH/N_2O_2				
n_{Tanks}/m_{Tanks}/m_{Treib}/ Material-/Startkosten	[#]	[t]	[t]	[M$]	[M$]	[#]	[t]	[t]	[M$]	[M$]	[#]	[t]	[t]	[M$]	[M$]
Start vom LEO	24	24,0	259,0	480	736	92	92,0	1010	1840	2866	56	56,0	606	1120	1720
Start von LLO	9	9,0	88,4	36	286	18	18,0	188,1	0	192	14	14,0	148	280	1780

bei Verfügbarkeit einer Mondsiedlung der Preis auf 1,4 Mrd. USD sinkt. Die Verwendung des lokal produzierte Al/LOX Treibstoffs erweist sich als kosteneffizienter.

Für die Berechnung des Transfers wurden die Delta-v Werte für das Jahr 2018 verwendet, 2020 würden Kosten und Flugzeit nur wenige Prozent höher ausfallen.

Günstiger Marstransfer

Bei der Marsreise auf Bequemlichkeiten und Strahlenschutz zu verzichten wird die Kosten der Reise durch die geringere Raumschiffmasse deutlich reduzieren. Schickt man nur zwei Personen, reicht die Red Dragon Kapsel aus. Den beiden Freiwilligen stehen damit zusammen mit 1,44 t Vorräten ein Volumen von etwa 10 m³ zur Verfügung – weniger als 5 m³ pro Person. Das Platzangebot liegt damit immer noch über dem was den Pionieren an Bord der Mayflower zur Verfügung stand. 240 Tage, mit ein und derselben Person, eingesperrt auf engstem Raum ohne Möglichkeit nach draußen zu gehen, ohne Privatsphäre – was für viel nach einer Strafe klingt wird für diese Freiwilligen hoch bezahlt. Egal welches Ende die Reise nimmt, die Namen der ersten Marsreisenden werden in die Geschichte eingehen, und sich einreihen in die Liste der großen Entdecker: Leif Eriksson, Marco Polo, Christoph Kolumbus, Ferdinand Magellan, James Cook, Neil Armstrong und Buzz Aldrin.

Neben dem Eintrag in die Geschichtsbücher werden die beiden Marsreisenden auch finanziell für ihre Strapazen reichlich entschädigt werden. 240 Tage mit einem guten Freund ein Zimmer teilen, jeden Tag gemeinsam ein professionell gestaltetes Programm aus Unterhaltung, Sport und Studium absolvieren und dafür 1 Million USD verdienen, klingt schon nicht mehr so stark nach Strafe.

Die Wahrheit liegt natürlich irgendwo dazwischen. Die psychologische Belastung für die Freiwilligen wird immens sein, ist bei entsprechender Vorbereitung, kontinuierlicher Betreuung durch Psychologen auf der Erde und vor allem bei der Wahl der richtigen Charaktere, aber sicherlich handhabbar.

Um den günstigen Marstransfer zu ermöglichen wird die Falcon Heavy Trägerrakete verwendet. Sie ist in der Lage 13 t Nutzlast auf eine Transferbahn zum Mars zu bringen. Die Nutzlast wird aus einer Red Dragon Kapsel und einer Hecksektion mit Solarpanelen bestehen. Bei der Ankunft am Mars ist eine Geschwindigkeitsänderung von ca. 1950 m/s notwendig, wenn man die Bedingungen in 2020 oder 2033, zwei Jahre nach, bzw. vor dem Optimum, zur Berechnung heranzieht. Die Geschwindigkeitsänderung wird in drei Schritten erbracht. Im ersten Schritt werden 2,81 t Treibstoff von der Hecksektion, wo er während des Fluges gelagert wurde, in den flexiblen Pufferspeicher innerhalb der Red Dragon Kapsel gepumpt. Mit den 1,75 t in der Hecksektion verbleibenden Treibstoff wird die Geschwindigkeit um 554 m/s reduziert. Im zweiten Schritt wird die Hecksektion abgesprengt, die Red Dragon Kapsel verfeuert die zuvor umgepumpten Treibstoffvorräte und erreicht eine weitere Abbremsung um 1296 m/s. Die restlichen 100 m/s werden durch Aerobreaking, abbremsen an der äußeren Marsatmosphäre erreicht. Theoretisch kann Aerobreaking auch vor dem ersten oder zweiten Schritt erfolgen. Das optimale Bremsmanöver muss durch eine Detailstudie ermittelt werden. Die hier vorgenommene Näherung zeigt die generelle Möglichkeit einer kostengünstigen Marsmission mit folgendem Raumschiff:

Günstig zum Mars	Masse [t]	Material [M$]	Startkosten [M$]
Red Dragon Raumschiff	5,5	50	57,2
Red Dragon Hecksektion	1,0	25	10,4
Treibstoff	4,56		47,4
480 Tages Rationen	1,44	0,12	15,0
2 Crewmitglieder	0,5		5,0
Summe	13	75,12	135
Missionskosten	210,12		

Mit lediglich 210 Mio. USD betragen die Kosten nur etwa 20% des bequemen Marstransfers pro Person. Im Vergleich ist der Bequeme Marstransfer sogar beim Start vom Mond aus nicht mit dem Günstigen Marstransfer Konkurrenzfähig.

Zusammenfassung: One-Way zum Mars

An dieser Stelle ist es gelungen zwei bis acht Siedler von der Erde zum Mars zu bringen und dort eine dauerhaft bewohnbare Siedlung zu errichten. Die Siedler sind mit Vorräten versorgt und können, solange weitere Versorgungslieferungen von der Erde nicht ausbleiben oder eine autarke Versorgung etabliert wird, auf unbestimmte Zeit auf dem Mars überleben, und sogar aus eigener Kraft die Siedlung erweitern. Eine Rückkehr zur Erde ist daher nicht unbedingt erforderlich. An freiwilligen Missionsteilnehmern für ein One-Way Ticket zum Mas mangelt es ebenfalls nicht. Auch wenn es in einigen Kreisen noch moralische und ethische Bedenken gegen diese Missionsplanung gibt, stellt sie eine legitime Lösung zur Besiedlung des Mars dar. Die Pilger an Bord der Mayflower hatten auch kein Rückreiseticket.

Die Kosten für eine One-Way Mission sind bei günstiger Anreise ausgesprochen überschaubar:

	Option 1 [M$]	Option 2A [M$]	Option 2B [M$]	Option 3 [M$]
Erkundungsmission	1300	1300	1300	1300
Vorbereitungsmissionen	1626	3092	4424	6582
Bemannte Mission	210	420	420	840
Zwischensumme	**3136**	**4812**	**6144**	**8722**
Aufpreis für bequem	N/A	1635	1635	N/A

Um den Schätzwertcharakter der Kostenbestimmung zu berücksichtigen werden 20% addiert. Hinzu kommt noch ein Sicherheitsfaktor von 3 um Risiken, Verschwendung durch Regierungsorganisationen, ungeschickte politische Entscheidungen, Missionsplanung und -betreuungskosten mit einzurechnen. Damit ergeben sich folgende Endpreise für die Missionen:

Mission	Günstig [M$]	Bequem [M$]	mit Mond [M$]
Option 1	11.290	N/A	N/A
Option 2A	17.323	23.209	21.550
Option 2B	22.118	28.004	26.345
Option 3	31.399	N/A	N/A

Die Tabelle vergleicht die günstige Anreisemöglichkeit mit der Bequemen vom Erdorbit und vom Mondorbit. Die kostengünstigste Marsmission ist bereits für 11,3 Mrd. USD zu haben. Die bereits sehr nachhaltigen Lösungen 2A und 2B sind immer noch in angemessenem Rahmen. Selbst die bequeme Variante von Option 2B, ist mit 28 Mrd. USD günstiger als das Apollo Programm. Der Start vom Mond zeigt keine erheblichen Einsparmöglichkeiten in den hier betrachteten Optionen und ist für eine 2020 stattfindende bemannte Option auch nicht zu erwarten.

Missionsprofil: Überlebenskünstler

Dieses Missionsprofil ist eine Variante der einfachen Anreise, ohne Möglichkeit zur Rückkehr, kombiniert mit einer erweiterten Variante der Siedlungsoption Überlebensraum.

Die Siedler erhalten Bergbauwerkzeug, ein weiteres Gangelement und ein Türelement um in einem angrenzenden Gesteinsmassiv neuen Wohnraum schaffen zu können. Ein im Wassermodul untergebrachtes Elektrolysegerät erzeugt den für die Stationserweiterung notwendigen Sauerstoff.

Die Traglufthalle dient der Erweiterung der Station auf der Oberfläche. Hier sollen erste Versuche mit Landwirtschaft zur Ernährung der Siedler beizutragen durchgeführt werden. Um für die Versorgung der Siedler nicht auf den Erfolg der Landwirtschaft angewiesen zu sein, werden Vorräte für 780 Tage mitgeschickt.

Nach etwa 240 Tagen Flug unter beengten Verhältnissen tritt die Red Dragon Kapsel mit den freiwilligen Marssiedlern an Bord in die äußere Marsatmosphäre ein. In den ersten Minuten nach dem

Auf einen Blick	
Siedler	2
Anreise	1 Red Dragon
Module (beheizt)	3 (1)
Solarfläche [m²]	164,2
Mehrproduktion [kWh]	33,9
Masse Energiever. [t]	2,5 t
Vorräte [t]	4,3 t
2 Marsfahrzeuge [t]	2
4 Verbindungselemente [t]	0,8
1 Türelement [t]	0,4
Werkzeuge [t]	1
Gartenausrüstung [t]	2
Traglufthalle [t]	1
Gesamtmasse [t]	14

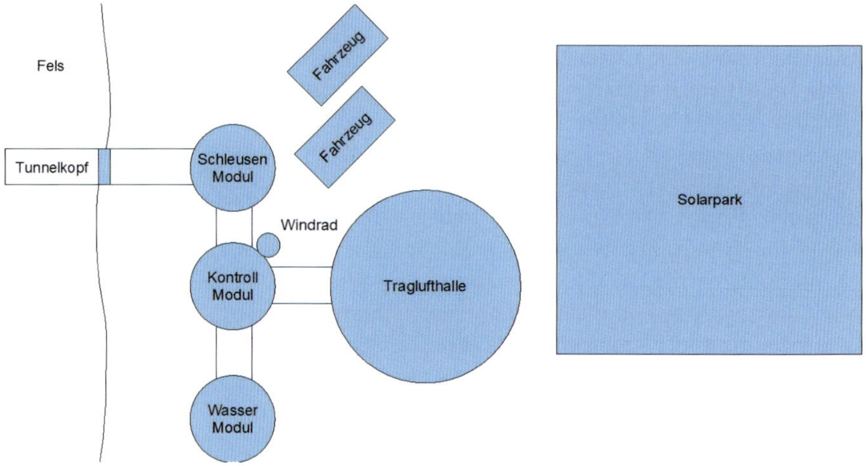

Missionsprofil: Überlebenskünstler.

Eintritt bremst der Hitzeschild der Kapsel das Raumschiff auf eine Geschwindigkeit ab, bei der die SuperDraco Triebwerke gezündet werden können. Die Triebwerke reduzieren die Geschwindigkeit weiter, der Pilot kann jetzt sogar noch etwas manövrieren und setzt sieben Minuten nach dem Eintritt auf dem Marsboden auf.

In Raumanzügen verlässt die Crew die Kapsel. Die beiden Freiwilligen sind jetzt die ersten Menschen auf dem Mars.

Die Siedler machen sich auf dem Weg zum nächsten Marsfahrzeug. Mit dem Fahrzeug werden Vorräte aufgesammelt und zur Kapsel gebracht.

Ähnliche Aktivitäten bestimmen die nächsten Tage und Wochen. Langsam aber sicher werden die von der Erde eingeflogenen Module in der Nähe einer Felsformation aufgebaut. Jetzt können die Siedler kontinuierlich mit Sauerstoff, Wasser, Nahrung, Wärme und Elektrizität versorgt werden.

In den folgenden Wochen und Monaten beginnen die Siedler damit die Möglichkeiten die Siedlung durch Bergbau zu erweitern. Verschiedene Stellen in der Nähe der Station für einen Tunnelkopf können überprüft werden, schließlich wird ein Tunnelkopf angelegt, mit dem Türelement verschlossen und über ein Gangelement mit der Station verbunden. Ab jetzt können die Siedler unter Sauerstoffatmosphäre mit den Tunnelbauarbeiten fortfahren und ihren Lebensraum nach eigenem Ermessen erweitern.

Versuchen in marsianischer Landwirtschaft kommt die nächste Priorität zu. Zwar verfügen die Siedler über ausreichend Vorräte vom Erfolg der Landwirtschaft hängt allerdings ab, wie viele Vorräte mit dem nächsten Versorgungsflug angeliefert werden müssen.

Dritte Priorität hat schließlich die Erkundung der Umgebung und Erforschung des Roten Planeten.

540 Tage nach der Ankunft auf dem Mars öffnet sich auf der Erde das Zeitfenster für den nächsten Flug zum Mars. Abhängig vom Erfolg der Pioniere werden weitere Siedler, Vorräte und Ausrüstungsgegenstände geschickt. Ist den Pionieren kein Erfolg beschieden kann Treibstoff für die Rückreise geschickt werden.

Start vom Mars

Wie ein Start der Red Dragon Kapsel vom roten Planeten ablaufen kann, wurde bereits im Kapitel *Grundlagen der Marsreise* ausführlich erörtert. Für Missionskosten entscheidend ist, dass es zwei Möglichkeiten gibt den Treibstoff bereit zu stellen. Die naheliegende Variante ist es den Treibstoff, in Form von NTO/MMH, von der Erde einzufliegen. Die SuperDraco Treibwerke sind bereits auf die Verbrennung des Gemisches ausgelegt, es bleibt über einen weiten Temperaturbereich flüssig und kann sehr einfach gelagert werden. Vorteile dieses Vorgehens liegen darin, dass der Red Dragon nicht umgerüstet werden muss, und bei der Ankunft der Astronauten bereits der Treibstoff für die Rückreise vorhanden ist.

Wie im Kapitel, *Siedlungskonzepte*, beschrieben gibt es die Alternative Methan/LOX Treibstoff auf dem Mars aus lokal vorhandenen Ressourcen, also in-situ, herzustellen.

Die erste vorgestellte Option war die Verwendung von zwei Red TOPAZ Modulen. Die Tabelle oben zeigt die hierfür anfallenden Kosten, notwendiges Material und Starts von der Erde. Bei der Kostenberechnung wurde für jedes Red TOPAZ Modul ein Aufpreis von 50 Mio. USD berücksichtigt, für das Treibstoffproduktions-modul 100 Mio. USD Entwicklungskosten angenommen und die Hecksektion für den Start, genau wie oben, mit 25 Mio. USD berücksichtigt. Insgesamt kommt die In-Situ Produktion mit Kernreaktoren etwas günstiger als die Anlieferung von der Erde. Dieser Vorteil wird allerdings durch die erforderlichen Modifikationen an der Red Dragon Kapsel, um Methan/LOX zu verbrennen, aufgefressen werden, so dass letztendlich beide Optionen von einem Kostenstandpunkt vergleichbar sind. Die Verwendung der Red TOPAZ Module hat allerdings, den durchaus erstrebenswerten Vorteil, eine ausgezeichnete Wärmequelle für die Siedlung zur Verfügung zu haben. Die Lösung mit Red TOPAZ Reaktoren ist daher die Option mit den größten Wachstumschancen für die Siedlung.

Als Alternative zur Kernenergie wurde eine rein solare Stromerzeugung zur In-Situ Produktion vorgestellt. Diese Variante besitzt die höchste Gesamtmasse, und erfordert entsprechend die meisten Starts von der Erde, was auch die Kosten entsprechend erhöht. Dennoch kann diese Option, auch ohne politische Agenda, die Beste sein. Ein Solarpark zur In-Situ Treibstoffproduktion kann über einen sehr langen Zeitraum Treibstoff produzieren und stellt daher die nachhaltigste aller Lösungen dar.

Treibstoff Anliefern	
Treibstoffart	NTO/MMH
Treibstoffmasse	12,6 t
Tankmasse	1,0 t
Hecksektion für Start	1,0 t
Hebekran	0,4 t
Gesamtmasse	15,0 t
Starts von der Erde	5
Gesamtkosten	1.405 Mio. USD

In-Situ Treibstoffproduktion mit Kernreaktor	
Treibstoffart	Methan/LOX
Red TOPAZ Module	2
Treibstoffproduktionsmodul	1
Abschirmung	4 t
Hecksektion für Start	1,0 t
Hebekran	0,4 t
Gesamtmasse ohne Module	5,4 t
Starts von der Erde	6
Gesamtkosten	1.376 Mio. USD

In-Situ Treibstoffproduktion mit Solarzellen	
Treibstoffart	Methan/LOX
Fläche Solarzellen	1000 m^2
Treibstoffproduktionsmodul	1
Masse Solarzellen	13 t
Hecksektion für Start	1,0 t
Hebekran	0,4 t
Gesamtmasse ohne Module	14,4 t
Starts von der Erde	7
Gesamtkosten	1809 Mio. USD

Bequeme Rückreise

Nach Verbrauch des im Red Dragon gelagerten Treibstoffs und der Hälfte der Mitgeführten Nahrungsmittel reduziert sich die Masse des Raumschiffs für den Rückflug auf 80,583 t. Die Tabelle betrachtet den nötigen Treibstoffbedarf für eine Rückkehr vom Marsorbit zum Erd- oder Mondorbit.

Bequem zurück zur Erde

Raumschiffkonfiguration		Masse [t]	Material [M$]	LEO [M$]	LLO [M$]
2	Antriebsmodul (MK1)	8	220	20,8	1
1	Red Dragon (leer)	4,21	50	11	46
18	Abschirmung	18	20	46,8	18
960	Tages Rationen	4,8	0,24	12,48	52,8
4	Crewmitglieder	1	0	120	240
	Ballast	1	0	2,6	1
1	ISS Modul Sarja	19,323	0	0	162
1	PMA	1,6	0	0	13,44
1	ISS Modul Swesda	19,05	0	0	160
1	Solarzellenerweiterung	3,6	100	9,36	39,6
	Summe	**80,6**	**390**	**223**	**734**

Missionskosten [M$]		
Treibstoff	**LEO**	**LLO**
LH2/(Al)/LOX	N/A	N/A
Al/LOX	N/A	N/A
UDMH/N_2O_2	N/A	N/A

Gesamter Treibstoffbedarf [t]		
LH2/LOX	241	82
Al/LOX	939	175
UDMH/N_2O_2	563	137

Treibstoffart	LH2/LOX					RP-1/LOX					UDMH/N_2O_2				
$n_{Tanks}/m_{Tanks}/m_{Treib}/$ Material-/Startkosten	[#]	[t]	[t]	[M$]	[M$]	[#]	[t]	[t]	[M$]	[M$]	[#]	[t]	[t]	[M$]	[M$]
Start vom LEO	22	22,0	240,8	N/A	N/A	86	86,0	939,3	N/A	N/A	52	52,0	563	N/A	N/A
Start von LLO	8	8,0	82,2	N/A	N/A	16	16,0	174,9	N/A	N/A	13	13,0	137	N/A	N/A

Kosten werden in diesem Schritt vorerst nicht betrachtet, da diese entstehen wenn das Material zum Mars gebracht wird. Der Treibstoff für die Rückreise muss über Jahre im Marsorbit lagern. Ohne weitere Kniffe ist dies nur mit der UDMH/N2O2 Mischung möglich. Auch bei vorhandener Mondbasis kann dieser Stickstoffbasierte Treibstoff nur auf der Erde gefertigt werden, weswegen eine Bereitstellung vom Mond nicht möglich ist. Sehr wohl möglich ist allerdings eine Rückkehr zum Mond, was den UDMH/N_2O_2 Bedarf für die Rückreise von 563 t auf 137 t reduziert.

Die Verwendung von Kryotreibstoffen ist extrem aufwendig. Eine von der Sonne beschienene Oberfläche in der Marsumlaufbahn wird sich auf etwa 100 °C aufheizen, während im Schatten etwa 100 °C vorliegen. Selbst wenn es gelänge die Treibstofftanks dauerhaft im Schatten zu lagern, bestünde immer noch eine Temperaturdifferenz von etwa 60 °C auf den Siedepunkt von flüssigem Sauerstoff. Aktive Kühlung von 82 t bis 935 t Treibstoff wäre erforderlich. Da sich die Treibstofftanks im Schatten befinden könnte die notwendige Energie auch nicht durch Solarzellen gewonnen werden. Der Einsatz eines Kernreaktors wäre notwendig. Die Verwendung eines Kernreaktors im Weltraum führt wegen der nötigen Kühlung und Abschirmung zu einer unvorteilhaften Leistungsdichte und ist daher nicht zu empfehlen. Es ist daher bei heutigem Stand der Technik, und absehbaren Technologien der nahen Zukunft, nicht möglich Kryotreibstoffe im Marsorbit für die benötigte Zeit zu lagern. Für eine Mission die sofort zum Mars starten soll ist daher der Transfer von 563 t UDMH/N_2O_2 unumgänglich.

Treibstofftransport zum Mars

Raumschiffkonfiguration		Masse [t]	Material [M$]	LEO [M$]	LLO [M$]
2	Antriebsmodul (MK1)	8	220	20,8	1
	Ballast	1	0	2,6	1
73,1	UDMH + Tanks	73,1	20	190,2	805
	Summe	**82,1**	**160**	**214**	**807**

Missionskosten [M$]		
Treibstoff	**LEO**	**LLO**
LH2/(Al)/LOX	807	1097
Al/LOX	1541	1030
UDMH/N_2O_2	1216	1699

Gesamter Treibstoffbedarf [t]		
LH2/LOX	133	35
Al/LOX	334	63
UDMH/N_2O_2	246	53

Treibstoffart	LH2/LOX					RP-1/LOX					UDMH/N_2O_2				
n_{Tanks}/m_{Tanks}/m_{Treib}/ Material-/Startkosten	[#]	[t]	[t]	[M$]	[M$]	[#]	[t]	[t]	[M$]	[M$]	[#]	[t]	[t]	[M$]	[M$]
Start vom LEO	13	13,0	132,8	260	248	31	31,0	334,4	620	621	23	23,0	245	460	457
Start von LLO	4	4,0	35,0	16	114	6	6,0	62,7	0	64	5	5,0	52,5	100	632

Die obige Tabelle zeigt, einen typischen Transport von UDMH/N_2O_2 vom Erd- oder dem Mondorbit zum Marsorbit unter Verwendung von Aerobreaking bei Ankunft am Mars. Insgesamt sind 8 solcher Flüge notwendig um die gewünschte Menge an Treibstoff zum Marsorbit zu bringen. Im günstigsten Fall würden die Starts aus dem Mondorbit mit Al/LOX Treibstoff erfolgen. Um die Mission sofort zu bewerkstelligen sind die Starts von der Erde erforderlich Für jeden Treibstofftransporter zum Mars müssen 23 Treibstofftanks und 245 t Treibstoff für den Start von der Erde sowie 82 t Nutzlast zum Mars in den Erdorbit gebracht werden. Selbst mit der verbesserten Startkapazität der Falcon Heavy sind für eine Treibstofffahrt schon 7 Starts von der Erde erforderlich insgesamt also 56. Die nebenstehende Tabelle fasst die Treibstofftransportflüge zusammen.

Wassereis am Boden eines Kraters in der Nähe des Mars-Nordpols. Die Kraterwände zeigen Reif auf ihrer Nordseite. [70E]

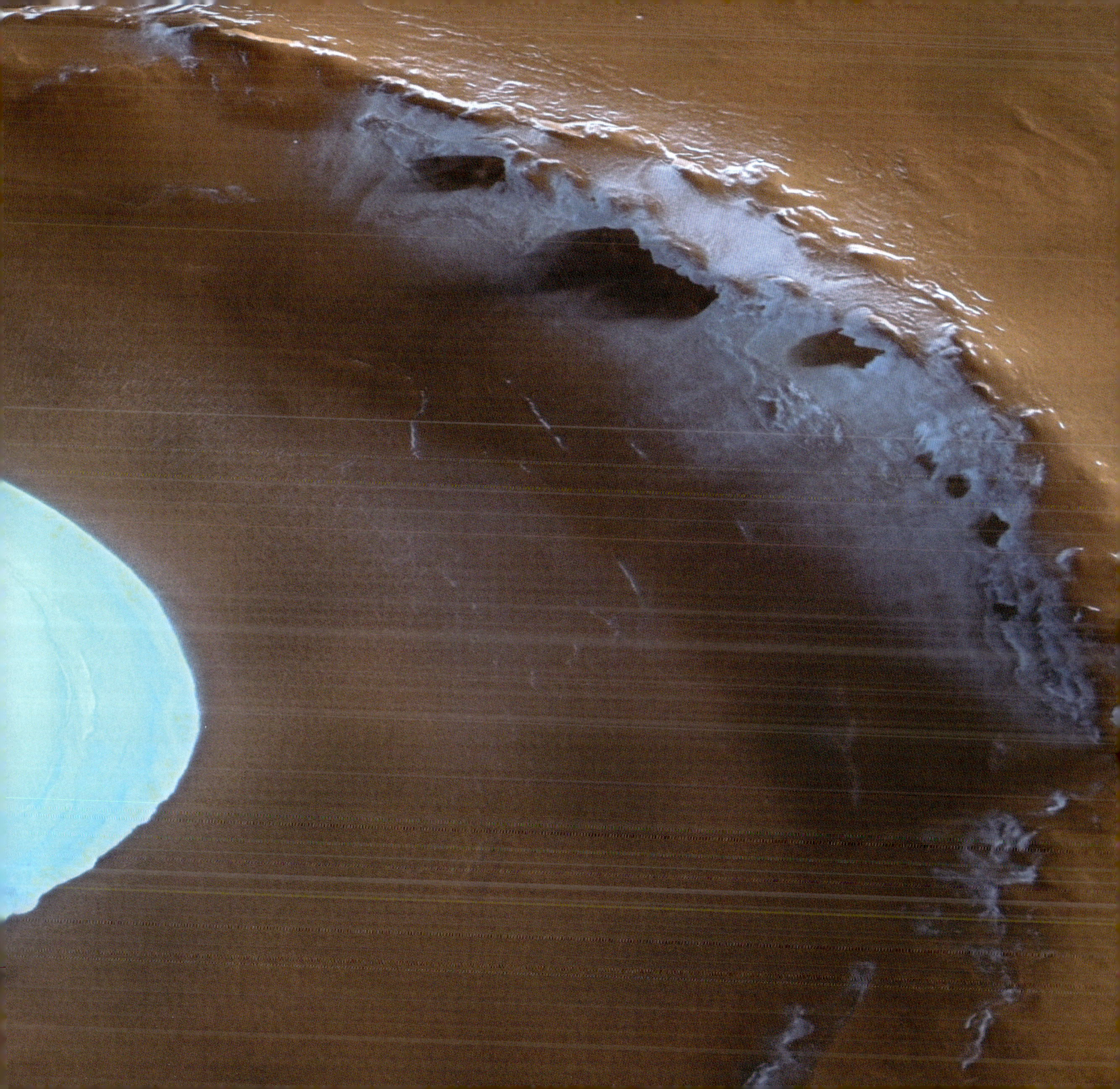

Schon an dieser Stelle wird deutlich, dass die Rückreise einen erheblichen Kostenfaktor darstellt, der sich, wie im nächsten Abschnitt gezeigt, durch die weniger bequeme Rückreise erheblich reduzieren lässt.

Günstige Rückreise

In der kosteneffizientesten Form der Rückreise muss lediglich die Red Dragon Kapsel vom Marsorbit zurück zum Erdorbit gebracht werden. Die notwendigen Beschleunigungen können von den SuperDraco Triebwerken alleine nicht erbracht werden – ein zusätzliches Antriebsmodul ist erforderlich. Die folgende Tabelle zeigt die Raumschiffkonfiguration für die Günstige Rückreise und bestimmt den erforderlichen Treibstoffbedarf.

Günstig zurück zur Erde

Raumschiffkonfiguration		Masse [t]	Material [M$]	LEO [M$]	LLO [M$]
1	Antriebsmodul (MK1)	4	0	0	0
1	Red Dragon (trocken)	4,21	0	0	0
1	Hecksektion	1	0	0	0
480	Tages Rationen	1,44	0	0	0
2	Crewmitglieder	0,5	0	0	0
	Summe	**11,2**	**0**	**0**	**0**

Gesamter Treibstoffbedarf [t]		
Treibstoff	**LEO**	**LLO**
LH2/(Al)/LOX	33	11
Al/LOX	130	24
UDMH/N_2O_2	78	19

Treibstoffart	LH2/LOX					RP-1/LOX					UDMH/N_2O_2				
$n_{Tanks}/m_{Tanks}/m_{Treib}/$ Material-/Startkosten	[#]	[t]	[t]	[M$]	[M$]	[#]	[t]	[t]	[M$]	[M$]	[#]	[t]	[t]	[M$]	[M$]
Start vom LEO	4	4,0	33,3	N/A	N/A	12	12,0	130,0	N/A	N/A	8	8,0	77,9	N/A	N/A
Start von LLO	2	2,0	11,4	N/A	N/A	3	3,0	24,2	N/A	N/A	2	2,0	19,0	N/A	N/A

Auch hier muss der erforderliche Treibstoff von der Erde in einer Vorbereitungsmission eingeflogen werden. Der Bedarf von 78 t UDMH/N_2O_2 ist jetzt allerdings erheblich einfacher zu decken, wie die nächste Tabelle zeigt.

Treibstofftransport zum Mars

Raumschiffkonfiguration		Masse [t]	Material [M$]	LEO [M$]	LLO [M$]
3	Antriebsmodul (MK1)	12	60	31,2	0
8	Treibstofftanks	8	160	20,8	0
78	Treibstoff	77,9	0	202,6	0
	Summe	82,1	160	214	807

Missionskosten [M$]		
Treibstoff	**LEO**	**LLO**
LH2/(Al)/LOX	1134	372
Al/LOX	1872	297
UDMH/N_2O_2	1473	1101

Gesamter Treibstoffbedarf [t]		
LH2/LOX	159	42
Al/LOX	402	75
UDMH/N_2O_2	295	63

Treibstoffart	LH2/LOX					RP-1/LOX					UDMH/N_2O_2				
n_{Tanks}/m_{Tanks}/m_{Treib}/ Material-/Startkosten	[#]	[t]	[t]	[M$]	[M$]	[#]	[t]	[t]	[M$]	[M$]	[#]	[t]	[t]	[M$]	[M$]
Start vom LEO	22	22,0	159,0	440	308	37	37,0	401,5	740	745	27	27,0	294	540	547
Start von LLO	4	4,0	42,0	16	136	7	7,0	75,5	0	77	6	6,0	63,2	120	761

Durch den geringeren Treibstoffbedarf für die Rückreise reduzieren sich auch die Kosten für die Versorgungsmissionen deutlich. Lediglich ein Flug vom Erd- zum Marsorbit ist erforderlich. Bei Verwendung der Falcon Heavy als Trägerrakete sind nur noch 7 statt 56 Starts erforderlich. Entsprechend sinken die Kosten auch erheblich, wie die folgende Tabelle zeigt.

Treibstofftransfer zum Mars	
Treibstoffart	UDMH/N_2O_2
Treibstoffmasse	78 t
Treibstofftanks	8
Flüge	1
Falcon Heavy Starts	7
Gesamtkosten	1.134 Mio. USD

Zusammenfassung: Marsreise mit Rückkehr

Werden alle oben beschriebenen Schritte ausgeführt, kehren die Astronauten nach etwa 1000 Tagen zurück zur Erde. Es wurde eine Marssiedlung zur Aufnahme von, je nach Option, zwei bis acht Astronauten, etabliert und wieder aufgegeben. Die folgende Tabelle vergleicht die Kosten für die unterschiedlichen Optionen. Bequeme Reise und In-Situ Treibstoffproduktion auf verschiedene Arten ist als Kostenmodifikator ausgewiesen.

	Option 1 [M$]	Option 2A [M$]	Option 2B [M$]	Option 3 [M$]
Erkundungsmission	1300	1300	1300	1300
Vorbereitungsmissionen	1626	3092	4424	6582
Bemannte Anreise	210	420	420	840
Start vom Mars	1405	2810	2810	5620
Bemannte Rückreise	1134	2268	2268	4536
Zwischensumme	5675	9890	11222	18878
Aufpreis für bequeme Anreise	N/A	1635	1635	N/A
Aufpreis für bequeme Rückreise	N/A	4188	4188	N/A
In-Situ Produktion (Reaktor)	-29	-58	-58	-116
In Situ Produktion (Solar)	404	808	808	1616

Addiert man auch auf diese Abschätzung 20%, um den Überschlagscharakter zu berücksichtigen und multipliziert mit dem bereits erklärten Faktor 3 für Ineffizienzen und Missionsbetreuung ergibt erhält man die folgende Tabelle:

Mission	Günstig [M$]	Bequem [M$]	In-Situ (Reaktor) [M$]	In-Situ (Solar) [M$]
Option 1	20.430	N/A	-104	+1.454
Option 2A	35.604	56.567	-208	+2.909
Option 2B	40.399	61.362	-208	+2.909
Option 3	67.960	N/A	-416	+5.818

Der Vergleich mit den Kosten für die One-Way Mission zeigt, wie sich die Kosten durch die Rückreise etwa verdoppeln. Trotzdem bewegen sie sich vor allem für die einfache Mission mit nur zwei Astronauten im Rahmen des Bezahlbaren. Die Möglichkeiten Treibstoff In-Situ zu produzieren verändern das Preisbild nur geringfügig. Alle Missionsoptionen liegen vom Preis unterhalb der Kosten für das Apollo Programm, dessen Kosten einen heutigen Geldwert von 150 Mrd. USD haben.

Es ist daher heute einfacher einen Menschen auf den Mars zu bringen als es 1960 war einen Menschen auf den Mond zu bringen. Eine Marsmission, auch mit Rückkehr der Astronauten ist entsprechend, innerhalb von einem Jahrzehnt umsetzbar.

Um am Ende eines Marsprogramms nicht, wie am Ende des Apollo Programms mit leeren Händen dazustehen, bietet es sich an, lediglich Vorbereitungen für die Rückreise zu treffen, diese aber nur im Notfall auszuführen. Das Primäre Ziel der Astronauten wäre in diesem Fall ein Siedlungsbau zur Kolonialisierung und permanentem Aufenthalt. Stellt sich der Mars als mit heutiger Technologie nicht beherrschbarer Lebensraum heraus werden die Astronauten zur Erde zurückgeholt. Andernfalls werden weitere Siedler zum Mars geschickt um die Siedlung zu vergrößern.

Eine Kolonialisierung des Mars mit der Möglichkeit im Notfall zur Erde zurückkehren zu können, kann einen Ausweg aus dem moralischen Dilemma sein, dass sich durch eine One-Way Mission ergibt. Wenn die Marssiedlung etabliert wurde und weitere Siedler nachreisen, wird das Bereithalten von Rückflugoptionen für alle Siedler nicht mehr praktikabel sein.

Missionsprofil: Kleine Marssiedlung

Dieses Missionsprofil basiert auf Option 2A der gleichnamigen Siedlungsoption. Um Kosten zu reduzieren wird auch hier auf die bequeme Anreise verzichtet. Treibstoff für die Rückkehr wird In-Situ mit zwei Red TOPAZ Reaktoren hergestellt.

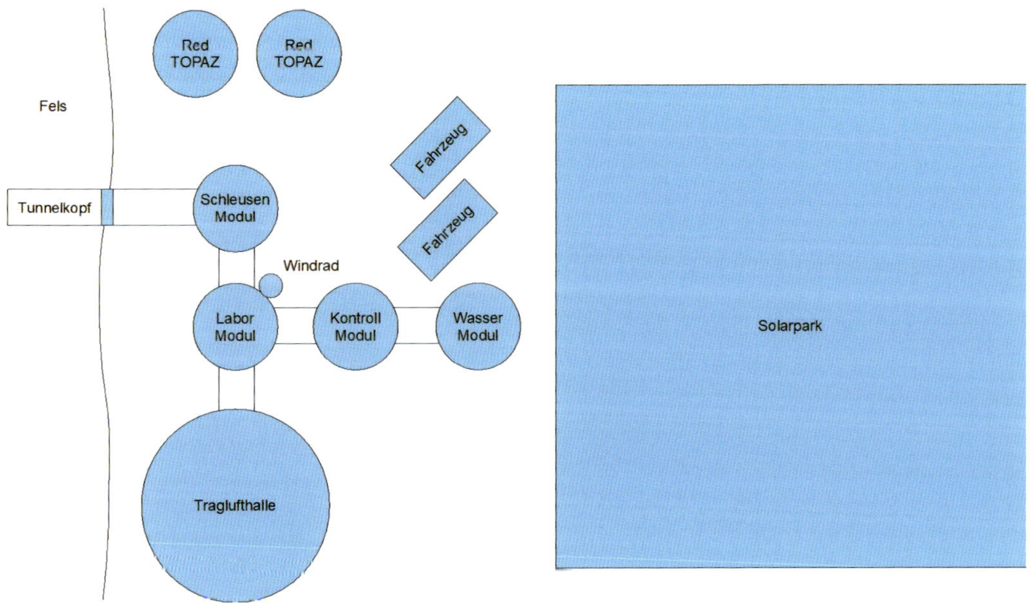

Missionsprofil: Kleine Marssiedlung.

Auf einen Blick	
Siedler	4
Anreise	2 Red Dragon
Module (beheizt)	4 (2)
Solarfläche [m²]	410,5
Mehrproduktion [kWh]	84,7
Masse Energiever. [t]	6,3
Vorräte [t]	12,5
2 Marsfahrzeuge [t]	2
5 Verbindungselemente [t]	1
1 Türelement [t]	0,4
Werkzeuge [t]	2,2
Gartenausrüstung [t]	1
Traglufthalle [t]	1
Gesamtmasse [t]	26,4

Im Abstand von wenigen Tagen erreichen die beiden Red Dragon Raumschiffe den Mars. Die ersten beginnen mit dem Zusammensammeln der Stationsteile. Als Besonderheit hält dieses Missionsprofil beim Stationsaufbau die Installation der beiden Kernreaktoren bereit. Abseits von den Bewohnten Modulen werden diese eingegraben, sobald alle anderen Systeme in Betrieb sind und der Tunnelkopf erfolgreich erstellt wurde. Um Wärme von den Reaktoren zur Siedlung transportieren zu können dürfen diese nicht zu weit von der Siedlung aufgestellt werden.

Durch die größere Siedlerzahl können die beiden Hauptaktivitäten, Bergbau und Landwirtschaft, parallelisiert werden, entsprechend ist mit gutem Fortschritt zu rechnen, womit nach einigen Monaten Zeit bleibt die Umgebung zu erkunden.

500 Tage nach dem Start der In-Situ Treibstoffproduktion ist genügend Treibstoff für die Rückreise hergestellt. Je nach Entwicklung der Siedlung kann jetzt die Entscheidung zur Rückkehr getroffen werden oder weitere Siedler und Material von der Erde eingeflogen werden. Die Tendenz geht zur Vergrößerung der Siedlung und Entsendung weiterer Astronauten. Nur bei unüberwindbaren Problemen und Lebensgefahr für die Siedler wird die Rückkehr erwogen.

Sanddünen auf der Nordhalbkugel erinnern an riesige Muscheln. Eine zukünftige Touristenattraktion? [70F]

Nachhaltig vom Mond zum Mars

Dieses Kapitel verfolgt einen radikal anderen Ansatz der Marsbesiedlung als die vorangehenden Kapitel. Anstatt möglichst schnell oder günstig zum Mars zu kommen liegt der Fokus jetzt auf Nachhaltigkeit und der Verwendung der Vorteile die eine Mondsiedlung bietet. Diese Mission ist nicht mehr sofort umsetzbar, sondern erfordert einen langen Atem. Wer durch hält wird mit einer wirklich Leistungsfähigen Marssiedlung und einem Raumschiff das auch für längere interplanetare Reisen geeignet ist belohnt.

Die entscheidende Voraussetzung um einen Vorteil aus dem Flug vom Mond zum Mars ziehen zu können, ist die Fertigstellung einer Mondsiedlung. Befindet sich die Mondsiedlung in einem Zustand in dem sie jenseits des Eigenbedarfs produzieren kann, kann Sie einen Beitrag zur Besiedlung des Mars leisten.

Missionsübersicht

Der Nachhaltige Flug vom Mond zum Mars ist nur als zweiter Schritt nach einer Besiedlung des Mondes möglich. Der Missionsablauf zur Errichtung der Marssiedlung sieht die folgenden Schritte vor:

- Forschungsmissionen
- Vorbereitungsflüge und Pfadfindermission (Optional)
- Transport der Siedler zum Mars

Die drei automatisierten Erkundungsmissionen werden, genau wie bei den anderen Besiedlungsszenarien von der Erde ausgeführt, um den optimalen Siedlungsstandort festzustellen.

Mit Pfadfinder Mission

Auch bei etablierter Mondsiedlung ist der Sprung auf den Mars keine Selbstverständlichkeit. Zur Risikominimierung bietet es sich an eine kleine Gruppe an Astronauten vorrauszuschicken um die wichtigsten Vorbereitungen für die Hauptwelle der Siedler zu treffen. Darüber hinaus können diese Astronauten angelandete Materialien einsammeln und inspizieren.

Als Pfandfinder Mission bietet sich die bereits vorgestellte Einfache Marssiedlung mit Hybridversorgung an. Die Pfadfinder-Mission wurde ein Startfenster, also 780 Tage, vor der Ankunft des eigentlichen Siedlungsschiffes auf dem Mars ankommen. Nach 780 Tagen Bauzeit hätten die Pfadfinder mehr als 82 m Tunnel und 500 m² Wohnfläche freigelegt. Für den Anfang bietet sich die Konstruktion von 13 Wohnungen für je vier Siedler an. Jede Wohnung hätte daher etwa 38,4 m². Zum Zeitpunkt der Ankunft der Siedler sind gerade die Räume ausgehöhlt und bieten den Siedlern Schutz und Atemluft. Wahrscheinlich ist auch bereits ein Türelement eingebaut. Es liegt nun an den Siedlern die Wohnlichkeit weiter zu verbessern.

Die Pfadfinder sammeln alle in Vorbereitung auf die Ankunft der Siedler geschickten Dinge ein und bringen sie zur Siedlung. Darunter auch Reaktor und Generatormodul. Das Reaktormodul wird in eine in den Berg gegrabene Garage geparkt, und mit dem Generatormodul verbunden. Mit Marsregolith und Steinen wird für Abschirmung zur Marsoberfläche hin gesorgt. Der Rest der Siedlung wird in gebührendem Sicherheitsabstand vom Reaktormodul hinweg errichtet.

Ohne Pfadfinder Mission

Wird auf eine Pfadfinder-Mission verzichtet, finden die Siedler den Mars in seiner ursprünglichsten Form vor. Bis zur Errichtung von ausreichend unterirdischen Analgen müssen die Siedler in mitgebrachten Unterkünften ausharren. Das Mitführen dieser Unter-

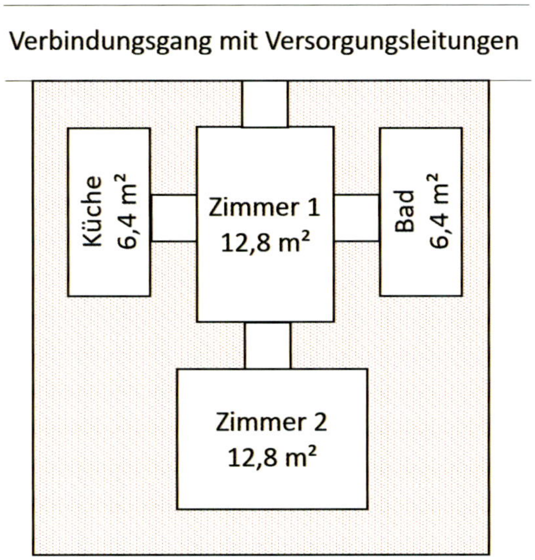

Von der Pfadfindermission vorbereitete Wohnungen. Mögliche Aufteilung der Marswohnung für die ersten Siedler. Die Länge entlang des Ganges ist geringgehalten um nicht viel Arbeitszeit in das Graben von Gängen investieren zu müssen. Alle Versorgungsleitungen (z. B. Wasser, Abwasser, Heizung, Strom) können im Verbindungsgang verlegt werden und sind mit kurzen Leitungslängen in Küche, Bad und Zimmer einzubringen. Später können von Zimmer 2 aus Erweiterungen vorgenommen werden. Liegt Zimmer 2 an einer Außenwand, können auch Fenster gesetzt werden. Abhängig vom gewünschten Sicherheitsniveau können ein oder zwei Türelemente verwendet werden um den Wohnbereich vom Gang abzutrennen. Bei Verwendung von zwei Türelementen kann der Ausgang auch als Schleuse benutzt werden.

kunft für die in diesem Kapitel angepeilte Siedlerzahl wird die Kosten für die Pfadfinder-Mission deutlich übersteigen. Die Anreise einer größeren Siedlerzahl ohne vorausgehende Pfadfinder-Mission wird daher nicht empfohlen.

Wird eine Marsmission vom Mondorbit gestartet, können von der Mondsiedlung die schweren für das Raumschiff notwendigen Strukturen gefertigt werden und im Mondorbit bereitgestellt werden. Von der Erde wird Zubehör, wie Elektronik und Kunststoffe, angeliefert, die auf dem Mond nicht gefertigt werden können. Im Mondorbit werden die Dinge unter Verwendung einer orbitalen Fertigungshalle integriert.

Ohne aerodynamische Aspekte berücksichtigen zu müssen, kann das Raumschiff für den Marsflug jede beliebige Form annehmen. Um den Passagieren die Reise angenehmer zu gestalten, wird ein größeres Raumschiff gebaut, dass in der Lage ist künstliche Schwerkraft zu erzeugen. Leviathan ist ein Vorschlag für so ein Raumschiff.

Die Anzahl der Passagiere an Bord der Leviathan beeinflusst das Gewicht des Raumschiffs. Im Rahmen der Bequemen Marsreise wurden 4 Passagiere auf 2 ISS Module verteilt, etwa 75 m^3 bedrucktes Volumen pro Passagier, während für die unbequeme Reisevariante weniger als 5 m^3 pro Passagier verfügbar waren. Der Flug der Leviathan lohnt sich umso stärker je mehr Passagiere mitfliegen können. Gönnt man den Passagieren der Leviathan 12,5 m^3 kann man 48 Personen zum Mars fliegen. Das ist etwa die Hälfte dessen was die NASA für einen langen Flug, wie den zum Mars empfiehl, aber immer noch deutlich mehr als Gefangene vom Europäischen Gerichtshof zugebilligt bekommen.

Neuentwicklung: Leviathan

Leviathan ist ein Raumschiff zum sicheren und bequemen Transport von 48 Siedlern.

Leviathan Wohnmodule

Die Module werden über Speichen zu einem Rad zusammengehalten. Das Rad an einer Nabe aufgehängt. In der Nabe befindet sich die Durchführung für elektrische- und Datenanschlüsse. Darüber hinaus sind zwei der Module mit einer Schleuse an die Nabe angebunden. Die Nabe ist innen hohl und erlaubt es oben und unten ISS Module oder Raumschiffe, wie Dragon oder Sojus, zu koppeln. Da über Jahre hinweg nicht sichergestellt werden kann, dass die Schleusen die um die Nabe rotieren immer Luftdicht abschließen, wird das Innere der Nabe nicht als bedruckter Bereich ausgeführt.

Die Übertragung von Drehmoment von der Nabe auf das Rad, also die Reibung zwischen Nabe und Rad, muss so gering wie möglich gehalten werden um zu verhindern, dass sich auch das Raumschiff um das Rad dreht. Es sollte daher eine magnetische Lagerung und kabellose Durchführungen überlegt werden. Wenn es gar nicht anders geht muss durch ein weiteres, kleineres Rad ein Drehmoment in die Gegenrichtung erzeugt werden. Gestartet wird die Drehung mit kleinen Feststoffraketentriebwerke nachdem das Raumschiff die Reisegeschwindigkeit erreicht hat. Bei 6 Umdrehungen pro Minute spüren die Astronauten eine nach Außen gerichtete, Kraft die der Schwerkraft auf dem Mars entspricht. Um irdische Schwerkraft zu simulieren sind etwa 10 Umdrehungen pro Minute nötig.

Die Module sind über Schleusen miteinander verbunden, damit bei einem Druckverlust in einem Modul nicht die ganze Leviathan verloren geht. Technologische Verbesserung wird hier insoweit berücksichtigt als für die Speichen und die Nabe kein zusätzliches Gewicht veranschlagt wird.

Das aus den Modulen geformte Rad kann auch aus fünf oder mehr Einzelteilen bestehen. Die genaue Zahl kann im Rahmen der Entwicklung noch verändert werden.

Die einfachste Form für die Module wäre eine Bananenform mit parallelen Innen- und Außenwänden. Durch die Wölbung der Innenwand zur Nabe hin, kann das Volumen stark erhöht werden ohne den Umfang zu vergrößern. Ein Modul wie gezeigt kommt auf die folgenden Daten:

Größe	**Wert**
Breite (senkrecht zur Rotationsebene)	4,15 m
Geringste Höhe	3,6 m
Volumen	234 m³
Oberfläche	235 m²
Masse	20 t
Kosten	1 Mrd. USD

Durch die Wahl der konvexen Form steigt das Volumen von 167 m³ auf 234 m³. Vergleicht man die Oberfläche der Leviathan Module mit denen von typischen ISS Modulen wie Sarja oder Columbus und berücksichtigt Gewichtseinsparung durch Verwendung von Titanbauteilen und weglassen des Mikrometeoritenschutzes, wird die Masse eines Leviathan Moduls etwa 20 t betragen.

Anhand von Volumen und Oberfläche lassen sich die Kosten eines Leviathan Moduls auf etwas die 2.5 fachen Kosten des Swesda Moduls schätzen: 1 Mrd. USD.

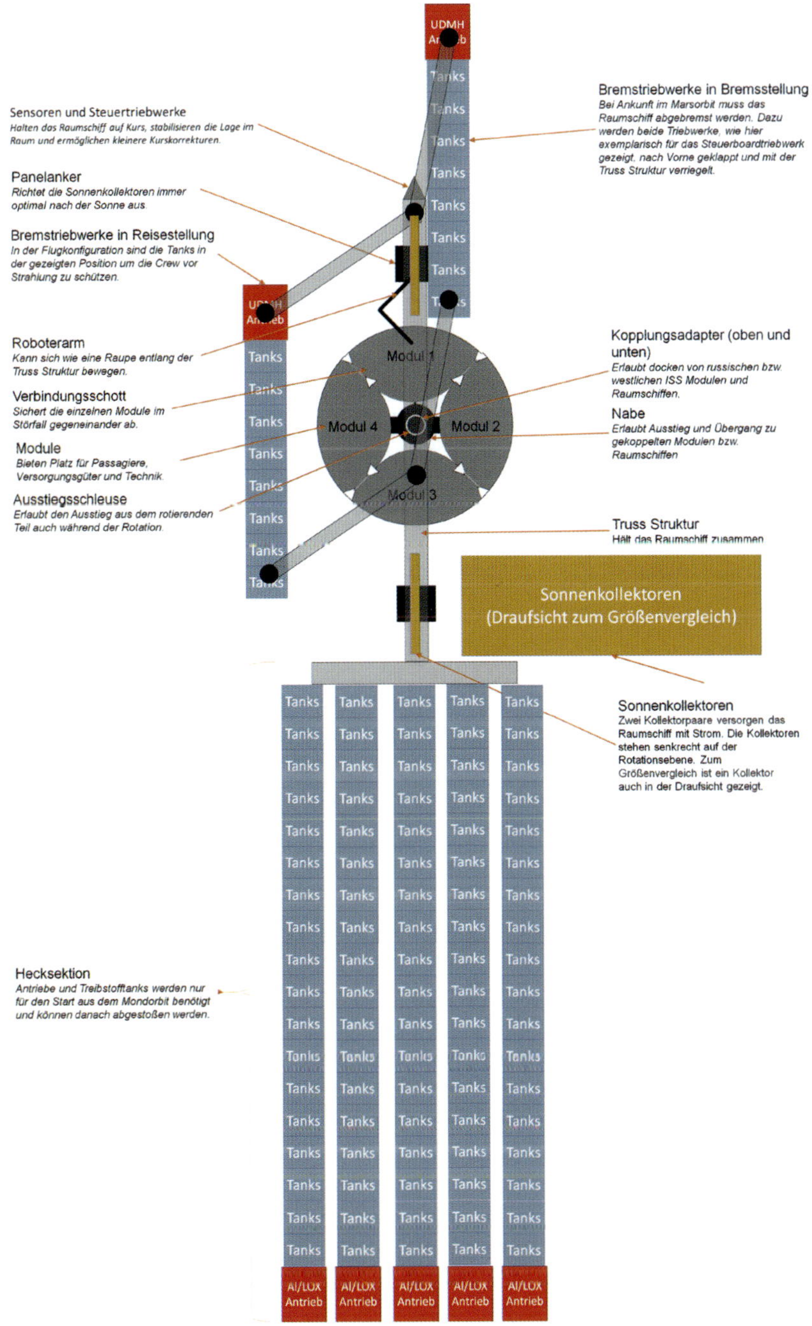

Neuentwicklung: Leviathan Übersichtsbild.

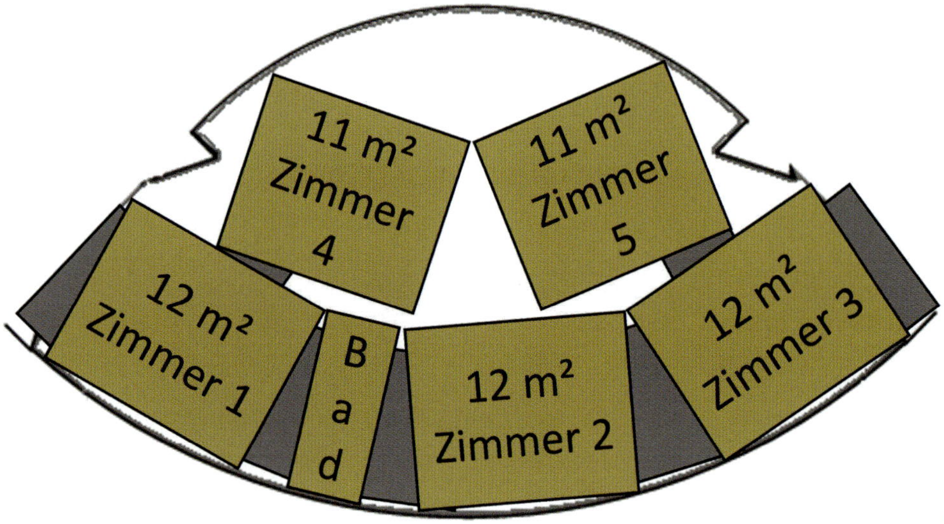

Zimmer	BxTxH [m]
Zimmer 1	3x4x2,4
Zimmer 2	3x4x2,4
Zimmer 3	3x4x2,4
Zimmer 4	2.8x4x2,4
Zimmer 5	2.8x4x2,4
Bad	1x4x2,4
Stauraum	ca. 75 m³
Verbindungsgänge	ca. 10 m³

Leviathan Raumnutzung.

Zwischenfazit

Module der Leviathan erlauben durch die Anordnung um eine Drehachse künstlicher Schwerkraft durch Rotation.

Leviathan Raumnutzung

Innerhalb des Moduls könnten fünf Zimmer und ein Bad angeordnet werden, das restliche Volumen Verteilt sich dann auf Gangelemente und Stauraum.

Die etwa 75 m³ ungenutztes Volumen entfallen zu 20% auf Strukturelemente, 40% auf solche Elektronik zum Betrieb des Moduls die nicht an der Außenseite angebracht werden kann und zu weiteren 40%, etwa 30 m³ für Lebensmittel, Wasser und andere Verbrauchsgüter.

Verschiedene Raumnutzungskonzepte sind vorstellbar, eine Möglichkeit könnte sein, dass zu jeder gegebenen Zeit 8 Personen wach sind und 4 Personen schlafen. 4 schlafende Personen könnten in einem Zimmer mit 2 Stockbetten oder auf 2 Zimmer verteilt untergebracht werden. Für die 8 anderen Personen bleiben dann 3 bis 4 Räume übrig, von denen einer eine Art Küche sein sollte. Auf die anderen verteilen sich Entertainment, Sport und Arbeitsplätze.

Die Fläche von 11 m² bis 12 m² ist vergleichbar mit den Kabinengrößen auf Kreuzfahrtschiffen. Dort wird auf diesem Raum auch noch ein Badezimmer untergebracht. Schlafräume für 2 Personen an Board der Leviathan könnten analog wie im linken Bild aussehen. Realistischer ist allerdings eine Unterbringung wie in einem Kapselhotel im rechten Bild.

Innenkabine eines Kreuzfahrtschiffes. [80]

Kapselhotel. [81]

Zwischenfazit

Die Leviathan verfügt über 20 Zimmer und 4 Bäder. Das Bewohnbare Volumen beträgt 599 m³ - 40% mehr als die ISS. Jeder Person stehen 12,5 m³ zur Verfügung, 50% weniger als von der NASA favorisiert, aber 74% mehr als Häftlingen vom Europäischen Gerichtshof für Menschenrechte zugebilligt werden.

Leviathan Versorgung

Bei einer Durchschnittlichen Dichte von 0,5 kg/Liter können damit bis zu 15 t Versorgungsgüter in den Verfügbaren 30 m³ mitgeführt werden. Bei 5 kg Versorgungsgütern pro Person und Tag, wie es etwa bei der ISS der Fall Ist, können in einem Modul bis zu 3000 Mann-Tagesrationen mitgeführt werden. Bei einer Reisezeit zum Mars von 250 Tagen könnten damit bis zu 12 Personen in einem Modul versorgt werden.

Durch die Verwendung des CO_2 Prozessors zum Atemluftrecycling und bei Recycling von Wasser waren 100 l Wasser pro Person und 3 kg Versorgungsgüter pro Tag ausreichend. Der Platzbedarf sinkt dadurch auf 19,2 m³ bzw. 10,2 t für Wasser und Versorgungsgüter für 12 Personen. Über 10 m³ blieben als Reserve erhalten. Das Mitführen von 12 CO_2 Prozessoren erhöht die Raumschiffmasse um 1,2 t.

Nach NASA Schätzungen werden für die komplette Versorgung einer Person etwa 50 m² Anbaufläche benötigt. Widmet man einen Raum pro Modul zu einem hydroponischen Garten um (siehe auch Treibhausmodul „Besiedlung des Mondes“) könnten etwa 50 m² Anbaufläche gewonnen werden – wenn man die Pflanzen auf fünf Eben Anbaut. Damit könnte 1/12 der Versorgungsgüter eingespart werden. Eine weitere Reduzierung auf 17,7 m³ bzw. 9,45 t rechtfertigt den Verlust von 28,8 m³ bewohnbarer Fläche nicht. Besser ist es nur einen halben Raum für eine Reduzierung auf 18,45 m³ bzw. 9,83 t zu verwenden. Dadurch haben die Passagiere einen Garten für das allgemeine Wohlbefinden und ergänzen der Ernährung. Später, wenn die Leviathan im Marsorbit ist, können die Gärten der vier Module in der Summe zwei Astronauten ernähren.

Modul Versorgung	[t]	[m³]	[M$]
12 x 250 Versorgungsgüter	9	18*	1
25 m² Garten	0,25	12**	1
Wasser für 12 Passagiere	1,2	1,2	-
12 CO_2 Prozessoren	1,2	2,4	60
Summe	11,65	33,6	62

*Aus Lagerbudget
** Aus Wohnraumbudget

Zwischenfazit

Mitgebrachte Versorgungsgüter, angebaute Pflanzen, Wasser und CO_2 Recycling ernähren die Passagiere.

Leviathan: Unterstützungsfunktionen

Um alles zusammen zu halten benötigt die Leviathan wie die ISS eine Truss Struktur. Für die Leviathan muss die Struktur etwa 42 m lang sein. Die Leichteste Truss Sturktur der ISS, P5 und S6, wiegt etwa 500 kg pro Meter. Für die Leviathan Struktur sind entsprechend etwa 21 t zu veranschlagen. Eventuelle technologische Verbesserungen werden hier nicht berücksichtigt, sondern für die Unterbringung der Rotationsmechanik verwendet.

Für Sensoren und Steuertriebwerke an der Nase der Leviathan wird 1 t geschätzt.

Ein Roboterarm ähnlich dem Candadarm2 der ISS, kann sich entlang der Truss-Struktur bewegen und für Wartungsarbeiten eingesetzt werden.

Leviathan: Energieversorgung

Der Energiebedarf für ein Raumschiff der größer der Leviathan mit 48 Passagieren ist schwer zu schätzen. Die ISS verfügt über ein unter Druck stehendes Volumen von etwa 931 m³ und kann eine elektrische Leistung von 120 kW produzieren, benötigt werden aber nur etwa 84 kW. Um den Tag Nacht Rhythmus auszugleichen, können alle installierten Verbraucher nicht mehr als 42 kW verbrauchen. Solange die Leviathan auf dem Weg zum Mars ist gibt es allerdings keinen Tag-Nacht Rhythmus weshalb immer die volle Leistung verfügbar ist. Für die Leviathan wird ein Leistungsbedarf von 45 W/m³ angenommen. Bei einem Volumen von 936 m³ würde eine installierte Leistung von 42 kW ausreichen. Hinzu kommt allerdings die Leistungsaufnahme von 175 W für jeden der 48 Siedler für den mitgeführten CO_2 Prozessor. Damit steigt der Leistungsbedarf auf 50,5 kW.

Durch den 1,5 fachen Abstand des Mars von der Sonne, erreicht die Sonnenintensität im Marsorbit nur etwa 44% der irdischen. Ein Solarpanel muss entsprechend 2,25 mal so groß sein wie im Erdorbit. Damit ergibt sich eine Leistungsanforderung von 114 kW für die Sonnensegel. Es bietet sich daher an ziemlich genau die ISS Sonnenpaneele nachzubauen.

Ähnlich der ISS Solarzellen bestehen die der Leviathan aus einem faltbaren Gittermast, zwei faltbaren Solarzellenpaneelen, Spanndrähten zum Ausfahren oder Zurückziehen der Paneele sowie Einrichtungen zu deren Steuerung. Außerdem sind Einrichtungen zur Stabilisierung und Speicherung elektrischer Energie sowie zur Kühlung sämtlicher Anlagen vorhanden. Die gewonnene Energie kann in Akkus zwischengespeichert werden. Ein kW in Orbit Solarleistung wiegt 50 kg, und kostet 9 Mio. USD.

	Masse [t]	Kosten [M$]
Leviathan Truss	21	300
Sensoren und Steuertriebwerke	1	200
Roboterarm	1,8	150

Leviathan: Solarpanele

	[kW]	[t]	[M$]
4 Solarpaneele	120	6	1080

[82]

Zwischenfazit

Die Leviathan benötigt etwa die gleiche Solarleistung wie die ISS: 120 kW

Leviathan: Abschirmung

Wünscht man für die Siedler auf der Leviathan einen Schutz vor Partikelstrahlung von der Sonne bietet es sich an einen Strahlenschild halbseitig auf der auf der sonnenzugewandten Seite zu platzieren. Ein Bleischild hätte einen Masse von etwa 20 t wäre ansonsten nur Ballast und würde den Schwerpunkt ungünstig einseitig verlagern. Geschickter ist es stattdessen, wie in der Graphik gezeigt die für die Abbremsung im Marsorbit notwendigen Treibstofftanks zwischen Sonne und Wohnmodulen zu platzieren. Die Abschirmwirkung dieser Konstruktion müsste in einer Detailstudie weiter untersucht werden, wird 1 cm Blei vermutlich übertreffen.

Zusätzlich kann man weitere Abschirmwirkung durch geschickte Platzierung der Wassertanks erreichen. Auf der Leviathan befinden sich 4,8 t Wasser für die Passagiere. Bringt man die Wassertanks an der Außenwand unterhalb der Zimmerböden an kann man eine weitere Barriere von etwa 20 cm erhalten. Zieht man die Abschirmwirkung gegen 1 MeV Gamma-Strahlung heran, erreichen 20 cm Wasser das Äquivalent von 1,67 cm Blei.

Zwischenfazit

Durch Verwendung von Treibstofftanks und geschickte Platzierung der Wassertanks wird zusätzliche Abschirmung vermieden.

Leviathan: Zusammenfassung

Die Leviathan ist das Siedlungsschiff der Wahl für die Besiedlung des Mars. Es bietet Platz für 48 Passagiere und ist in der Lage künstliche Schwerkraft zu erzeugen.

Startkosten von der Erde sind direkt mit Falcon Heavy zum Marsorbit gerechnet. Startkosten vom Mars betragen 2,175 t Al/LOX Treibstoff pro Tonne transportiertem Material, das Entspricht Dollarkosten von 0,4 Mio. USD/t. Passagiertransport wurde mit 34 Mio. USD pro Passagier, wie im Buch „Besiedlung des Mondes“ ermittelt, angenommen.

Ein Leviathan Raumschiff mit Passagieren im Marsorbit kostet 8063 Mio. USD. 168 Mio. USD pro Passagier.

Komponente	Masse [t]	Produktions [M$]	Start [M$]	Herkunft
Solarpaneele	6	1080	24	Erde
Truss Struktur	21	300	8,4	Mars
Sensoren und Steuertriebwerke	1	200	4	Erde
4 Aufenthaltsmodule	80	4000	192	Mars
48 CO2 Prozessoren	4,8	240	19,2	Erde
48x250 Versorgungsgüter	36	4	144	Erde
4 x 25 m² Garten	4,8	4	19,2	Erde
4800 Liter Wasser	4,8	0	19,2	Erde
48 Passagiere	12	0	1632	Erde
Roboterarm	1,8	150	7,2	Erde
Ballast	4	0	16	Erde
Summe	**176,2**	**5978**	**2085,2**	

Raumschiffkonfiguration		Masse [t]	Material [M$]	LEO [M$]	LLO [M$]
5	Antriebsmodul (MK1)	20	100	34	80
1	Leviathan Raumschiff	176,2	5978	886,2	2085,2
0	Treibstoff für Bremsmanöver	175	0	297,5	700
16	Treibstofftanks für Bremsmanöver	16	320	27,2	64
2	Antriebsmodule für Bremsmanöver	8	40	13,6	32
8	Upgrade Wohntankmodule	4	140	6,8	4
	Summe	**399,2**	**6678**	**1265,3**	**2965,3**

Leviathan Marsflug Missionsübersicht	LEO (LH2/LOX)	LLO (Al/LOX)	LLO (Al/LH2/LOX
Anzahl Tanks	130	89	41
Masse Tanks [t]	1249,8	89,0	41,0
Masse Treibstoff [t]	1249,8	971,0	444,5
Material Tank [M$]	2600,0	Recyclet	820,0
Transport zu Orbit [M$]	2345,7	1080,3	494,9
Missionskosten [M$]	**12889,0**	**10723,6**	**10958,1**

Um die Leviathan im Marsorbit wieder abzubremsen wird eine Geschwindigkeitsänderung von ca. 2000 m/s nötig. Für diese Änderung werden 175 t UDMH/N_2O_2 benötigt. Für das Bremsmanöver werden die Tanks und Triebwerke von ihrer seitlichen Position in die Vorwärtsposition geschwenkt und dann gezündet. Durch den Verzicht auf Aerobreaking verkürzt sich die Reisezeit für die Siedler um mehrere Monate, dafür steigen die Kosten durch den für das Bremsmanöver benötigten Treibstoff.

Unter Berücksichtigung des Treibstoffs für das Bremsmanöver ergibt sich die Raumschiffkonfiguration für den Start von der Erdumlaufbahn.

Der Vergleich der Missionskosten zwischen Start vom LEO mit LH2/LOX und Start vom LLO mit Al/LOX zeigt einen Vorteil für den Start aus dem Mondorbit in Höhe der eingesparten Kosten für die Tanks, durch Wiederverwendung von Tanks aus der vorangegangenen Besiedlung des Mondes. Wegen der unterschiedlichen Treibstoffe und Recycling der Tanks ist der Vergleich nicht ganz fair. Zur Bewertung des Kostenvorteils bietet es sich eher an, mit einem Start aus dem LLO ohne Recycelte Tanks dafür mit einer Wasserstoffzugabe zum Al/LOX Treibstoff zu vergleichen. Die Ersparnis beträgt etwa 1,9 Mrd. USD bzw. 15% außerdem hat die Mondsiedlung 494,9 Mio. USD bzw. 1080,3 Mio. USD am Transport des Treibstoffs umgesetzt.

Für die Berechnung der Startkosten vom Erd- und Marsorbit wurde auf eine Rechnung mit mehreren Stufen verzichtet. Dies könnte man leicht erreichen indem beispielsweise immer die äußeren Triebwerke gezündet würden. So könnte ein dreistufiges Beschleunigungskonzept umgesetzt werden. Dadurch ließe sich der Treibstoffbedarf, und damit die Kosten, weiter reduzieren.

Spätestens kurz vor dem Zünden der Bremstriebwerke muss die Hecksektion abgetrennt werden um den Treibstoffverbrauch beim Abbremsen auf 175 t zu beschränken. Der Zeitpunkt des Abtrennens sollte geschickt gewählt werden um der Hecksektion ein Aerobreaking Manöver an der Marsatmosphäre zu erlauben, mit dem Ziel, die gesamte Hecksektion, mit etwas Verzögerung, ebenfalls in einem niedrigen Marsorbit zu parken. Falls hierfür noch weitere Steuermanöver notwendig wären könnten entsprechende Steuertriebwerke an den Antriebsmodulen bzw. dem Truss-Element der Hecksektion vorgesehen werden.

Zwischenfazit
Das nachhaltige Besiedlungskonzept zahlt sich aus. Bis zu 3 Mrd. USD (ca. 24%) beträgt der Preisvorteil bei Besiedlung des Mars vom Mondorbit.

Marslandung

Nach der Ankunft auf der Marsumlaufbahn, nimmt die Leviathan eine stabile Umlaufbahn um den Mars ein. Der in der Umlaufbahn wartende Phönix wird aktiviert und fliegt zum Leviathan. Am Leviathan dockt er an den Steuerbordtreibstofftanks an. Diese werden von ihren Verankerungen am Raumschiff gelöst. Mit Hilfe des Phönix werden die Tanks am oberen Dockingadapter angedockt. Bei den Tanks handelt es sich um Wohntankmodule vom Typ MK2, die eine Weiterentwicklung der für die Gründung der Mondsiedlung verwendeten Module darstellen.

Weiterentwicklung: Wohntankmodule MK2

Bei den Wohntankmodulen MK2 handelt es sich um eine Weiterentwicklung der für die Besiedlung des Mondes verwendeten Wohntankmodule. Die Module sollen den Siedlern nicht nur Schutz auf dem roten Planeten bieten, sondern auch als Schutzraum für die Landung dienen. Deshalb sind sie bereits ab Werk mit 6 Sitzen für die Siedler ausgestattet, bieten Vorrichtungen für die sichere Verwahrung von 600 Litern Wasser, 6 CO_2 Prozessoren, 6 Wasseraufbereitungsanlagen, sowie den persönlichen Dingen der Siedler.

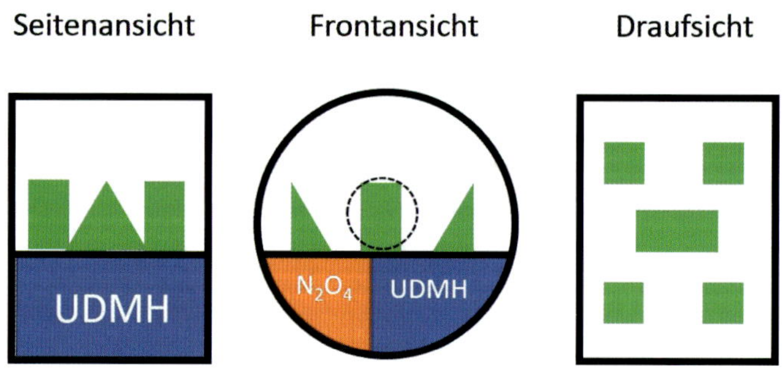

Wohntankmodul MK2: Dreitafelansicht.

Da die UDMH/N_2O_4 Tanks nicht sehr viel Volumen einnehmen bleibt gegenüber der MK1 Konstruktion Platz frei in dem die Passagiere untergebracht werden können. Eine Konstruktion wie die folgende könnte dies möglich machen:

An der Ober- und Unterseite der Module, in der Frontansicht gestrichelt gezeichnet, befindet sich ein Kopplungsadapter und Schleuse durch den die verschiedenen Module verbunden und gegeneinander abgeschottet werden können.

Die Daten des Wohntankmoduls MK2 ähneln denen seines Vorgängers:

Wohntankmodul MK2	
Durchmesser	3,8 m
Länge	2,9 m
Leergewicht	1,5 t
Tankinhalt (UDMH/N2O4)	11 t
UDMH Volumen	6,9 m^3 (2,7 m Höhe, 0,9 m Radius)
N2O4 Volumen	3,2 m^3 (2,7 m Höhe, 0,6 m Radius)
Tankvolumen	32 m^2
Entwicklungskosten	100 Mio. USD
Stückkosten	25 Mio. USD
Masse als Landemodul	4, 5 t (inkl. 6 Siedler, 300 l Wasser, 6 CO_2 und 6 Wasserprozessoren)

Nach dem docken begeben sich die Siedler in die Wohntankmodule MK2 und nehmen ihre Plätze ein. Die Leviathan wird in einen Schlafmodus versetzt und verbleibt, unbemannt, auf einem stabilen Orbit. Der Phönix transportiert jeweils zwei Wohntankmodule MK2 zu einer Sleipnir Landefähre mit einem Mittelmodul. Vier Sleipnir Fähren reichen aus um alle 48 Siedler zum Mars zu bringen. Das aufteilen auf vier Fähren hat den weiteren Vorteil die schlechte Erfolgsquote von Marslandungen zu kompensieren. Es ist auch bei bemannten Marslandungen damit zu rechnen eine Landefähre zu verlieren. Um den Verlust möglichst gering zu halten, wird die Anzahl der Siedler pro Fähre minimiert. Die kleinste Sleipnir Variante, kann mit lediglich 3,7 t nicht genug Material tragen. Sleipnir mit einem Mittelmodul und 9 t Nutzlast ist daher die kleinste mögliche Wahl.

Da nicht alles Wasser mit auf den Mars genommen werden kann bleiben 2,4 t Wasser auf der Leviathan zurück.

Vorbereitungsflüge

Obgleich unwahrscheinlich, wird im Folgenden davon ausgegangen, dass keiner der Siedler bei der Landung gestorben ist. Um die Landung möglich zu machen müssen vier vollbetankte Sleipnir Fähren von der Erde in den Marsorbit verlegt werden. Verwendung der kleinen Sleipnir Variante hat den weiteren Vorteil, dass das Startgewicht nur 14 t beträgt und damit direkt von der Erde mit der Falcon Heavy zum Marsorbit gestartet werden kann. Der Sleipnir Durchmesser ist etwas größer als z. Z. geplante Falcon Heavy Nutzlasten. Gelingt es nicht die Nutzlastgrößen der Falcon Heavy bis 2028 zu erhöhen, müssten die Einzelteile im Erdorbit zusammengebaut werden und, der Start vom Orbit aus erfolgen. Die Weiterentwicklung der Falcon Heavy gilt als wahrscheinlich und wird auch kostengünstiger ausfallen. Damit ergeben sich die folgenden Vorbereitungsflüge:

Flug	Nutzlast	Masse [t]	Material [M$]	Start [M$]
V1	1er Sleipnir 1	14	5200*	76
V2	1er Sleipnir 2	14	200	76
V3	1er Sleipnir 3	14	200	76
V4	1er Sleipnir 4	14	200	76
*Enthält Entwicklungskosten				

Materialien und Versorgungsgüter die Siedler und Pioniere benötigen werden von der Erde mit Falcon Heavy eingeflogen. Mit jedem Flug werden zwei Sleipnir Landefähren ohne Mittelmodul verwendet, die beiden Landefähren wiegen zusammen 11,6 t, womit eine Nutzlast von 5,2 t auf die maximale Startlast der Falcon Heavy bleibt. Zu den 90 Mio. USD Startkosten für die Falcon Heavy addieren sich jetzt 200 Mio. USD Herstellungskosten für die Sleipnir Fähren, zu einem Preis von 56 Mio. USD pro Tonne auf dem Mars gelandeter Nutzlast. Gleichzeitig stehen pro Tonne Nutzlast etwa 1,2 t Strukturmaterialien von Sleipnir zum Ausbau der Marssiedlung zur Verfügung.

Zwischenfazit

Mit Sleipnir und Falcon Heavy kann eine Tonne Nutzlast und 1,2 t Strukturmaterialien für den Siedlungsbau für 56 Mio. USD auf dem Mars gelandet werden.

Alle Falcon Heavy Starts zur Vorbereitung der Marsmission und ihre jeweilige Nutzlast sind zur Übersicht in einer Tabelle zusammengefasst (siehe Seite 142, oben).

Alle Vorbereitungsflüge sollten vor der Ankunft der Siedler auf dem Mars ankommen und können von den Pionieren eingesammelt werden. Scheitert der Transport einer Sache zum Mars, kann ein zweiter Versuch parallel zu den Siedlern unternommen werden, bzw. die Mission um ein Startfenster verzögert werden. Es würde sich anbieten die Fracht so auf einzelne Sleipnir Lander aufzuteilen, dass der Verlust eines Sleipnirs nicht zum Verlust einer kritischen Menge an Versorgungsgütern führt. Eine Ausnahme stellen hier natürlich jene Dinge dar die es nur einmal gibt.

Nutzlast		Beschreibung	Nutzlast [t]	Material [M$]	Transport [M$]
	Versorgungsgüter (2,5 kg/Person/ Tag) für 780 Tage	Erlaubt 50 Siedlern das Überleben bis zum nächsten Versorgungsflug von der Erde.	97,5	-	5460
8	Bergbauequipment	Marstaugliche Bohrer, Sprengstoff, Zünder, Bohrhammer, Loren, etc. 8 Bergleute + 1 weiterer Siedler arbeiten in drei Schichten. Jeweils drei Sätze Ausrüstung sind im Einsatz. Drei Sätze sind in Wartung/Pflege, 2 Sätze sind Reserve.	8	32	448
4	Verbindungselemente	Andocken der Wohntankmodule MK2 an der Pfadfinder Siedlung.	0,8	40	44,8
4	Solarkraftwerke (5kW)	Für die Notstromversorgung der Siedlung. Wird bereits für die Pioniere angeliefert.	4	4	224
1	Treibstofferzeuger	Verflüssigt Sauerstoff und vermischt diesen mit Aluminium zur Gewinnung von Allox als Monotreibstoff.	10	200	560
48	Wasseraufbereitung	Reicht aus um 48 bis 48,000 Liter Trinkwasser pro Tag aufzubereiten und notfalls aus Marseis herzustellen.	1,2	48	67,2
1	Regolithprozessor (Aluminium)	Der Regolithprozessor wurde bereits für den Mond Entwickelt und wird nun nur nochmal für den Mars nachgebaut. Aluminiumoxid ist auch auf dem Mars die häufigste Verbindung mit etwa 10 Gewichtsprozent.	60	500	3360
1	Reaktormodul	10 MWe. Wurde bereits für den Mond entwickelt und für den Mars nachgebaut.	20	500	1120
1	Generatormodul	10 MWe. Wurde bereits für den Mond entwickelt und für den Mars nachgebaut.	20	300	1120
4	Marsfahrzeuge	200 Millionen Entwicklungskosten für das erste Fahrzeug, anschließend "Serienproduktion" für 2 Millionen das Stück. 2 Stück werden bereits für die Pioniere angeliefert.	4	208	224
20	Türelemente	Als Schleusen und zur Abgrenzung der Wohneinheiten.	4	4	224
60	Fensterelemente	Ermöglicht Tageslicht in der Siedlung.	6	12	336
60	Hydroponische Gärten	Erlaubt die Versorgung von bis zu 60 Siedlern.	48	60	2688
48	Werkzeuge	Werkzeuge und andere Ausrüstungsgegenstände die die Siedler zum Erledigen ihrer Tätigkeiten benötigen, z. B. Feinmechanik Werkzeuge, Laborausstattung, medizinisches Gerät etc.	24	240	1344
2	Atmosphärenprozessor	Zur Gewinnung von Rohstoffen aus der Marsatmosphäre.	5	104	280
Summe			**312,5**	**2252**	**17500**

Die Siedler

Ähnlich der Mondsiedler, setzen sich auch die Marssiedler aus einer Vielzahl an Berufen zusammen. Im Unterschied zum Mond stehen in der Nachhaltigen Besiedlung des Mars, alle Siedler gleich zu Beginn der Siedlungsgründung zur Verfügung.

Bergleute

Wie bereits in der Pfadfinder Mission beschrieben sind unter den ersten Siedlern erfahrene Bergleute, die vorzugsweise in einem Bergwerk auf der Erde gearbeitet haben, das dem Berg, der auf dem Mars bearbeitet werden soll, von der Gesteinsart her ähnlich ist. Der Bergbau ist eine der ältesten Errungenschaften der Menschen. Viele der ersten Kulturen haben ihre Siedlungen und Bauwerke in Berge gebaut. Auf dem Mars wird für die Basis das gleiche Konzept verfolgt. Bergmänner als Experten für den Bergbau sind daher die logische Wahl.

Darüber hinaus bringen Bergmänner noch zahlreiche weitere Charakterzüge mit, die für den Erfolg der Marsbesiedlung unabdingbar sind: Teamgeist, Aufopferungsbereitschaft und Leidensfähigkeit. Untertage-Bergbau ist einer der gefährlichsten Arbeitsplätze der Welt.

Hinzu kommt, dass Bergbau harte körperliche Arbeit ist. Es darf angezweifelt werden, dass Astronauten die Ausdauer und die Leidensfähigkeit mitbringen, die erforderlich sind, um Stollen um Stollen voranzutreiben. Bergleute sind dies gewohnt. Die meisten werden die Arbeitsbedingungen auf dem Mars als ausgesprochen angenehm empfinden – immerhin wiegt dort alles nur ein Drittel verglichen mit der Erde. Weiter bringt es die Arbeit untertage mit sich, vom Sonnenlicht abgeschnitten zu sein. Bergleute werden daher nur geringe Probleme haben, auch auf dem Mars untertage zu arbeiten.

Um die Gefahren ihres Berufes wissend, haben Bergleute ein hohes Verantwortungsgefühl für ihre „Kumpel" entwickelt. Bergleute passen wie nur wenige andere Berufsgruppen auf ihre Kollegen auf und fühlen sich für deren Leben mitverantwortlich. Genau diesen Teamgeist benötigt auch eine Marskolonie, die sich auf nicht weniger gefährlichem Terrain befindet.

Zu guter Letzt sorgen Handwerker im Allgemeinen und Bergleute im Besonderen für eine Diversifizierung des Bildungshintergrundes. Während Astronauten meistens einen akademischen bzw. militärischen Bildungsweg hinter sich haben und eher zur Berufsgruppe mit hohem Einkommen zählen, stammen Bergleute aus einer anderen sozialen Schicht.

	Siedler	Pioniere
Ärzte	2	1
Bergleute	7	1
Geologen	0	1
Ärzte	1	-
Bergleute	1	-
Geologen	16	1
Ärzte	4	-
Bergleute	5	-
Geologen	3	-
Ärzte	5	-
Bergleute	2	-
Geologen	2	-
Summe	**48**	**4**

Die Unterschiede im sozialen und Bildungshintergrund haben außerdem zur Folge, dass für Bergleute, aber auch für andere Handwerkergruppen, andere Werte und Dinge wichtig sind, als dies bei Astronauten oder Akademikern der Fall ist. Auch diese Unterschiede machen die Menschheit aus und sollten auch zum Mars exportiert werden.

Astronauten

Die größte Gruppe an Siedlern stellen Astronauten, die sich mit allen Aspekten der Raumfahrt auskennen. Mit ihrem breiten Bildungshintergrund stellen sie das Rückgrat der Marssiedlung. Die Astronauten sollten in Fragen der Elektronik und Elektrik geschult sein und alle mitgebrachte Ausrüstung warten, reparieren und in Betrieb nehmen können. Sie werden sich um die Kommunikation mit der Erde kümmern, Installation, Wartung und Betrieb von Luftschleusen und Lebenserhaltungssystemen übernehmen und einen sicheren Betrieb der Station gewährleisten. Mit anderen Worten: Die Astronauten beschützen die Siedler vor den Gefahren des Mars.

Darüber hinaus werden Astronauten für Außenmissionen zuständig sein, die Umgebung erkunden, wissenschaftliche Experimente ausführen und betreuen. Den Astronauten obliegen außerdem die Führung der Mission und die damit verbundenen Verwaltungsaufgaben.

Mediziner

Die Verantwortung für das leibliche Wohl und die Gesundheit der Siedler wird den Medizinern übertragen. Für ihre primäre Aufgabe – Nothilfe zu leisten – werden sie hoffentlich nie benötigt. Es bietet sich daher an, den Zuständigkeitsbereich um die Verantwortung für Lebensmittelvorräte, Trinkwasserqualität, Luftqualität sowie das Durchführen und Betreuen von wissenschaftlichen Experimenten zu erweitern. Die Mediziner sollten über eine solide Berufserfahrung vorzugsweise in der Notaufnahme und Allgemeinmedizin verfügen und in der Lage sein, kleinere chirurgische Eingriffe selbst vorzunehmen.

Geologe

Der Geologe ist bereits Teil der Pfadfinder-Mission und ein wichtiger Bestandteil des Teams. Fortwährend analysiert er das von den Bergleuten abgebaute Gestein auf seine Zusammensetzung und beeinflusst maßgeblich, in welche Richtungen weiter gegraben werden soll. Er stellt sicher, dass die Tragkraft des Gesteins stets ausreichend ist und sorgt für den richtigen Abstand zu den Außenwänden des Berges.

Kraftwerksingenieur

Der Kraftwerksingenieur betreut bzw. betreibt das Kern-, Wind- und Solarkraftwerk. Er stellt die kontinuierliche Energieversorgung der Basis und den fehlerfreien Betrieb des Kraftwerks sicher.

Biologe

Die Suche nach Leben auf dem Mars ist einer der großen Motivatoren für die Erkundung des roten Planeten. Um dieser Aufgabe mit der notwendigen Ernsthaftigkeit nachzukommen befindet sich unter den ersten Siedlern bereits ein Biologe. Es ist möglich, dass der Biologe nicht zu jedem Zeitpunkt mit seiner primären Aufgabe, der Suche nach Leben, ausgefüllt ist. Er unterstützt daher die Mediziner bei der Gesunderhaltung der Siedler, bzw. die Gärtner bei der Aufzucht von Pflanzen auf dem Mars.

Steinmetze

Nahezu seit dem Anbeginn der Menschheit formen Steinmetze Kunstwerke und Bauteile aus Stein. Im Rahmen der Errichtung einer Marssiedlung wird es nicht an Arbeiten für Steinmetze mangeln. Ob es sich um Konstruktionen zum Abstützen von Stollenabschnitten oder die Herstellung von Möbeln handelt, der Stein-

Steinmetzarbeit. [84]

metzt wird gebraucht werden. Sinkt der Bedarf an klassischer Bergmannstätigkeit ist es vorstellbar, die Bergmänner zu Steinmetzen weiterzubilden.

Gärtner

Erfolg und Scheitern eine Marssiedlung geht ein her mit Erfolg und Scheitern der Landwirtschaft auf dem Mars. Gärtner bestellen die mitgebrachten Hydroponischen Gärten, versuchen Pflanzen für die Ernährung der Siedler aufzuziehen und experimentieren damit dem Marsboden Leben abzuringen.

Prozesstechniker

Genau wie auf dem Mond betreuen die Prozesstechniker den mitgebrachten Regolithprozessor.

Metallarbeiter

Metallarbeiter sind für den Betrieb des Regolithprozessors ebenfalls unerlässlich. Sie bringen das heiße flüssige Metall in Formen die von den Mechanikern weiterverarbeitet werden können.

Mechaniker

Mechaniker verschiedener Couleur bearbeiten die mit dem Regolithprozessor hergestellten Metalle weiter. Mechaniker erledigen Fräs-, Schied- und Schweißarbeiten. Sie stellen alles her was mit den mitgebrachten Werkzeugen und Maschinen aus Metall gefertigt werden kann. Darüber hinaus obliegt ihnen die Reparatur und Wartung der Fahrzeuge, Werkzeuge und Maschinen.

Installateure

Als Experten für Elektro und Wasserinstallation kümmern sie die Installateure zusammen mit den Mechanikern um das Verlegen von Wasser, Abwasser, Wärme und Stromleitungen.

Zeitrahmen

Der Zeitstrahl zeigt den Ablauf vom Start der ersten Forschungsmission bis zur Landung der 48 Siedler der Leviathan.

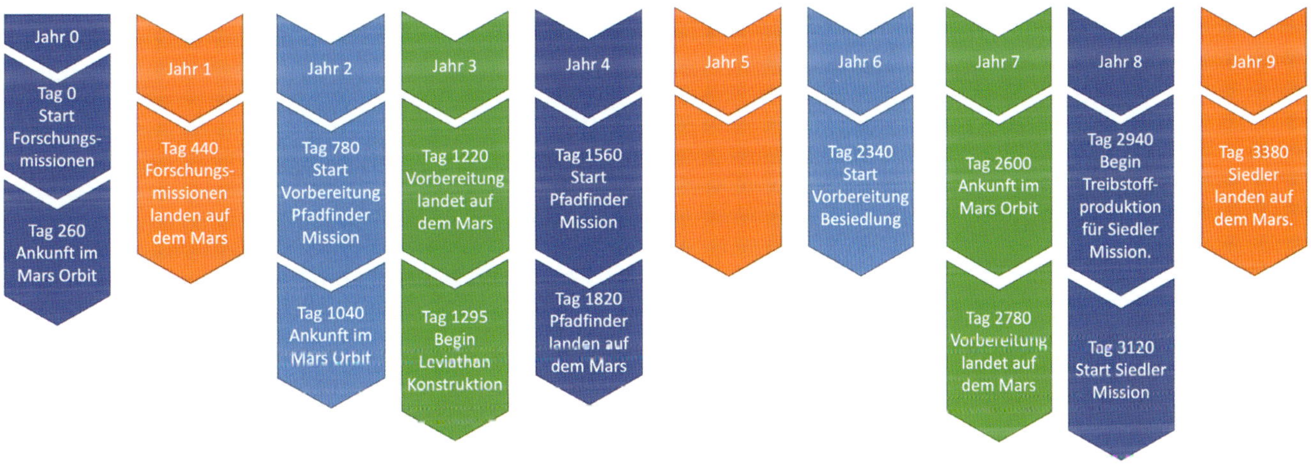

Zeitstrahl.

Nach der Ankunft

Nach der Landung werden die Siedler von den Pionieren der Pfadfinder-Mission mit einem Marsfahrzeug abgeholt. Reifen werden an Sleipnirs Landebeinen montiert und die Kombination Sleipnir-Wohntankmodule MK2 mit dem Marsfahrzeug zur Siedlung geschleppt. Mit vier Gangelementen werden die für die Landung benutzen Module mit der Pioniersiedlung verbunden. Die Siedler können jetzt die Siedlung betreten.

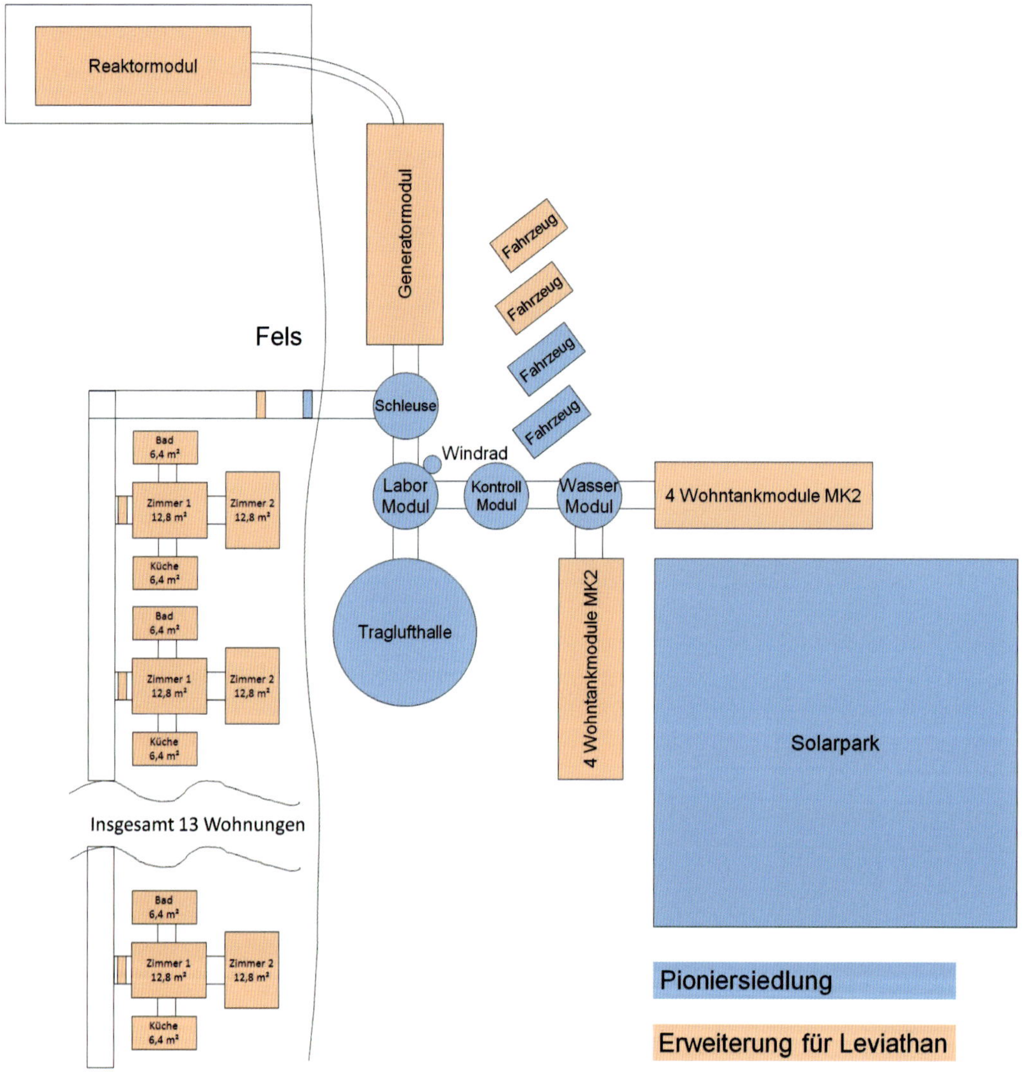

Marssiedlung nach Ankunft der Leviathan Siedler.

Durch angelieferte Versorgungsgüter und die Stromversorgung der Pioniersiedlung steht das Notwendigste für das Überleben zur Verfügung. Die Siedler beginnen jetzt mit der Inbetriebnahme des Reaktors und dem Ausbau der Siedlung. Am Ende des Ausbaus ist der Regolithprozessor Arbeitsfähig, Aluminium, Sauerstoff und Allox Treibstoff kann produziert werden.

Zusammenfassung

Am Ende der nachhaltigen Besiedlung des Mars steht eine reichlich mit Menschen versorgte Siedlung, die in der Lage ist sich selbstständig zu versorgen, unabhängig von der Erde erweitert werden kann und in der Lage ist aus den Ressourcen die der Mars bietet die folgenden Stoffe zu gewinnen: Aluminium, Sauerstoff, Wasser, Kohlendioxid, Stickstoff, Argon und Kohlenstoff.

Durch die mitgebrachten hydroponischen Gärten können bis zu 60 Siedler versorgt werden.

In der Kostenübersichtstabelle werden die bis zur Gründung der in diesem Kapitel beschriebenen Marssiedlung anfallenden Kosten zusammengefasst. Es zeigt sich, dass der Flug des Leviathans, dank künstlicher Schwerkraft und vergleichsweise großzügigem Platzangebots, nicht nur viel bequemer ist sondern auch erheblich kosteneffizienter.

Rechnet man auf die errechnete Summe von 41,4 Mrd. USD noch die übliche Unsicherheit der Schätzung von 20% an, sowie einen Faktor drei für Missionsplanung, Risiken, ungeschickte politische Entscheidungen und Ineffizienzen, dann ergeben sich Kosten von etwa 149 Mrd. USD.

Am Ende steht nicht nur eine Siedlung auf der Oberfläche mit 52 Siedlern zur Verfügung, sondern mit der Leviathan auch ein Siedlungsschiff im Marsorbit bereit, das im Weiteren als Raumstation, zum Transport weiterer Siedler von der Erde oder zur weiteren Besiedlung des Sonnensystems verwendet werden kann.

Kostenübersicht		
3 Erkundungsmissionen	1.300 Mio. USD	
1 Pfadfindermission (Siedlung Option 2A)	3.512 Mio. USD	878 Mio. USD pro Siedler
Leviathan Raumschiff	5.978 Mio. USD	476 Mio. USD pro Siedler
Leviathan Flug Mond zum Mars	4.746 Mio. USD	
Landung Siedler auf dem Mars	6.104 Mio. USD	
Lebensnotwendige Versorgungsgüter	6.031 Mio. USD	
Vorbereitungsflüge für Produktion	13.721 Mio. USD	
Summe	41.392 Mio. USD	
Kosten inklusive Zuschläge	140.011 Mio USD	

Standortkandidaten

In diesem Kapitel wird auf verschiedene mögliche Landeorte für dauerhafte Marssiedlungen eingegangen, die entsprechenden Regionen detaillierter vorgestellt, die jeweiligen Vor- und Nachteile abgewogen.

Folge dem Wasser. Das ist zweifellos eines der stärksten Standortkriterien für eine Marssiedlung und eine der größten Erleichterungen gegenüber einer Mondsiedlung. Wie im Kapitel *Stand der Forschung* gezeigt, steigt die Wahrscheinlichkeit Wasser zu finden zum Nordpol hin an und ist auf der Südhalbkugel nahezu null. Zudem sind Standorte auf den überwiegend auf der Südhalbkugel anzutreffenden, höher gelegenen Regionen, mit heutigen Methoden, technisch noch nicht erreichbar. Bisher waren Landungen auf dem Mars bis etwa auf Höhe des definierten Nullniveaus erfolgreich. Die Standortsuche, sollte sich daher auf Bereiche mit negativer Elevation beschränken.

Neben diesen beiden zentralen Kriterien gibt es zahlreiche kleinere Vor- und Nachteile der individuellen Orte auf die bei der Beschreibung des jeweiligen Ortes gesondert eingegangen wird.

Polarregion – Korolev Krater

Der nach dem russischen Raketeningenieur Sergej Pavlovich Korolev benannte Krater ist eine der sichersten Wasserlagerstätten außerhalb der unmittelbaren Polregion. Geschütz von den Kraterwänden kann sich hier ein dauerhaftes Wassereisreservoir halten.

Der 79 km durchmessende Krater liegt in der nördlichen Tiefebene in einem Bereich durchschnittlicher Elevation von -4,7 km. Dies entspricht auch in etwa der Höhe des im Krater gelegenen Gletschers. Über dieses Nullniveau des Kraters ragen die Kraterwände 500 m bis 1.300 m in die Höhe. Der Kraterrand hat seine niedrigste Erhebung im Westen und seinen höchsten Punkt im Nordosten.

Der tiefste Punkt des Kraterbodens liegt bei etwa -6,2 km unter dem Nullniveau des roten Planeten. Die Füllung im Inneren des Kraters ist Wassereis, aus bis heute noch unbekannter Quelle. Im Westen hat der Krater eine Steigung von etwa 12%, was einem Winkel von 6,8° entspricht, im Osten beträgt die Steigung etwa 19%, entsprechend einem Winkel von 10,6°. Beim Korolev Kater handelt es sich um einen sanften Hügel, der zwar 79 km breit ist, allerdings vom Kraterboden lediglich 1.000 m bis 1.700 m empor ragt.

Das Plateau des Gletschers, also die Region mit moderater Steigung misst etwa 40 km bis 50 km im Durchmesser und ist damit erheblich größer als die Landeellipse für das Mars Science Laboratory, die 20 km auf 7 km betrug. Die durchschnittliche Elevation in der Curiosity Ellipse im Gale Krater betrug etwa -4 km und liegt damit höher als der Gipfel der Eismasse im Korolev Krater. Der Unterschied in der Höhenlage wird das Absetzen leicht höherer Massen im Korolev Krater erlauben.

Größter Vorteil des Korolev Kraters ist die immense enthaltene Menge an Wassereis, die vermutlich über 2,500 km³ beträgt. Dies reicht aus um den Wasserverbrauch der Bundesrepublik Deutschland über 20,000 Jahre lang zu decken. Die Wasservorräte verdankt der Krater in erster Linie seiner nördlichen Lage. Mit 73° Nord, ist er der südlichste Krater mit einer derartig großen bestätigten Menge Wassereis, liegt im Vergleich zur irdischen Geographie allerdings noch 2° nördlicher als der äußerste Norden Alaskas. Diese nördliche Lage bringt auch auf dem Mars einige Nachteile.

Die Sonnenintensität und Dauer fällt im Korolev Krater vergleichsweise gering aus und wird besonders im Marswinter nicht ausreichen um eine Marssiedlung mit Strom und Wärme zu versorgen. Die bisher nördlichste Marssonde war Phönix, die auf 68,22° nördlicher Breite gelandet ist. Dies entspricht etwa der Lage der Stadt Narvik im Norden Norwegens. Entsprechend niedrig fallen die Tagestiefstwerte aus die Phönix während seiner Missionszeit gemessen hat.

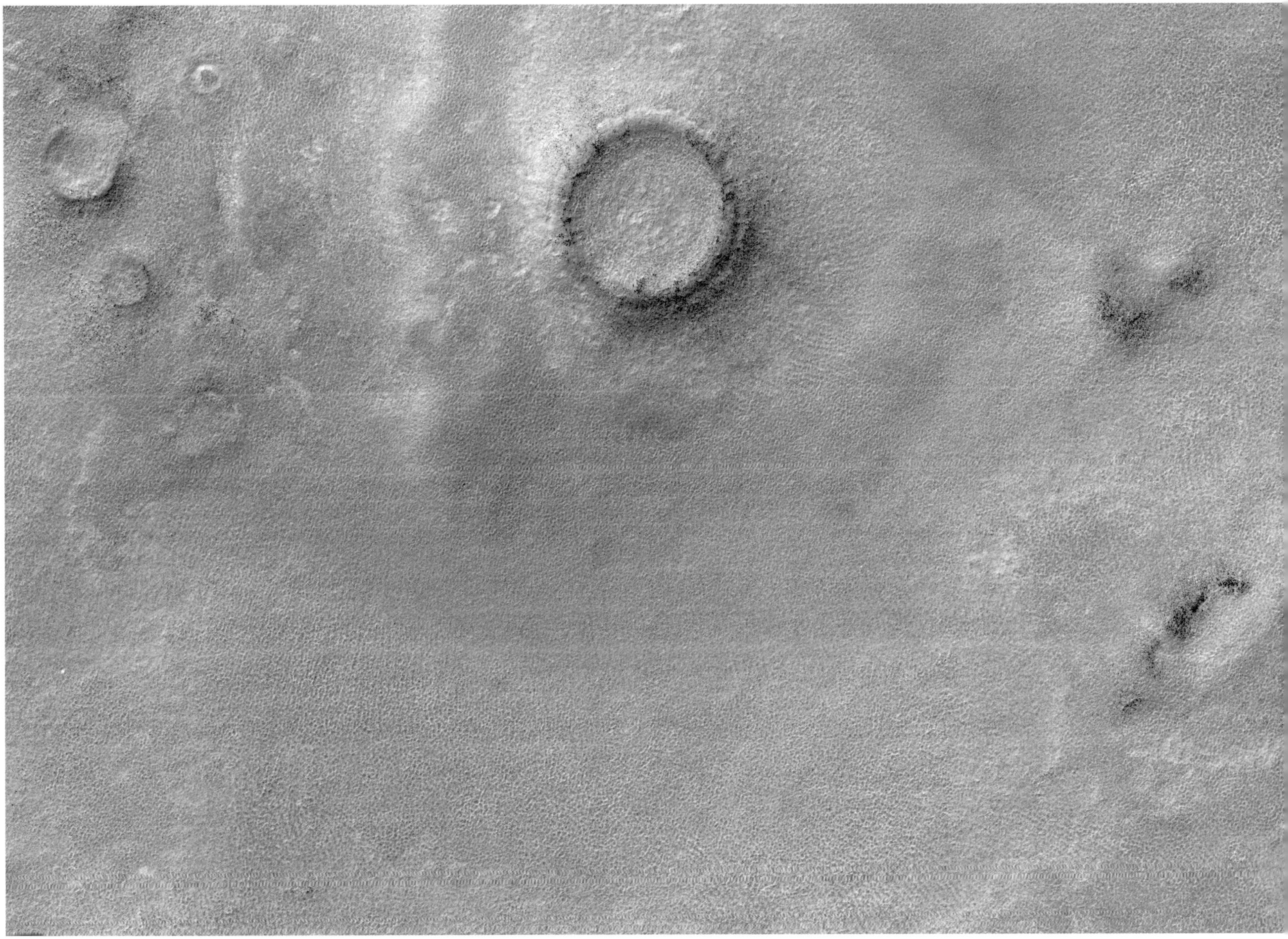

Korolev Krater und Umgebung. [87]

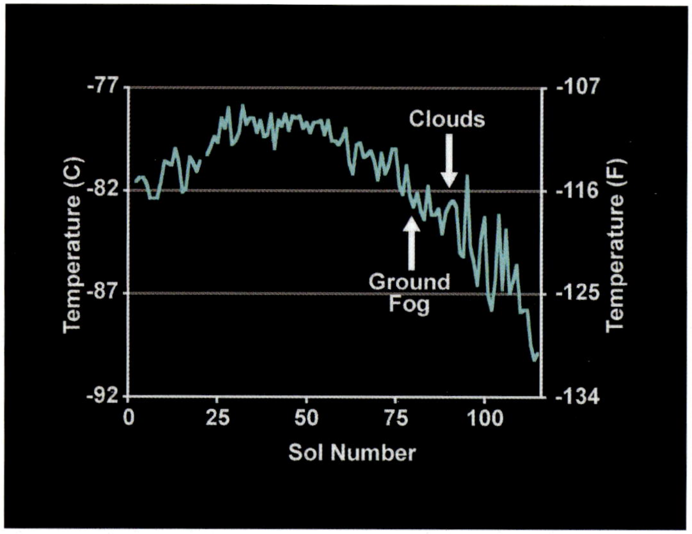

Tagestiefstwerte während der Phönix Mission. [88]

Wie die Grafik zeigt ist auf Höhe des Polarkreises mit Tagestiefsttemperaturen zwischen -90 °C und -80 °C zu rechnen.

Ebenfalls direkte Konsequenz der nördlichen Lage sind Erschwernisse beim Raketenstart, zum Beispiel für eine Rückkehr zur Erde. Mit zunehmender Polnähe, kann weniger Energie aus der Planetenrotation auf das Startgerät übertragen werden. Aus diesem Grund liegen die meisten irdischen Raumhäfen so nahe wie möglich am Äquator. Es gibt aber auch Ausnahmen. Zum Beispiel liegt das russische Kosmodrom in Plesetsk, westlich von Archangelsk, bei etwa 63° Nord. Andere Raumhäfen wie Baikonur in Kasachstan bei 46°, das Kennedy Space Center bei 29°. Trotz der nördlichen Lage wurden von Plesetsk weit über 1.000 Starts ausgeführt.

Das Vorhandensein von großen Mengen Wassereis ist nicht nur für die Trinkwasserversorgung praktisch sondern bietet sich auch als leicht zu verarbeitendes Baumaterial an. Dem Vorbild von Iglus, oder dem Eishotel in Schweden folgend, können Wohn- oder Lagerräume in das Eismassiv gegraben oder geschmolzen werden. Solange der Schmelzvorgang unter Marsatmosphärendruck stattfindet wird das Wassereis direkt verdampfen. Eine geeignete Wärmequelle vorausgesetzt lässt sich eine Marssiedlung auf diese Weise sehr unproblematisch erweitern.

Die Kraterwand ermöglicht darüber hinaus ebenfalls das Errichten von Räumen durch klassische Bergbautechniken. Diese im Fels errichteten Wohnräume können auch beheizt werden ohne zu schmelzen.

Die Kombination aus diesen beiden Erweiterungsmöglichkeiten der Marssiedlung findet sich nur in der Polregion.

Als weiteren Vorteil bietet der Korolev Krater die Möglichkeit über eine Region dauerhaften Schattens zu verfügen, was die Lagerung von flüssigem Wasserstoff und flüssigem Sauerstoff, vereinfacht.

Korolev Krater (73°N 195.5°W)			
Vorteile		**Nachteile**	
Chance auf Wasservorkommen	10	Raketenstart in Polnähe schwieriger	3
Niedrige Elevation	2	Niedrigere Sonneneinstrahlung	4
Chance auf dauerhaften Schatten	4	Niedrigere Temperaturen	3
Vertikale Felswand	7		
Größeres Felsmassiv	7		
Eismassiv	10		
Summe	**40**		**10**

Äquatorregion – Arabia Terra

Folgt man der Spur des Wassers gelangt man in die Nähe des Äquators in die als Terra Arbia bezeichnete Region. In der bereits bekannten Wasserkarte des Mars ist im Folgenden die für die Siedlung interessante Region markiert.

Entsprechend der Karte sind in dem markierten Bereich etwa 6,5% Gewichtsanteil Wasser im Boden, aus einer Tonne Marsboden würden sich also 65 kg Wasser gewinnen lassen. Auch diese Werte sind für eine Siedlung noch sehr attraktiv.

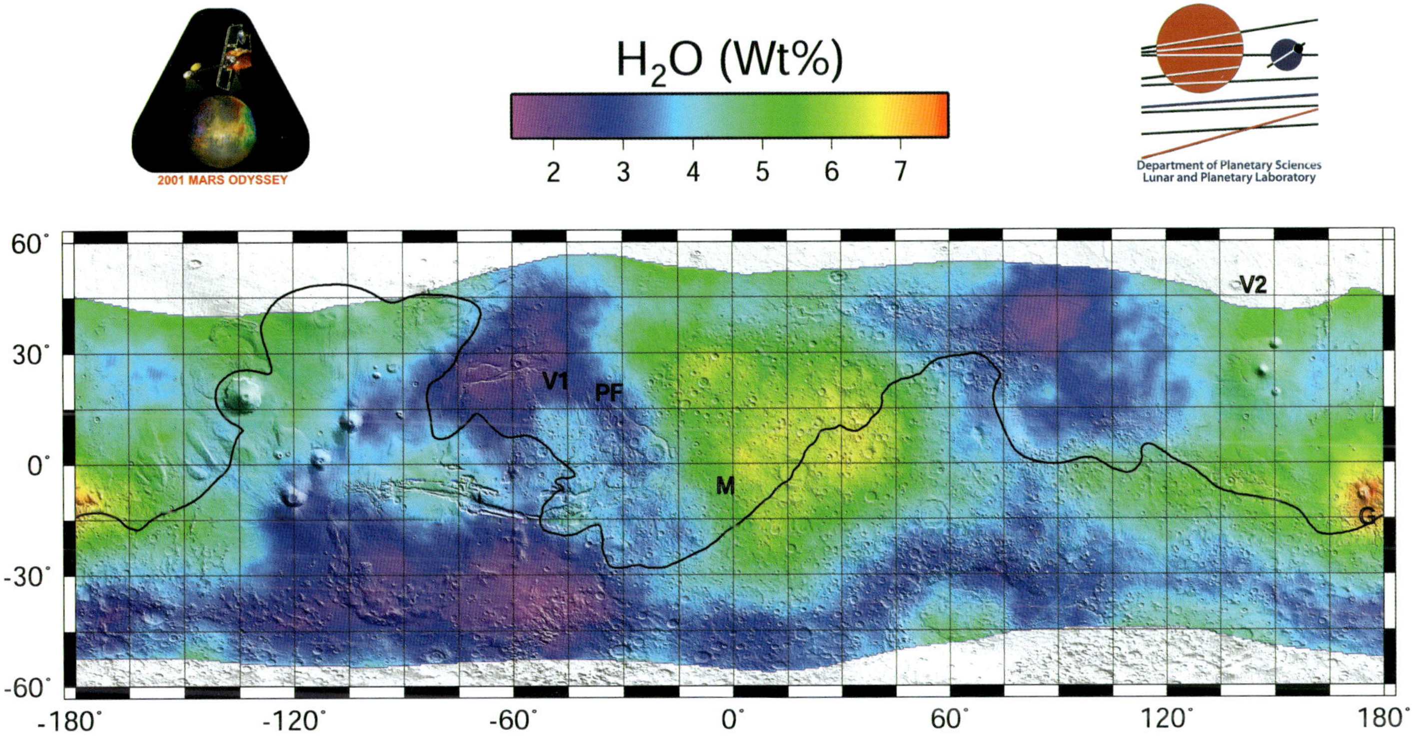

Wasservorkommen auf dem Mars. [89]

Das folgende Bild zeigt eine Karte der Terra Arabia Region. Das Wasserquadrat aus obiger Grafik ist auch auf der Landkarte vermerkt. Zusätzlich sind zwei Krater rot hervorgehoben: Die Region um den nach dem russischen Raketenwissenschaflter, Mikhail Tikhonravov, benannten Krater sowie ein kleinerer bisher noch nicht benannter Krater im Westen des Wasserquadrats, der hier, zur besseren Orientierung nach dem persischen Astronom Fakhr ad-Din ar-Razi als Razi Krater bezeichnet wird.

Ebenfalls zur besseren Orientierung wurden im Umkreis um den Tikhonravov Krater drei weitere Krater benannt: Kidenas Krater im Südwesten, nach dem babylonischen Astronom und Mathematiker, sowie die beiden kleineren Krater Ur im Süden und Eridu im Südosten, jeweils nach babylonischen Städten.

Neben den bereits erwähnten Wasservorkommen hat diese Region einen weiteren Vorteil: Ein Restmagnetfeld. Das nächste Bild zeigt einen vergrößerten Bildausschnitt der bereits vorgestellten Restmagnetisierungskarte. Razi Krater liegt im am Westrand des Quadrats im Bereich hoher negativer Magnetisierung (blau) während Tikhonravov Krater im Bereich am Nordrand mit hoher positiver Magnetisierung liegt (rot) zu finden ist. Die für diese Regionen gemessene Magnetisierung liegt zwischen 10 nT und 30 nT.

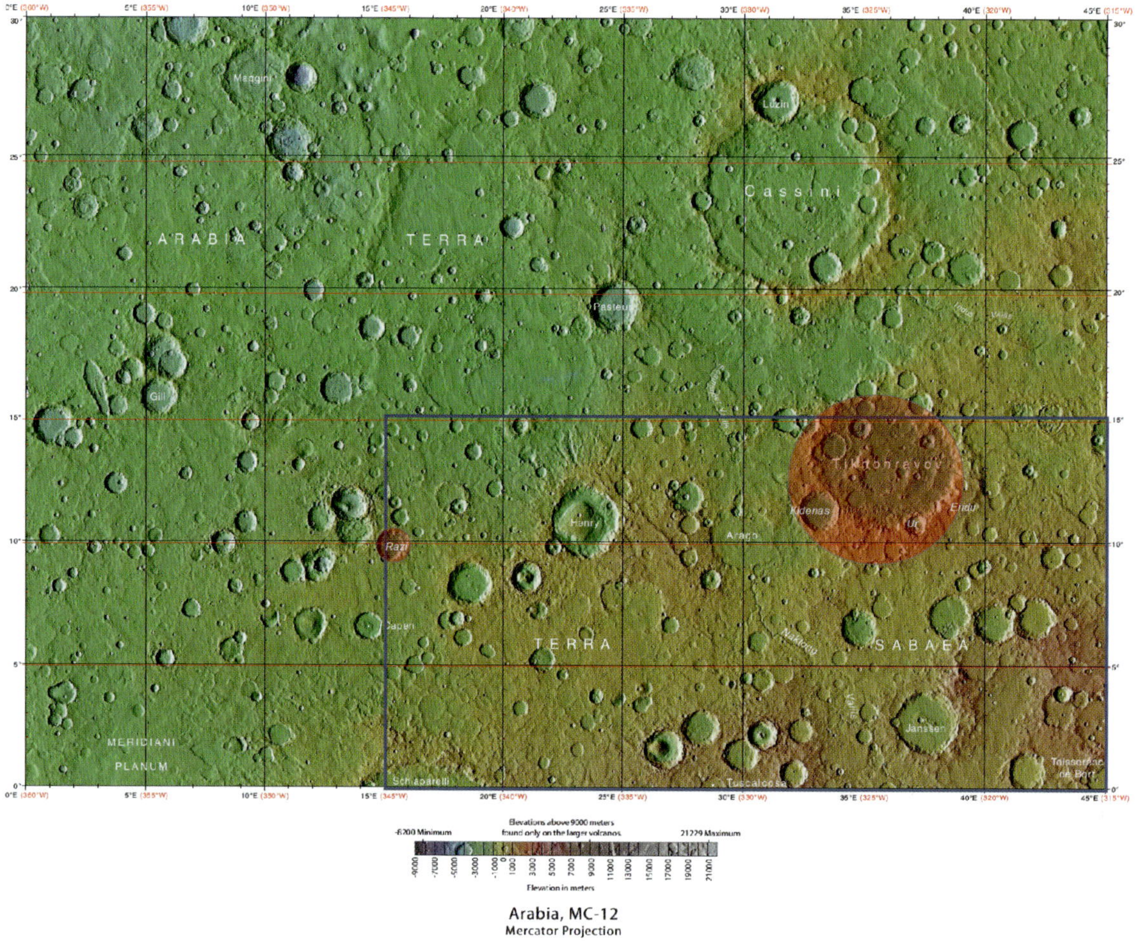

Terra Arabia. [90]

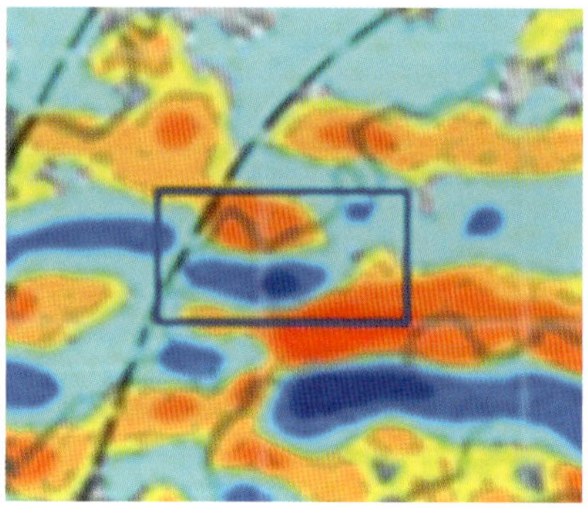

Restmagnetisierung im Bereich des Wasserquadrats. [91]

Arabia Terra - Razi Krater

Zuerst wird der Razi Krater näher betrachtet. Die folgende Grafik zeigt das MOLA Höhenprofil sowie eine nächtliche Infrarotaufnahme.

Die MOLA Aufnahme zeigt das Bodenniveau des Kraters etwa auf dem definierten Nullniveau des Planeten und befindet sich damit auf ähnlicher Elevation wie die Landeplätze von Spirit und Opportunity. Weiter ist im Norden des Kraters eine Steilwand auszumachen. Die nächtliche Infrarotaufnahme zeigt eine markante Felsformation in der Mitte des Kraters (dunkler Fleck) der offenbar unter Staub verborgen liegt.

Razi Krater: MOLA Höhenprofil und nächtliche Infrarotaufnahme. [92]

Razi Krater: Infrarotaufnahme bei Tageslicht. [93]

Auf der folgenden Infrarotaufnahme bei Tageslicht tritt die Felswand im Norden deutlicher hervor. Zum leichteren Auffinden ist sie zusätzlich eingekreist.

Da im der Terra Arabia Region der Ursprung des atmosphärischen Methans vermutet wird, haben Standorte in dieser Region generell die Chance in der Nähe der Methanquelle zu liegen. Noch gibt es keine belastbaren Erkenntnisse in dieser Frage, Terra Arabia gilt aber als wahrscheinlicher Kandidat.

Razi Krater (10°N 15°E)			
Vorteile		**Nachteile**	
Chance auf Wasservorkommen	7		
Restmagnetfeld	5		
Vertikale Felswand	8		
Größeres Felsmassiv	7		
Chance auf Methanvorkommen	2		
Summe	**29**		

Arabia Terra - Kidenas Krater

Ähnlich gut situiert wie der Razi Krater ist der Kidenas Krater im Südosten von Tikhonravov. Das folgende MOLA Höhenprofil zeigt die Region im Detail. Auch hier ist der Kraterboden etwa auf dem definierten Nullniveau.

Kidenas Krater ist etwas größer als Razi bietet allerdings auch zahlreiche steile Kraterwände die sich gut für den Siedlungsbau eignen würden. Am ausgeprägtesten ist die Steilwand im Osten des Kraters wie die infrarot Tageslichtaufnahme zeigt.

Die Aufnahme offenbart auch ein kleines Defizit des Kraters: Es gibt keine schöne nach Süden ausgerichtete Felswand.

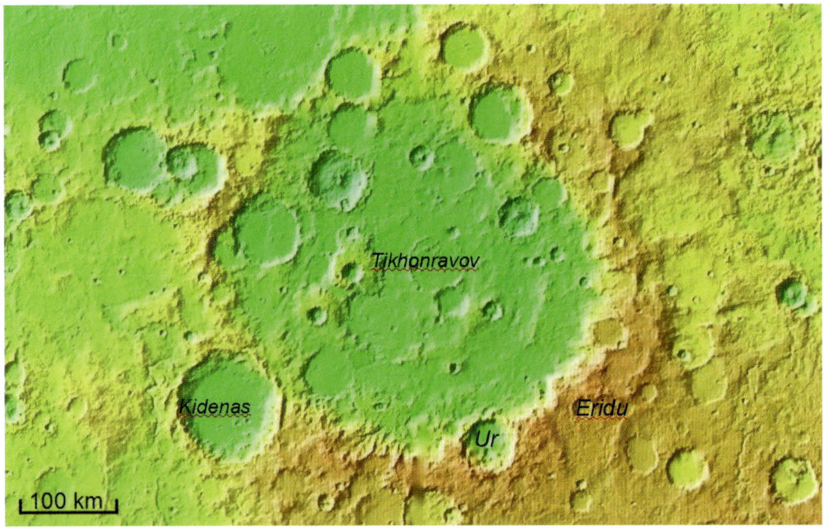

Umgebung von Tikhonravov Krater mit Kidenas Krater. [94]

Kidenas Krater: Infrarot Tageslichtaufnahme. [95]

Kidenas Krater (11°N 33°E)			
Vorteile		**Nachteile**	
Chance auf Wasservorkommen	7	Felswand nicht perfekt zur Sonne	1
Restmagnetfeld	5		
Vertikale Felswand	9		
Größeres Felsmassiv	7		
Chance auf Methanvorkommen	2		
Summe	**30**		**1**

Arabia Terra - Eridu Flanke

Ebenfalls in der Tikhonravov Region gelegen befindet sich die Eridu Flanke. Eine Steile Felswand im Südosten des Tikhonravov Kraters, westlich von Eridu. Durch die östlichere Lage befindet sich die Flanke bereits im Bereich nachlassender Restmagnetisierung. Der Vorteil dieses Standorts liegt zum einen in der ausgeprägten Steilwand zum anderen ist sie Teil des Tikhonravov Kraters was ein mögliches Erkundungsgebiet immens vergrößert.

Eridu Flanke: Tageslicht Infrarot und MOLA Höhenprofil. [96]

Wie das Marsgesteien am Kraterrand tatsächlich aussehen kann, zeigt dieses Bild vom Rand des Viktoria Kraters, 2006 fotografiert von Opportunity (siehe Seite 156 bis 159).

Eridu Flanke (11,5°N 38°E)			
Vorteile		**Nachteile**	
Chance auf Wasservorkommen	7	Felswand nicht perfekt zur Sonne	1
Restmagnetfeld	3		
Vertikale Felswand	10		
Größeres Felsmassiv	7		
Chance auf Methanvorkommen	2		
Summe	**29**		1

Krater im westlichen Teil von Arabia Terra mit stufenförmigen Hügeln und dunklen Dünen. [96B]

Felsenflanke im Viktoria Krater fotografiert von Opportunity. [97]

Die Panoramaaufnahme wird auf Seite 158 fortgesetzt.

Fortsetzung von Seite 157.

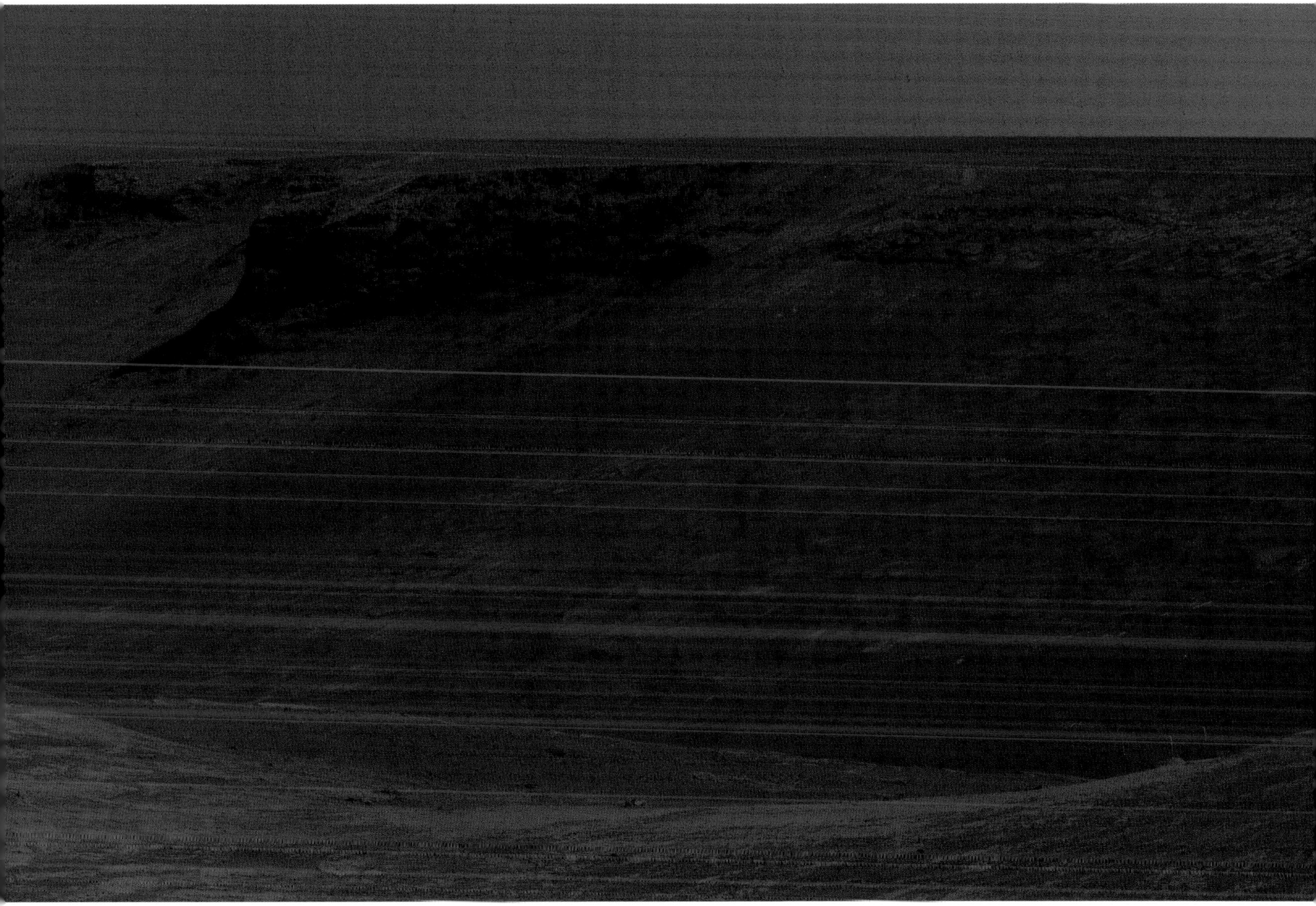

Felsenflanke im Viktoria Krater fotografiert von Opportunity. [97]

Äquatorregion – Apollinaris Region

Die Apollinaris, vom griechischem „dem Apollo geweiht“, bezeichnete Region ist die wahrscheinlichst wasserreichste Region des Mars außerhalb des Nordpols. Namensgebend für die gesamte Region ist der Dominate Apollinaris Mons ein etwa 3,2 Mrd. Jahre alter Schildvulkan. Der 5000 m hohe Vulkan ist seit langer Zeit erloschen. Die Basis des Vulkans misst etwa 300 km, die Caldera am Gipfel immer noch 80 km. Bedingt durch seine Höhe ist der Vulkan selbst für eine Landung ungeeignet, im Osten, Norden und Westen schließen sich allerdings tiefer liegende Regionen an, die von der Höhe vergleichbar sind mit der Situation im Gale Krater, der Region der Curiosity Landung.

Im Süden schließt sich der Gusev Krater an die Vulkanregion an (im Bild nicht zu sehen). Der Gusev Krater ist der Landeort des US Marsrovers Spirit, der von Januar 2004 bis März 2010 die Kraterregion erkundete.

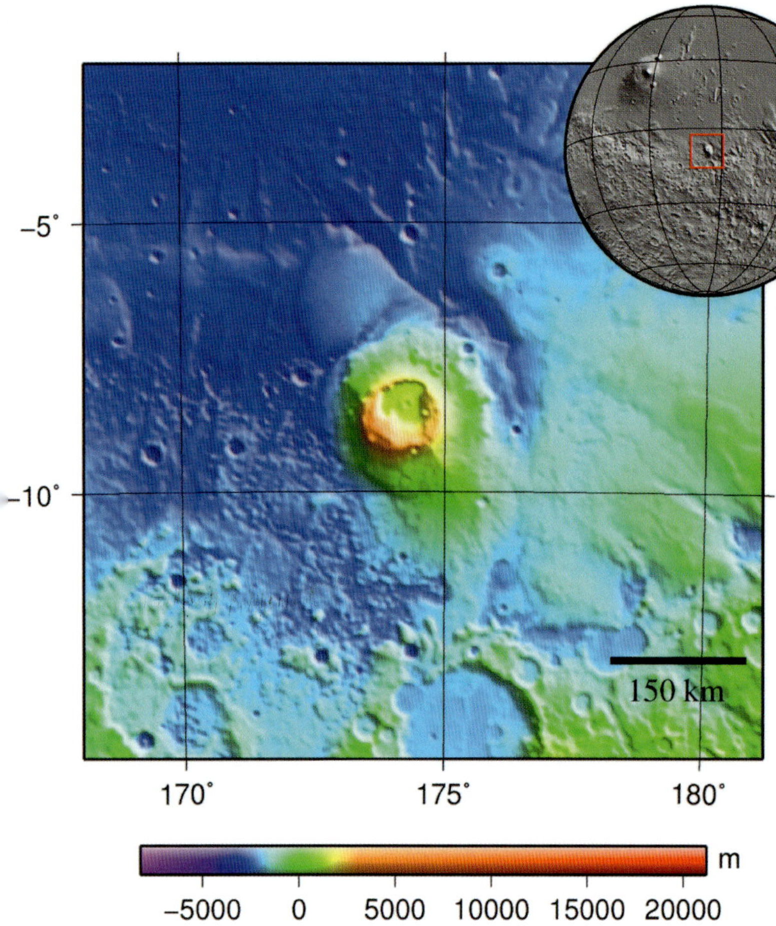

MOLA Höhenprofil der Apollinaris Region. [98]

(United States Geological Survey)

Apollinaris Patera. [99]

Spirit hat mehrere indirekte Hinweise auf das Vorhandensein von Wasser gefunden, blieb den direkten Nachweis allerdings schuldig. Dass in der Region einst große Mengen Wasser flossen gilt als gesichert.

Auf dem jungen Mars floss wahrscheinlich durch das im Süden an den Krater anschliessende Valle Apollinaris ein stolzer Strom, in den wassergefüllten Gusev Krater. Entsprechend dieser Vermutung lagen früher alle im Höhenprofil grün dargestellten Bereiche unter Wasser. Im besten Fall liegt das Wasser heue in gefrohrener Form noch im Boden vor, was die bereits gezeigten Satellitenmessungen erklärt.

Die Mars Odyssey Messungen legen einen Wassergehalt im Boden östlich des Vulkankegels von bis zu 8% nahe und liegen in der restlichen Region um den Krater nicht bei weniger als 6,5%.

Zusätzlich zu den vermuteten Wasservorkommen bietet die Region eine geringe Restmagnetisierung. Inwieweit diese Ausreichend für den Schutz der Marssiedler ist müsste durch detailierte Messungen vor Ort herausgefunden werden. Unglücklicherweise war Spirt nicht mit einem Dosismeßgerät ausgerüstet. Satellitenmessungen deuten allerdings auf eine Magnetfeldstärke von etwa 10 nT hin.

Der interessanteste Ort für eine Siedlung ist eine Steilwand östlich des Vulkans, wie sie in der Infrarotaufnahme zu sehen ist. Zur besseren Orientierung ist die Lage auch im MOLA Höhenprofil mit einem roten Kreis vermerkt (Seite 166). Es ist nicht unwahrscheinlich, dass hier früher die Grenze zwischen Festland und Marsozean verlaufen ist.

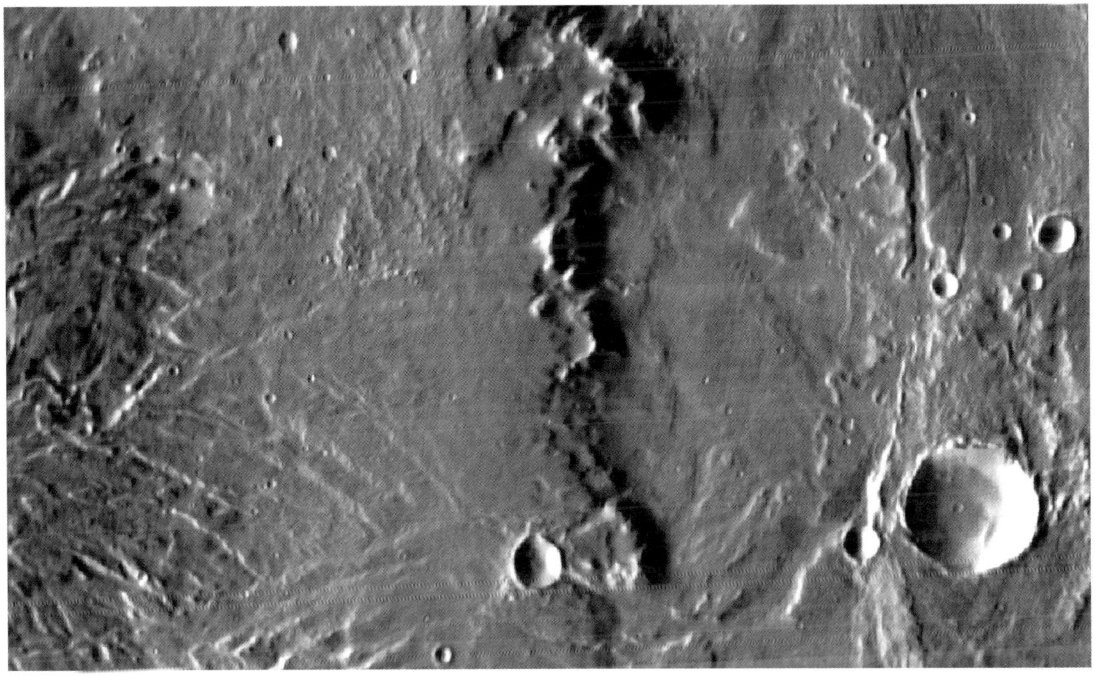

Tageslicht Infrarotaufnahme der Apollinaris Wand (175° O, 8,5° S). [100]

Von Spirit aufgenommenes Panorma im Gusev Krater. [101]

Das Gestein selbst ist vulkanischen Ursprungs, womit eine hohe Tragfähigkeit und Stabilität zu erwarten ist, was den Bau einer unterirdischen Marssiedlung begünstigt. Möglicherweise gibt es am Berg auch Lavaröhren. Derartige Röhren sind auf der Erde in der Umgebung von Schildvulkanen durchaus häufig und wurden auch schon auf dem Mars durch Satellitenaufnahmen identifiziert. Nicht auszuschließen das Siedler in der Apollinaris Region ähnliche Entdeckungen machen könnten. Lavaröhren bieten einen natürlichen Schutz vor Strahlung, müssen allerdings nicht erst aufwendig aus dem Berg geschlagen werden. Sie sind daher eine willkommene Alternative zum Bergbau.

Etwas ungünstig ist die Ausrichtung nach Osten, wodurch die Sonneneinstrahlung nicht den ganzen Tag optimal ist.

Der mit 5,000 m ansehlich hohe Vulkangipfel kann als Ankerungspunkt für einen Weltraumaufzug dienen. Seine Lage ist weit genug vom Äquator entfernt um eine Kolission des Aufzugs mit den Marsmonden zu vermeiden, gleichzeitig reduziert die Höhe des Vulkans die Länge des erforderlichen Aufzugseils. Selbst

wenn auf die Errichtung eines Weltraumlifts verzichtet wird können auch Raumschiffstarts von der Caldera mit geringerem Treibstoffbedarf erfolgen.

Ein weiterer kleiner Vorteil der Apollinaris Region sind die Ergebnisse der Spirit Mission im Gusev Krater. Einige der Erkenntnisse lassen sich vermutlich auch auf die Region in unmittelbarer Nähe zum Vulkan übertragen.

Apollinaris Wand (175° O, 8,5° S)			
Vorteile		**Nachteile**	
Chance auf Wasservorkommen	8	Felswand nicht perfekt zur Sonne	1
Restmagnetfeld	4		
Vertikale Felswand	10		
Größeres Felsmassiv	10		
Nah an erkundetem Gebiet	2		
Hoher Berg in der Nachbarschaft	4		
Chance auf Lavaröhren	2		
Summe	**40**		**1**

Äquatorregion – Olympus Mons

Spinnt man den Gedanken, einen äquatornahen Vulkan als Startplatz oder Anker für einen Weltraumaufzug zu verwenden, gelangt auch Olympus Mons in den Kandidatenkreis für eine mögliche Marssiedlung. Olympus Mons ist mit einer Gipfelhöhe von 22 km über Normalnull der höchste Vulkan im bekannten Universum.

Gegenüber der umliegenden Tiefebene, ragt er sogar 26 km in die Höhe. Durch die monströsen Dimensionen des Vulkans würde ein Beobachter auf dem Vulkan oder an seinem Fuß nicht den Eindruck gewinnen auf einem Berg zu stehen. Der Horizont wäre eher in Sicht als das Ende des Berges oder sein Gipfel. Die ungewöhnlichen Dimensionen des Vulkans zeigt auch der nebenstehende Vergleich mit Frankreich. Über 250 km sind vom Rand bis zur Caldera zurückzulegen. Keine geringe Herausforderung für Marsreisende.

Ebenfalls wegen der immensen Größe fällt die durchschnittliche Steigung nur gering aus. Lediglich 5° ist der Hang im Mittel gegen die Horizontale geneigt. Zum Gipfel nimmt die Steigung zu, was den Flanken insgesamt eine Konkave Form verleiht.

Eine Landung in der Nähe zu Olympus Mons ist mit heutiger Technologie lediglich im grünen und blauen Bereich vorstellbar, beispielsweise der rot umkreiste Bereich in der MOLA Karte. Die folgende Tageslicht Infrarotaufnahme zeigt eine Vergrößerung des markierten Bildausschnitts.

Sowohl im Norden als auch im Süden des Bildausschnitts bieten sich Steilwände für den Siedlungsbau an. Möglicherweise sind in der Region auch Lavaröhren vorhanden. Ungewöhnlich wäre dies nicht.

Unabhängig davon bietet die Lage eine gutes Ausgangsbasis um Olympus Mons und die umliegenden Tiefebenen zu erkunden. Genau wie am Apollinaris Mons ist auch hier das Gestein vulkanischen Ursprungs, kann als stabil und tragfähig erwartet werden.

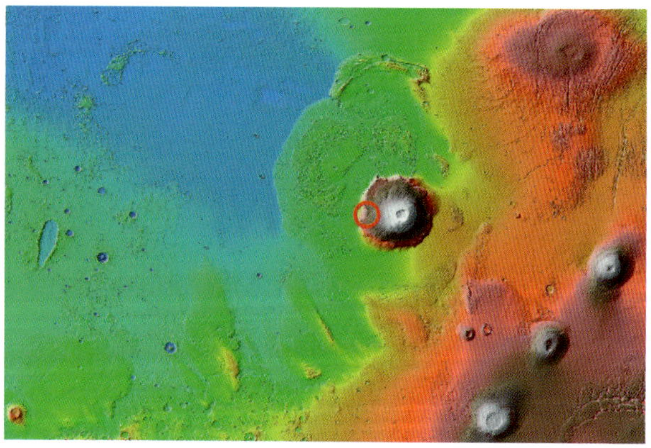

MOLA Höhenprofil – Apollinaris unten links, Olympus Mons zentral. [102]

Vergleich: Olympus Mons zu Frankreich. [103]

Nachteilhaft für die Region ist die Abwesenheit von Restmagnetisierung. Schutz vor Höhenstrahlung gibt es hier im Freien nicht. Auch bei den Wasservoräten ist die Region um den massiven Vulkan nicht gesegnet. Vorräte in der Größenordnung 3% bis 4% am Gewichtsanteil sind zu erwarten. Damit könnten aus einer Tonne Marsboden zwar theoretisch etwa 30 l bis 40 l Wasser gewonnen werden. Es besteht allerdings auch das Risiko, das der Wasserstoff in einer anderen Verbindung, vorliegt.

Höhenprofil von Olympus Mons in Falschfarben dargestellt – höchster Berg im bekannten Universum. [102B]

Olympus Mons (133,2° W, 18,3° N)

Vorteile		Nachteile	
Chance auf Wasservorkommen	4		
Hoher Berg in der Nachbarschaft	7		
Vertikale Felswand	10		
Größeres Felsmassiv	10		
Chance auf Lavaröhren	2		
Summe	**33**		

Schlussfolgerung

Die Abwägung der verschiedenen Standortkandidaten ergibt mit der Apollinaris Region einen verhältnismäßig eindeutigen Sieger. Durch seine garantierten Wasservorräte und das Eismassiv vereint der Korolev Krater zwar die meisten Vorteile auf sich, hat allerdings wegen seiner nördlichen Lage die größte Summe an Standortnachteilen. Für den Vergleich wurden Gesteinsformationen vulkanischen Ursprungs gegenüber Kraterwänden bevorzugt, da die Wahrscheinlichkeit für den Tunnelbau geeignete Umstände vorzufinden im Vulkangestein höher eingeschätzt wird.

Region	Summe
Apollinaris	39
Olympus Mons	32
Korolev Krater	30
Razi Krater	29
Kidenas Krater	29
Eridu Flanke	28

Beispielsiedlungen

In diesem Kapitel werden die im Kapitel Siedlungskonzepte erarbeiteten Ideen auf zwei Standorte angewendet: Korolev Krater und Apollinaris Mons. Die beiden Standorte bieten sich nicht nur wegen des Vergleichsergebnisses an sondern auch deshalb weil sie leicht, besonders der Basisbau am Apollinaris Mons, auf die anderen Standorte übertragbar sind.

Korolev Krater

Großes Plus einer Siedlung im Korolev Krater sind die, unter allen praktischen Aspekten, unerschöpflichen Wassereisvorräte. Eine Siedlung sollte diesen Vorteil so weit wie möglich ausnutzen. Generell bieten sich dafür zwei Optionen an: Treibstoffproduktion aus Wasser oder Siedlungsbau unter Eis.

Treibstoffproduktion kann sowohl im Kleinen, als in-situ Quelle für eine Rückkehr zur Erde, oder im Großen, zur Produktion von Treibstoff für eine weitere Erkundung des Weltraums oder des Planeten verwendet werden. Eine konsequent diesen Vorteil ausnutzende Siedlung kann eine extrem attraktive Variante sein.

Damit diese Variante Erfolg haben kann muss das Problem der nördlichen Lage und alle damit verbundenen Nachteile minimiert werden. Besonders bei der Energieversorgung akzeptiert dieser Standort wenig Alternativen. Ohne Kernkraft wird ein Siedlungsbetrieb hier nicht möglich sein. Die geringe Sonneneinstrahlung, der lange Marswinter und die tiefen Temperaturen können mit Solarzellen und Batterien nicht kosteneffizient überbrückt werden.

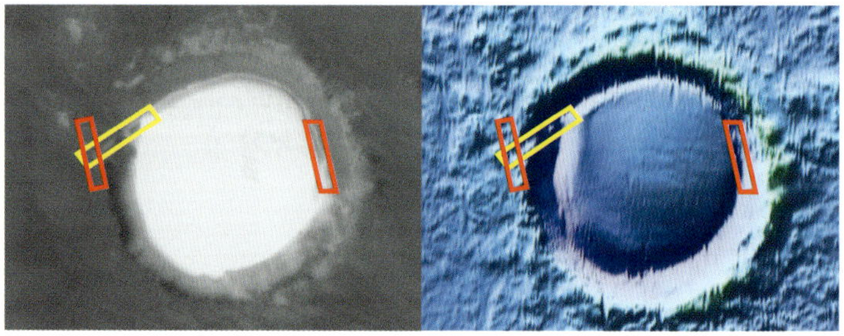

Koroloev Krater in sichtbarem Wellenlängenbereich (links) und MOLA Höhenprofil (rechts). [105]

Der Korolev Krater ist mit einem Gletscher gefüllt der eine Marssiedlung über Generationen mit Wasser versorgen könnte. [202]

Die Grafik zeigt eine Gegenüberstellung einer Aufnahme im sichtbaren Wellenlängenbereich mit dem MOLA Höhenprofil. In roten Rechteecken überlagert sind Bereiche von Detailaufnahmen durch die HiRise Kamera der Universität von Arizona. Der gelb markierte Bereich ist die für eine Siedlung vermutlich interessanteste Region. Das Höhenprofil deutet hier auf einen Bruch in der Kraterwand hin. Ein Auf- und Abstieg zum Kraterboden scheint hier am einfachsten realisierbar. Außerdem liegt der Kraterboden an dieser Stelle am tiefsten und erleichtert so die Landung.

Leider ist der Überlapp zwischen dem gelben Bereich und den HiRise Aufnahmen nur gering. Die folgenden Bilder zeigen die HiRise Aufnahmen am westlichen und östlichen Kraterrand.

Der Schnittpunkt mit der gelben Fläche liegt etwa in der Mitte des westlichen Fotos. Man kann auch auf diesem Bild, außerhalb des Kraters deutlich Eis erkennen. Die Eisschicht wirkt allerdings dünn und wird hier und dort von Felsen durchbrochen. Das Foto dient als gutes Beispiel für eine typische Region auf dem Kraterrand.

Als gutes Beispiel für die Situation am Ende des dominanten Eismassives kann das östliche Bild dienen. Der dargestellte Bereich beträgt 1024 m auf 3404 m. Die Auflösung etwa 1,93 m. Der westlich von der Aufnahme gelegene Gletscher fällt steil ab und geht in eine ebenfalls eisüberzogene Ebene über. Das nächste Bild zeigt die Vergrößerung eines Bildsauschnitts bei maximaler Auflösung. Der hier gezeigte Ausschnitt misst 835 m auf 476 m. Die beiden 100 m auf 100 m großen Regionen die mit einem roten Quadrat hervorgehoben sind werden später vergrößert gezeigt.

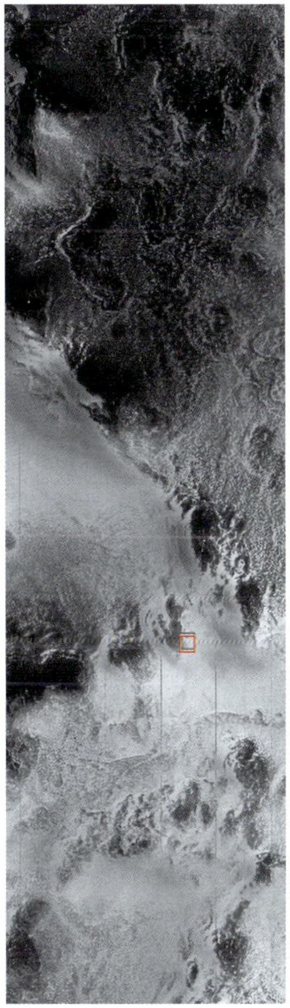

Westliche HiRise Aufnahme. [106]

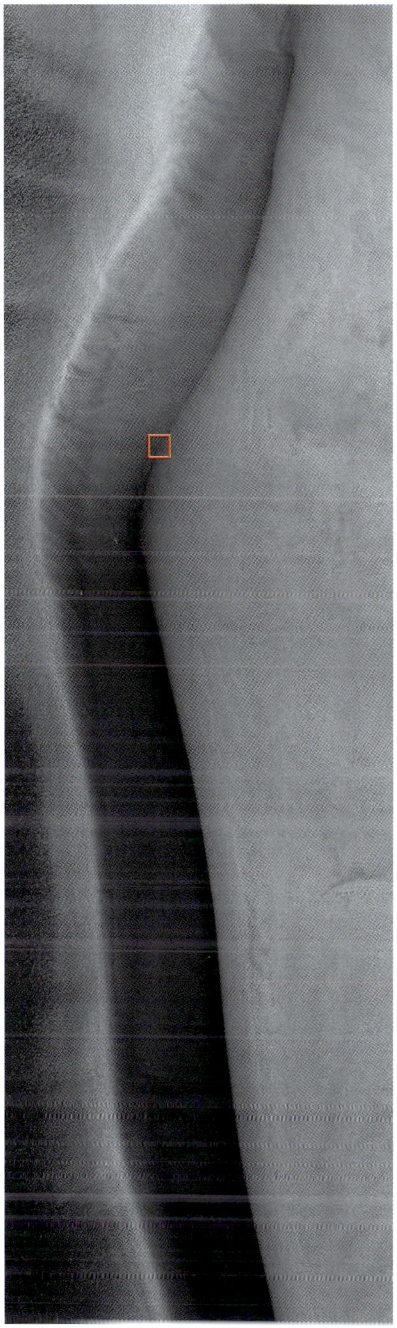

Östliche HiRise Aufnahme. [107]

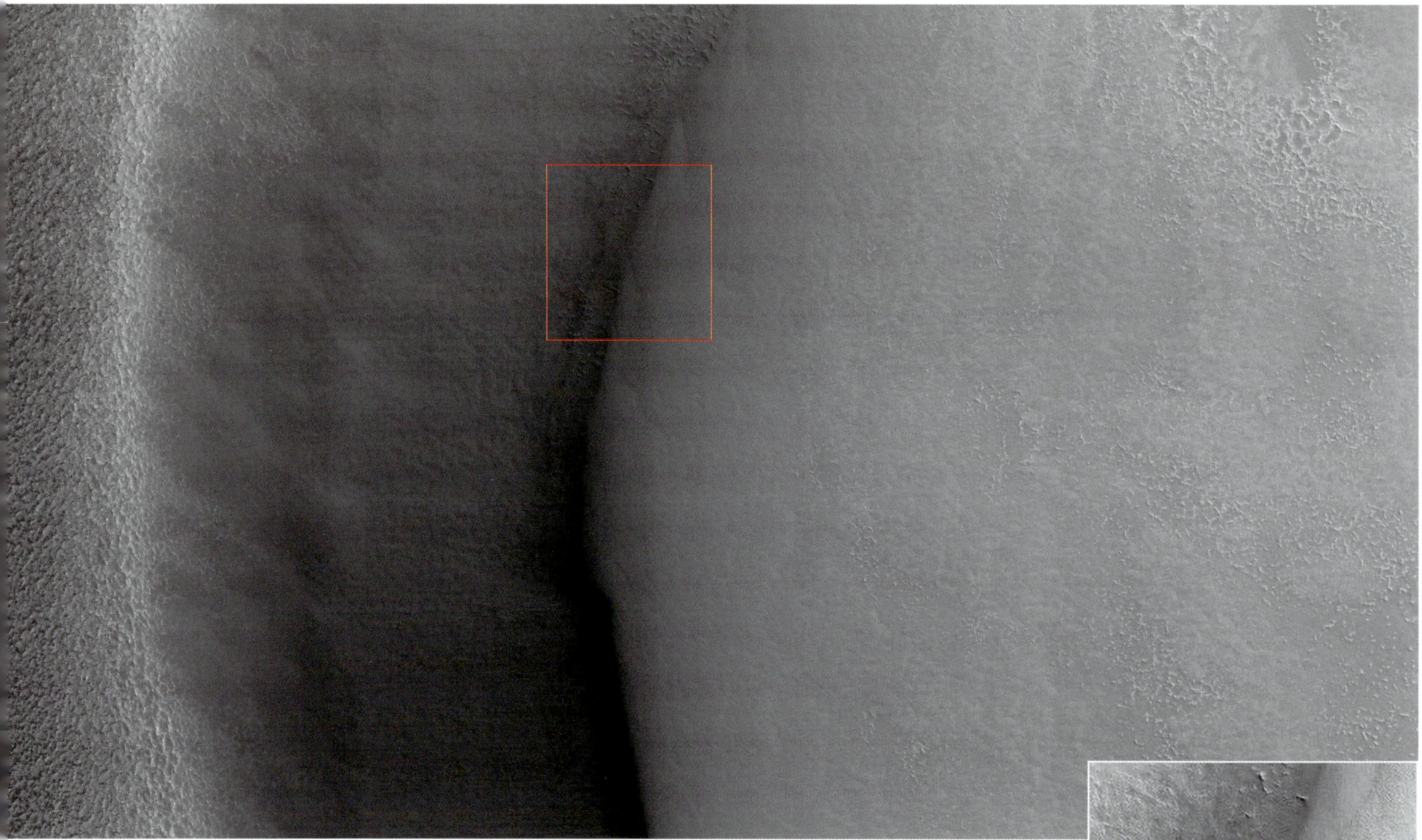

Bildausschnitt aus östlicher Aufnahme bei maximaler Auflösung. [108]

In dem jetzt 100 m auf 100 m großen Ausschnitt sind Risse und Öffnungen in der Eiswand deutlich zu erkennen, auch das Eis der Tiefebene ist nicht homogen weiß, sondern weißt bei näherer Betrachtung schwarze Flecken auf. Dies ist vermutlich auf Risse oder Untiefen, mit einer Breite etwa von 2 m bis 6 m, zurückzuführen. Die Eisflächen im Korolev Krater sehen damit, aus der Nähe betrachtet vermutlich eher einem irdischen Gletscher wie dem Skaftafelljökull im gleichnamigen isländischen Nationalpark ähnlich, wie ihn das nächste Bild zeigt.

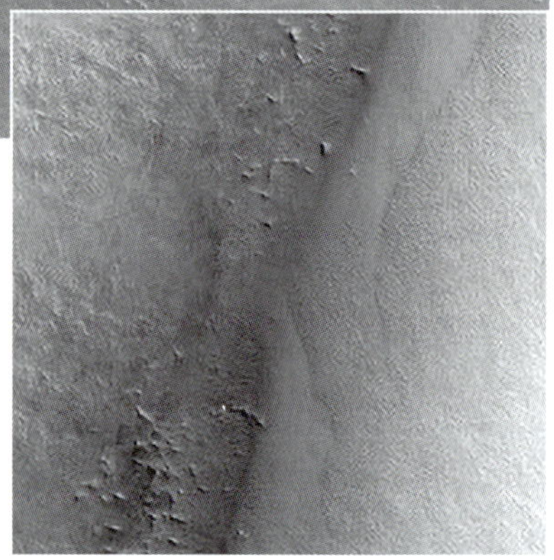

Vergrößerter Bildausschnitt am unteren Ende der Eiswand. [109]

Gletscher Skaftafellsjökull auf Island.

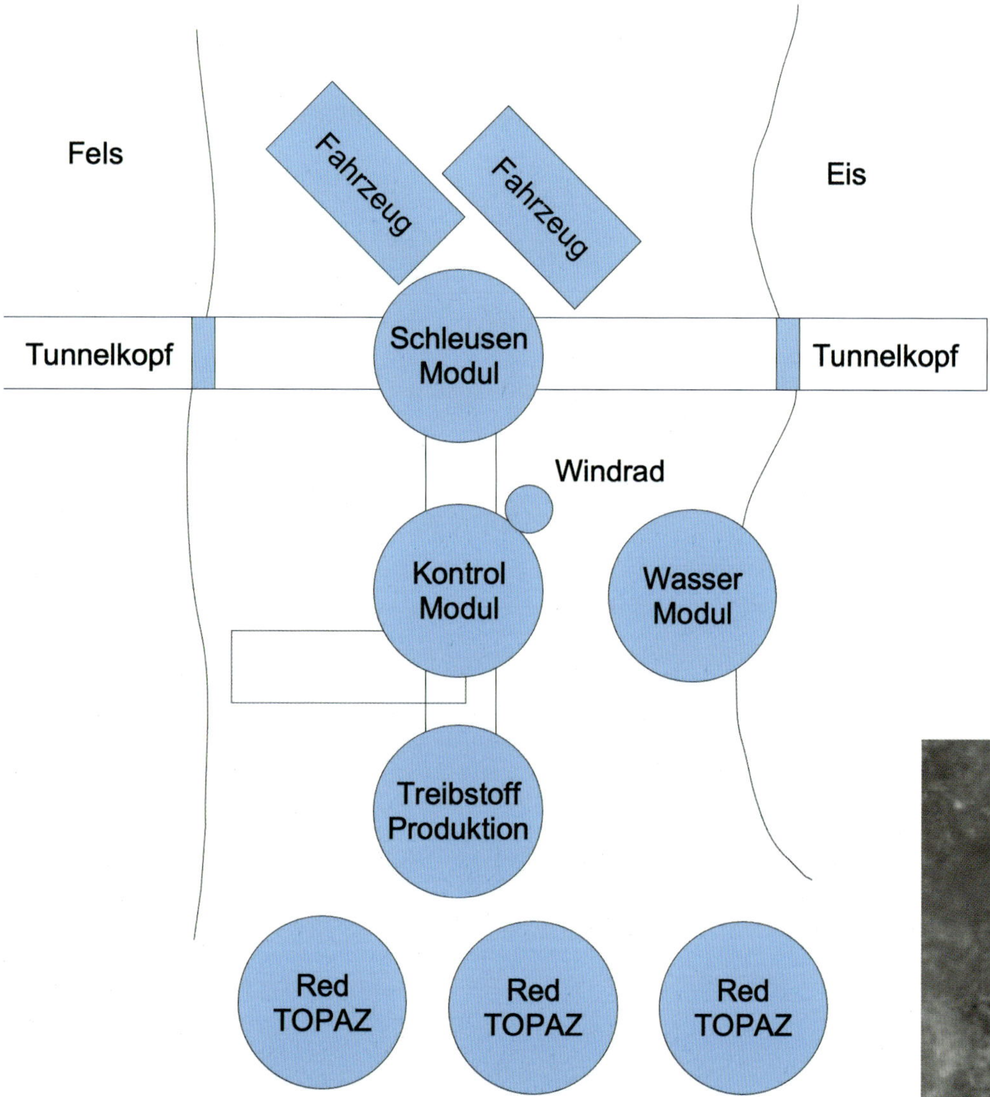

Kleine Marssiedlung im Korolev Krater - Detailansicht.

Die raue, zerklüftete Oberfläche lädt keineswegs zum Wandern, Zelten oder Siedlungsbau ein. Die dünneren Eisschichten, wie sie auf dem westlichen Foto zu erkennen sind, erscheinen für den Siedlungsbau geeigneter. Es wird daher empfohlen am westlichen Rand den Kraterboden nach Bereichen mit hinreichender Glattheit für Landung und Siedlungsbau abzusuchen.

Wie die 100 m auf 100 m große Vergrößerung einer Region der HiRise Aufnahme am westlichen Kraterrand zeigt ist auch hier eine Zerklüftung der Eisfläche möglich. Finden einer geeigneten Lande- und Siedlungsstelle kann sich entsprechend schwierig gestalten.

Anhand einer über das Foto gelegten Schamtischen Zeichnung einer kleinen Marssiedlung lassen sich die Dimensionen des Bildes besser erfassen. Auch die auf dem Übersichtsfoto so beschaulich wirkende Eisfläche am Kraterrand, ist im Vergleich zur erwarteten Größe einer Marssiedlung noch riesig. Das nächste Bild zeigt das Siedlungslayout im Detail:

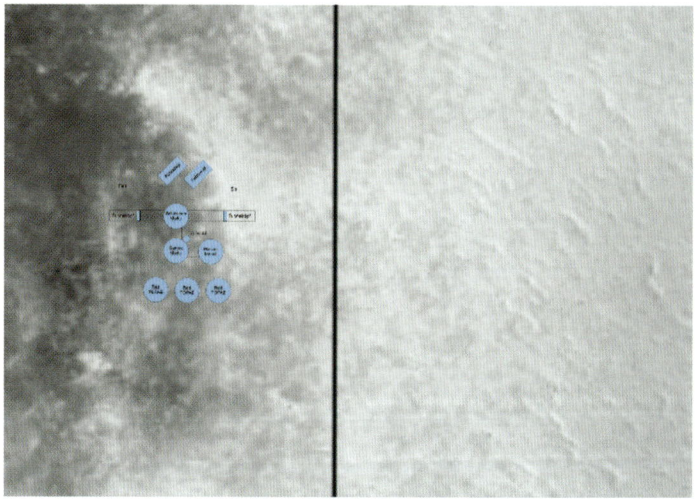

Vergrößerung am westlichen Kraterrand. [111]

Die Siedlung ist im Übergangsbereich zwischen blankem Fels und ewigem Eis gelegen. Schleusenmodul (mit Vorräten), Wassermodul und die Reaktoren sind bereits vor den Astronauten angekommen. Basis für diese Marssiedlung ist das zuvor vorgestellte Missionsprofil: Überlebenskünstler. In der hier gezeigten Variation entfällt das Solarfeld und die Traglufthalle und wird durch drei Red TOPAZ Kernreaktoren, zur Basisversorgung und in-situ Treibstoffproduktion, ersetzt. Als alternative Energiequelle stehen nach wie vor das Windrad und die Fahrzeugbatterien als Pufferspeicher zur Verfügung.

Größte Änderung stellt die Verdopplung der Tunnelköpfe dar. Die Überlebenskünstler haben jetzt wahlweise die Möglichkeit mit Bergbaugerät in nahe gelegene Gesteinsformationen zu graben oder sich in das Gletschereis zu schmelzen. Über die Abwärme der Reaktoren steht genügend Wärmeenergie zur Verfügung, um das Eis bequem verdampfen zu lassen, da Wassereis bei dem auf dem Mars typischen Druck direkt in die Gasphase übergeht.

Eishöhlen, wie die auf dem Bild dargestellte Anlage, lassen sich auf diese Art leicht aus dem Gletscher schmelzen. Die Eisdecke bietet Schutz vor Höhlenstrahlung und kann, eine hermetische Abdichtung zur Außenwelt vorausgesetzt, mit für die Raumfahrer verträglicher Atmosphäre befüllt und temperiert werden. Auch wenn die Temperaturen noch unter 0 °C liegen müssen, zeigen doch die Eskimos seit Jahrtausenden, dass man auch unter diesen Bedingungen überleben kann. Von der Inuit Kultur kann man sich auch durch den Iglu bau inspirieren lassen und oberirdische Unterkünfte aus Eis errichten. Demonstriert was mit Eis als Bausubstanz möglich ist wird alljährlich bei der Errichtung verschiedener Eishotels nördlich des irdischen Polarkreises. Das Bild Zeigt einen Raum des schwedischen Eishotels im Winter 2002/03.

Erlaubt die technische Entwicklung, vor einer bemannten Marsmission, das sichere Absetzen von Nutzlasten über 1 t, vorzugsweise 20 t, so könnten Module der Größe heutiger ISS Module auf dem roten Planeten angelandet werden. Typische ISS Module sind etwa 12 m lang und 4 m breit. Objekte dieser Abmessungen währen von den zu erwartenden Unebenheiten im Eisboden des Kraters weitaus weniger beeinflusst. In diesem Fall bieten sich folgende Module an: Reaktor- und Generatormodul ähnlich den auf dem Mond verwendeten Modulen sowie ein Mehrzweckmodul mit Wasseraufbereitung, Treibstoffproduktion und Unterkunft.

Eishöhle. [113]

Eishotel in Jukkasjärvi, Schweden. [114]

Der Einsatz des 10 MWe Reaktors ermöglicht erheblich Energieaufwändigere Tätigkeiten als die weitaus kleineren TOPAZ Reaktoren. Treibstoff kann jetzt im großen Stil produziert werden. Bei einem Leistungseinsatz von 1 MWe können pro Tag 2,5 t LH2/LOX hergestellt werden. Selbst mit Lagerungsverlusten ist es noch möglich auf diese Art 250 t Treibstoff zu horten. Entsprechend würden auch jeden Tag 2,5 m^3 Eis verbraucht und die Siedlung um diesen Bereich vergrößert. Eine Treibstoffproduktion in dieser Größenordnung erlaubt es sogar den Treibstoff für den Start aus dem Marsorbit in-situ zu produzieren.

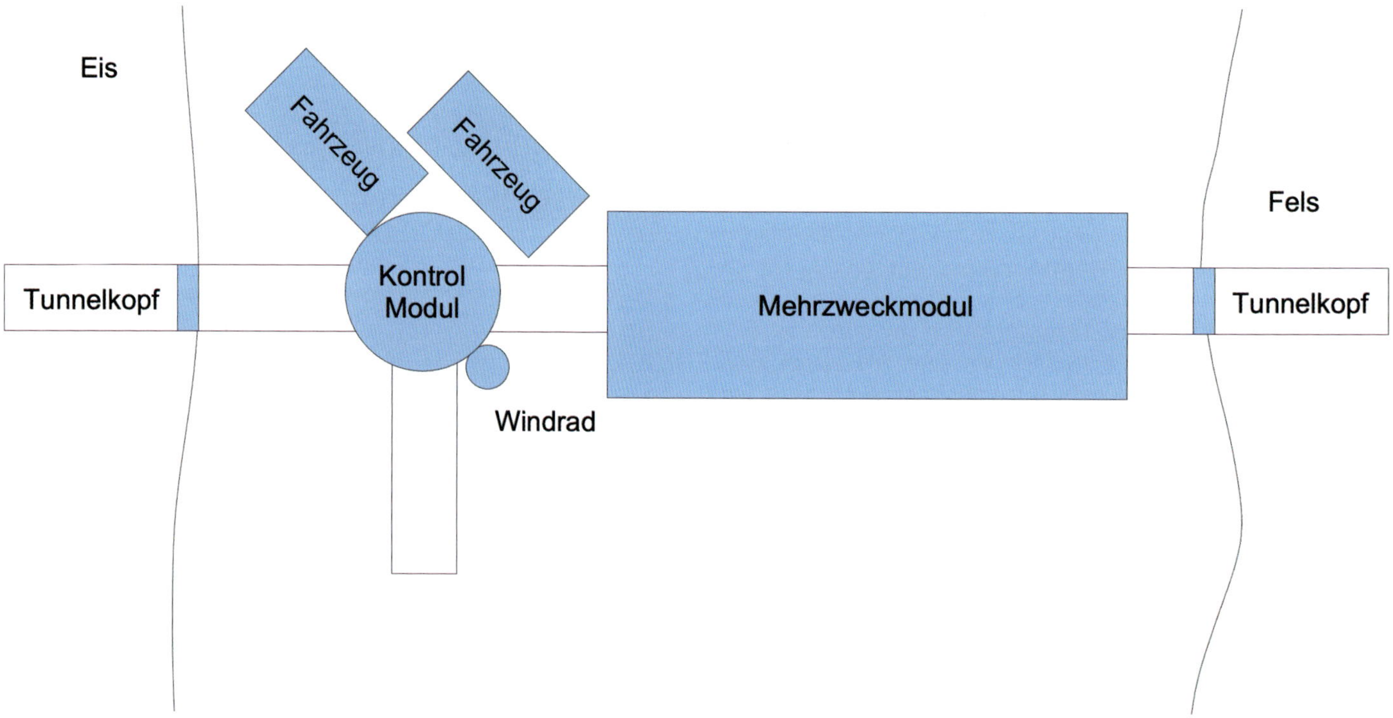

Schematische Darstellung einer Marssiedlung aus größeren Modulen.

Apollinaris Mons

Eine Siedlung am Apollinaris Mons profitiert von guten Wasservorräten, Restmagnetfeld und stabilem Marsgestein. Als langfristig am wertvollsten kann sich der Zugang zum Vulkan erweisen, wenn man den Standort zum Bau eines Weltraumlifts nutzt. Eine Siedlung in dieser Region sollte einen Weltraumaufzug als langfristiges Ziel haben.

Leider gibt es noch keine HiRise Aufnahmen der Ostflanke von Apollinaris Mons oder der ausgewählten Kante im Besonderen. Am Olympus Mons gibt es allerdings ähnliche Formationen an der Ostseite die fotographisch erfasst wurden.

Die Aufnahme am Olympus Mons zeigt ein hohes Maß an Sand und Staubverwehungen. Die Infrarotaufnahmen vom Apollinaris Mons zeigen eine geringer Ausprägung dieses Phänomens, womit mehr vom Fels exponiert sein sollte um das graben eines Tunnelkopfes zu ermöglichen.

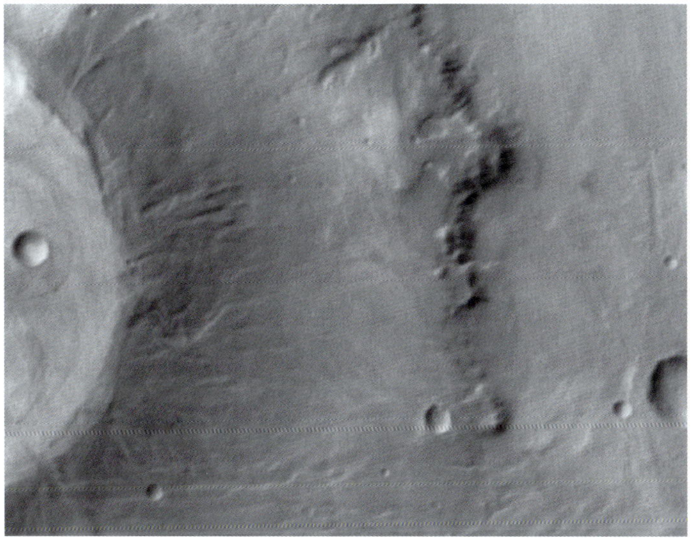

Apollinaris Kante im sichtbaren Spektrum. [116]

Eine Marssiedlung am Apollinaris Mons kann im Wesentlichen den Beispielen folgen die im Kapitel *Siedlungskonzepte* vorgestellt wurden. Die gemäßigten Temperaturen und sonnenreichen Tage erlauben Landwirtschaft in geeigneten Gewächshäusern.

Um von der Pioniernatur der Siedlung einen Schritt zu einem produktiven Standort zu schaffen, bietet sich hier die Errichtung eines Weltraumaufzuges an. Stellen sich die Wasservorkommen als ausreichend für die Treibstoffproduktion heraus, kann dieser mit dem Aufzug in den Weltraum transportiert werden und so einen wertvollen Beitrag zur weiteren Besiedlung des Sonnensystems leisten.

6 km hohe Steilkante östlich von Olympus Mons. [117]

Finanzierung

Was wird uns das alles kosten? Durch das gesamte Buch hindurch wurden die Kosten für deine Marssiedlung unter ganz verschiedenen Gesichtspunkten konsequent beleuchtet. Abhängig davon was man für eine Art von Marsmission möchte, ergeben sich völlig unterschiedliche Kosten (Tabelle siehe Seite 176 oben).

Alle Kosten, mit Ausnahme der bereits unbezahlbar teuren 90 Tage Mission, enthalten einen Sicherheitsfaktor von 3,6 gegenüber in den hier ausgewiesenen Kosten. Der Faktor setzt sich aus einer Schätzungenauigkeit von 20% sowie einen Faktor drei für Missionsplanung, Risiken, ungeschickte politische Entscheidungen und Ineffizienzen zusammen. D. h. unter optimalen Bedingungen sind die Missionen auch zu einem Drittel des Preises möglich. Im Folgenden wird allerdings konservativ mit den höheren Werten fortgefahren.

Der Vergleich der Ticketpreise, also der Missionskosten pro Kopf, zeigt nochmal deutlich den Vorteil der nachhaltigen Besiedlung des Mars von einer Mondsiedlung aus. Vergleicht man Option 3 One Way, als günstigster der erdbasierten Missionen mit dem Mond ergibt sich noch ein 27% für die nachhaltige Variante.

Von den 14 betrachteten Varianten sind drei besonders erwähnenswert.

- Option 1 One Way stellt die einfachste aller Marsmissionen dar, für gerade einmal 11,29 Mrd. USD können hier zwei Personen auf den Mars gelangen.
- Option 2A Two Way (unbequem) bietet eine günstige Alternative zur One Way Mission und wird im Folgenden als Stellvertreter für die Sightseeing Touren zum Mars auch unter dem Finanzierungsaspekt weiter betrachtet.
- Zuletzt haben wir die nachhaltige Gründung einer Marssiedlung basierend auf einer Mondsiedlung, die mit Kosten von 149 Mrd. USD zu Buche schlagen könnte.

Als Durchführungszeitraum für jede der drei ausgewählte Missionen ergeben sich andere Zeiträume und damit andere jährliche Kosten:

Missionsart	Dauer [d]	Siedler	Von der Erde [M$]	Vom Mond [M$]	Ticket [M$ pp]
Sofort Hin und Sofort Zurück	90	4	3.842.686	N/A	960.671
Option 1 One Way	immer	2	**11.290**	N/A	5.645
Option 2A One Way (unbequem)	immer	4	17.323	N/A	4.331
Option 2A One Way (bequem)	Immer	4	23.209	N/A	5.802
Option 2B One Way (unbequem)	immer	4	22.118	N/A	5.530
Option 2B One Way (bequem)	Immer	4	28.004	N/A	7.001
Option 3 One Way	Immer	8	31.399	N/A	3.925
Option 1 Two Way	immer	2	20.430	N/A	10.215
Option 2A Two Way (unbequem)	1000	4	**35.606**	N/A	8.902
Option 2A Two Way (bequem)	1000	4	56.567	N/A	14.142
Option 2B Two Way (unbequem)	1000	4	40.399	N/A	10.100
Option 2B Two Way (bequem)	1000	4	61.369	N/A	15.342
Option 3 Two Way	1000	8	67.690	N/A	8.461
Nachhaltige Marssiedlung	Immer	52	N/A	**149.011**	2.866

Mission	Kosten [M$]	Dauer	Kosten/Jahr
Option 1 One Way	11.290	7 Jahre	1.613 M$
Option 2A Two Way	35.606	10 Jahre	3.561 M$
Nachhaltig vom Mond	149.011	15 Jahre	9.934 M$

Im Vergleich dazu zeigt die folgende Tabelle die Kosten von Historischen Raumfahrtprogrammen in etwa in heutigem Geldwert:

Mission	Kosten [M$]	Dauer	Kosten/Jahr
Apollo	150.000	1961 bis 1972 (12 Jahre)	12.500 M$
Space Shuttle	200.000	1972 bis 2011 (40 Jahre)	5.000 M$
ISS	188.000	1998 bis 2018 (20 Jahre)	9.400 M$

Im Vergleich zu den historischen Programmen sind die beiden wenig Nachhaltigen Missionen geradezu günstig zu haben. Eine Nachhaltige Besiedlung des Mars vom Mond ausgehend kostet etwa so viel wie die ISS und ist bereits günstiger zu haben als das Apollo Programm. Die Kosten bewegen sich auch in einem ähnlichen Rahmen wie für die Besiedlung des Mondes. Im gleichnamigen ersten Band wurden bereits zahlreiche Finanzierungsoptionen vorgestellt, die auch für eine Reise zum Mars weiter Gültigkeit haben. Für die Finanzierung einer Reise zum Mars werden lediglich drei Varianten vorgestellt.

Finanzierung durch Privatpersonen

Der reichste Mensch der Welt ist zurzeit Amazon.com Gründer und Haupteigner Jeff Bezos. Geschätzte 112 Mrd. USD beträgt sein Vermögen aktuell. Mit immer noch 90 Mrd. USD und 84 Mrd. USD folgen Microsoft-Mitgründer Bill Gates und Finanzinvestor Warren Buffet auf den Plätzen 2 und 3. Vergleicht man das mit der Situation Anfang 2017 ergibt sich folgendes:

Milliardär	2017 [Mrd. USD]	2018 [Mrd. USD]	Differenz [Mrd. USD]
Jeff Bezos	73	112	+39
Bill Gates	86	90	+4
Warren Buffet	76	84	+8

Jeder der Herrschaften hat es im letzten Jahr geschafft, sein Vermögen um mehr zu erweitern als die beiden günstigen Marsmissionen, die sofort begonnen werden könnten, kosten würden. Jeff Bezos könnte sogar die Kosten für die nachhaltige Marsmission übernehmen, ohne ärmer zu werden. Er könnte sogar Option 1 – Two Way bezahlen und bliebe der reichste Mensch der Welt. Vielleicht macht er das auch eines Tages. Mit Blue Origins hat er zumindest schon seine eigene Raumfahrtfirma.

Finanzierung durch die Bundesrepublik

Seit 2015 erzielt die Bundesrepublik im Bundeshaushalt einen Überschuss. 2019 ist der Überschuss bereits auf 19 Mrd. Euro, etwa 21 Mrd. USD angewachsen. Problemlos könnte die Bundesrepublik in zukunftsträchtige Themen wie die Besiedlung des Weltraums investieren. Mit einem Budget von 10 Mrd. USD, zielstrebig eingesetzt, könnte sich viel bewirken lassen – z. B. jede der drei Marsmissionen. 48% des Überschusses müssten dafür eingesetzt werden. Umgerechnet auf den Bundeshaushalt 2019 sind 9,9 Mrd. USD gerade einmal 2,5%.

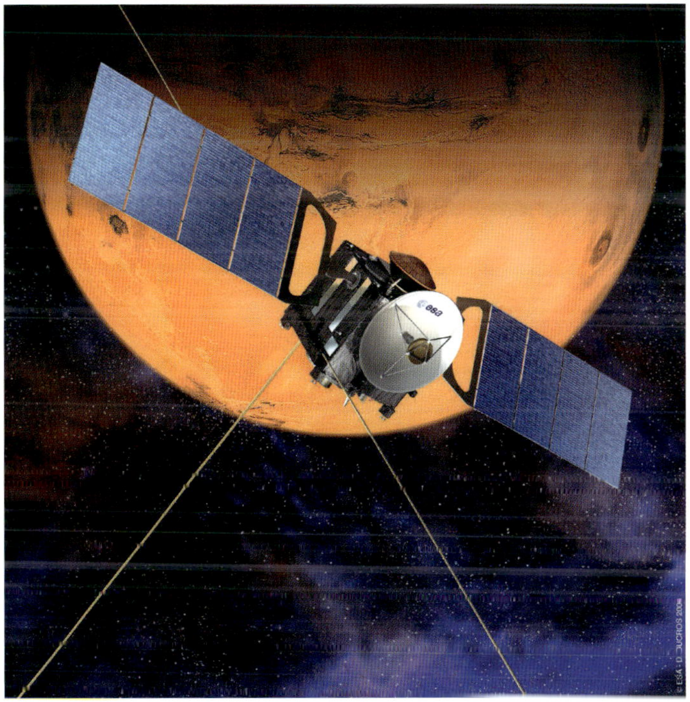

Mars Express. [117B]

Finanzierung durch die internationale Staatengemeinschaft

Wünschenswert wäre, dass nicht eine Person oder ein Land die Besiedlung des Mars alleine unternimmt, sondern dass dies ein Programm internationaler ZusammeNabeit wird wie es bereits bei der ISS der Fall ist. Zieht man die an der ISS Beteiligten Staaten plus China für die Gründung einer Marssiedlung heran und geht davon aus, dass sich China in ähnlichem Umfang wie die USA beteiligen werden, dann ergibt sich die rechts stehende Tabelle.

Land	Staatsausgaben [Mrd. USD]	Anteil	Jahresbeitrag [Mio. USD]
USA	3500	19,10%	1.891
China	1137	18,60%	1.841
Japan	2500	13,60%	1.346
Deutschland	1513	8,20%	812
Frankreich	1420	7,70%	762
Vereinigtes Königreich	1140	6,20%	614
Russland	348	5,70%	564
Italien	1020	5,60%	554
Spanien	628	3,40%	337
Kanada	547	3,00%	297
Niederlande	410	2,20%	218
Belgien	238	1,30%	129
Schweden	221	1,20%	119
Brasilien	220	1,20%	119
Dänemark	182	1,00%	99
Schweiz	180	1,00%	99
Norwegen	178	1,00%	99
Summe		100%	9.900

Zusammenfassung

Eine Finanzierung der Marsmission von Missionskosten von bis zu 10 Mrd. Euro pro Jahr ist sowohl durch Einzelpersonen als auch durch Nationen bezahlbar. Bei einer Finanzierung durch eine internationale Staatengemeinschaft, ähnlich der ISS, müsste Deutschland weniger als 0,05% seines Bundeshaushalts aufwenden um Menschen auf den Mars zu bringen.

Zukunftschancen

Weitere Siedlungen

Wie die Betrachtung der verschiedenen Standortkandidaten gezeigt bietet der Mars viele Interessante Orte die sich zu besiedeln lohnen würden. Die Auswahl des idealen Standorts fällt schwer. Der Standort der für die erste Siedlung am geeignetsten ist mag nicht langfristig der einzige interessante Ort sein. Es bietet sich deshalb an ausgehend von der ersten Siedlung weitere Siedlungen zu gründen -idealerweise mit lokal hergestellten Mitteln.

Wegen der garantierten Wasservorräte könnte der Korolev Krater die erste Wahl für eine Marssiedlung werden. Von dort aus würde es sich allerdings anbieten in andere Regionen zu expandieren und diese neuen Siedlungen mit Wasser aus dem Korolev Krater zu versorgen.

Ein Blick auf die Distanz macht deutlich wie weit die verschiedenen Standorte wirklich auseinander liegen. Bedenkt man die Ge-

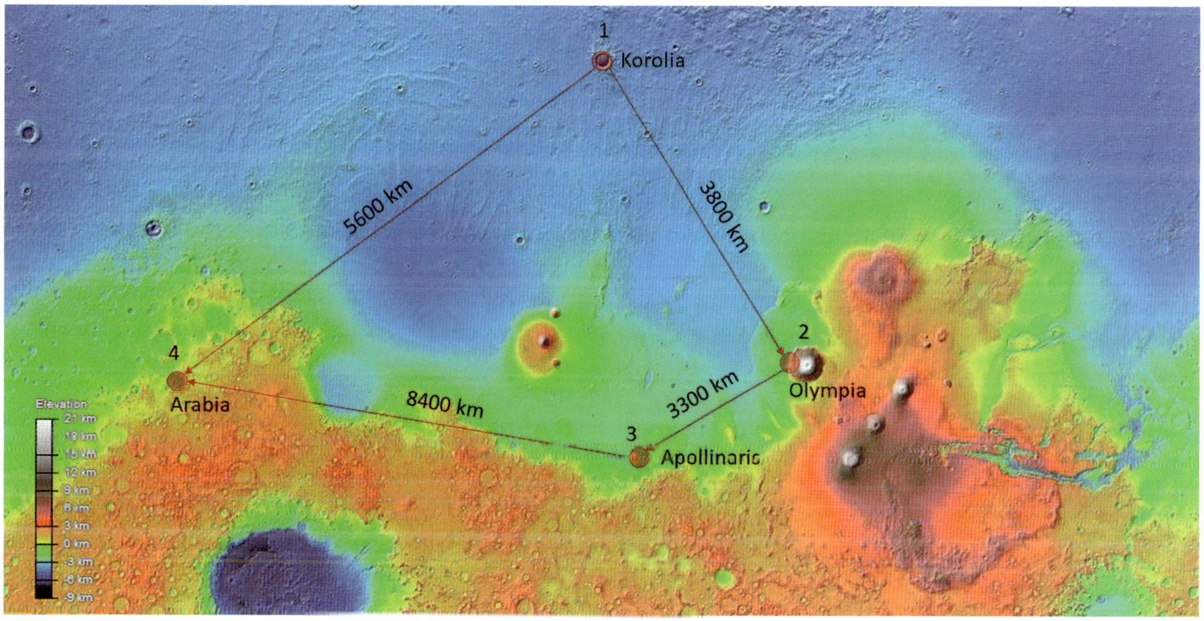

Mögliche Reihenfolge der Siedlungsgründung. [118]

schwindigkeit mit der sich semi-autonome Marsrover heute über den Planeten bewegen scheint das Überbrücken von tausenden Kilometern undenkbar.

Die in der Bildfarbe kodierte Höheninformation zeigt die verhältnismäßig flache Ausprägung der nördlichen Marshemisphäre. Es ist daher vorstellbar von Korolia aus mit einer Art marsianischem Road Train, ähnlich den Australischen Namensvetter, große Distanzen mit hoher Geschwindigkeit zurückzulegen. Geringer Schwerkraft, stark reduzierte Luftwiederstand und das fehlende Risiko Wildtiere zu überfahren wirken sich positiv aus.

Breits in den 1950 Jahren konstruierte die Texanische Firma Le-Tourneau ein Fahrzeug das als Inspiration für Langstreckentransportfahrzeuge auf dem Mars dienen kann: Den Overland Train. Das längste Landfahrzeugs aller Zeiten im Einsatz kann hier gesehen werden.

Hätte man ein Fahrzeug dieser Art auch auf dem Mars verfügbar stünde dem Transport auch größerer Lasten über weiter Distanzen nichts im Wege, die Siedlungen könnten so material austauschen. Das Fahrzeug könnte sich wahlweise autonom, ferngesteuert oder mit einem Fahrer über den Mars bewegen. Bei letzterem müsste das Fahrzeug mit geeigneten Lebenserhaltungssystemen ausgestattet werden. Naheliegend wäre in der Anfangsphase, wenn noch viel Unvorhersehbares passieren kann auf menschliches Improvisationstalent zu vertrauen und mehrere Fahren mitzuschicken und später auf autonome System zurückzugreifen.

Mit allzu üppigen Siedlungsausbreitungen möchte man sich allerdings mit Blick auf die fernere Zukunft etwas einschränken. Vor allem beim Bau von oberirdischen Siedlungen kann eine gewisse Zurückhaltung angebracht sein, wenn man den Mars später einmal richtig wohnlich haben möchte. Dafür gibt es nämlich eine echte Option:

Breits in den 1950 Jahren konstruierte die Texanische Firma La-Tourneau ein Fahrzeug das als Inspiration für Langstreckentransportfahrzeuge auf dem Mars dienen kann: Der Overlandtrain. Das längste Landfahrzeug aller Zeiten. [118B] (Wikkipedia: ForgottenLords)

Terraforming

Ähnlich der Erde befindet sich der Mars im der bewohnbaren Bereich des Sonnensystems, auch Habitable Zone genannt. Dies ist der Bereich im Sonnensystem in dem flüssiges Wasser vorstellbar ist. Das Übersichtsbild zeigt (Seite 181): Erde und Mars liegen beide solide innerhalb dieser Zone.

Der Mars hatte lediglich etwas Pech in seiner Entwicklungsgeschichte. Der urzeitliche Mars war der urzeitlichen Erde erheblich ähnlicher als dies heute der Fall ist. Es gab Ozeane, Seen und Flüsse. Vielleicht sogar eine Atmosphäre die für Menschen verträglich gewesen wäre. Begünstigt durch ein fehlendes Magnetfeld wurde die Atmosphäre beim Mars vom Sonnenwind verweht und der rote Planet wurde zur trockenen Einöde.

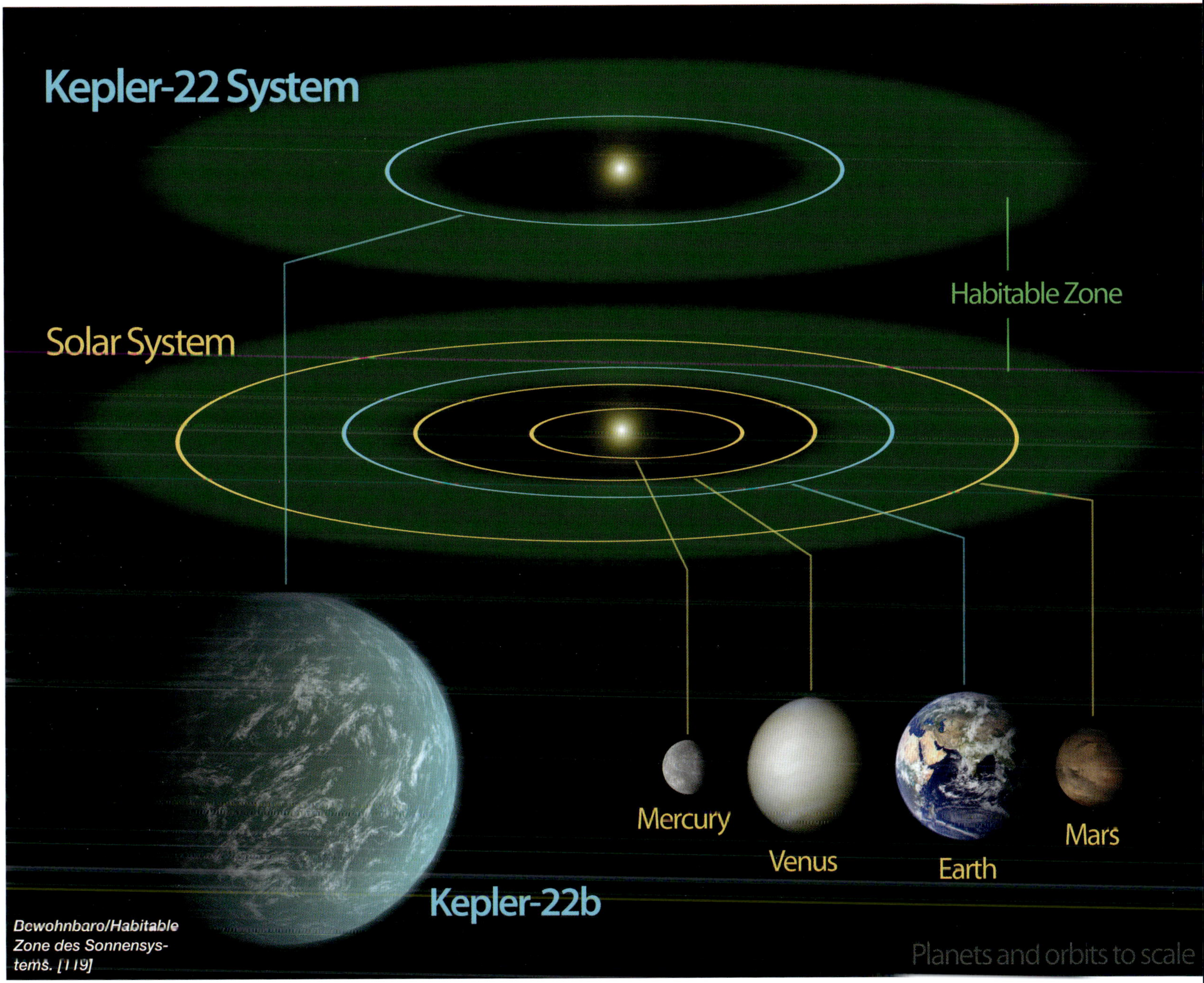

Bewohnbare/Habitable Zone des Sonnensystems. [119]

Um dem Mars wieder irdische Züge zu verleihen müsste primär etwas an der Atmosphäre getan werden. Diese müsste in erster Linie dichter werden. Das Phasendiagramm vom Wasser beschreibt die Temperatur- und Druckabhängigen Übergänge zwischen Wasser, Eis und Wasserdampf (siehe rechts).

Auf dem Mars liegen zumeist Temperaturen unter 0°C vor und der Druck beträgt im Durchschnitt 0,00636 bar (6,36 hPa). Damit geht Eis direkt in Wasserdampf über, man spricht von Sublimation. Damit heute flüssiges Wasser auf dem Mars existieren kann muss der Druck lokal über 0,006 bar ansteigen und die Temperatur 0,01 °C übersteigen.

Damit Menschen ohne Schutz überleben können muss der Luftdruck mindestens 63 hPa betragen. Dieser Wert ist als Armstronglimit bekannt. Unterhalb dieses Wertes reicht die Körpertemperatur des Menschen aus um das Wasser im Körper zum Sieden zu bringen. Damit man auch noch einigermaßen atmen kann sollte der Luftdruck mindestens dem auf dem Mount Everest entsprechen. Dort beträgt er etwa 330 hPa.

Mit steigendem Atmosphärendruck wird der Mars auch eine höhere Lufttemperatur erreichen. Damit werden die CO_2 Reservoire an den Polen abschmelzen. Geschieht dies leistet das CO_2 einen Beitrag zum Luftdruck von 10 hPa. Zum Vergleich: Auf der Erde beträgt der Beitrag von CO_2 zum Luftdruck nur 0,39 hPa. Mit dem deutlich höheren Wert würde der Mars automatisch einen deutlich stärkeren Treibhauseffekt erhalten als die Erde und könnte so seine sonnenfernere Lage kompensieren. Inwieweit es dadurch auch zu einer Überkompensation kommen kann müssten Detailstudien klären.

Sind Luftdruck und Temperatur auf dem Mars erstmal erhöht würden auch die im Marsboden eingefrorenen Wasservorräte schmelzen und weite Teile der Nördlichen Hemisphäre mit Wasser überziehen.

Um diese Prozesse auszulösen muss die Dichte der Marsatmosphäre erhöht werden. Heute wiegt die Atmosphäre des Mars etwa 2 x 1016 kg. Um 330 hPa zu erreichen müsste man etwa 52mal so viel Masse in Form von Stickstoff und Sauerstoff hinzufügen also etwa 1018 kg. Bei einer Temperatur von -150 °C hat gefrorener Stickstoff etwa eine Dichte von 500 kg/m³. Damit wären lediglich 2 x 1015 m³ Stickstoff nötig. Dies entspricht einem Eisball von etwa 160 km Durchmesser. Im Kuipergrütel, einer Ansammlung von Eisbällen aus vorwiegend Wasser, Methan und Ammoniak, gibt es mindestens 70,000 Objekte die den genwünschen Durchmesser haben. Darüber hinaus gibt es eine unbekannte Anzahl kleiner Objekte. Findet sich hier kein geeigneter Eisball bietet die jenseits des Kuipergürtels folgende Oortsche Wolke eine noch viel größere Anzahl ähnlicher Objekte. Die Chancen dass man in der Zukunft unter dieser Auswahl geeignete Eisbälle findet sind hoch. Hat man einen geeigneten Eisball gefunden, ist es auf Grund der geringen Gravitation verhältnismäßig leicht diesen Eisball auf Kollisionskurs mit dem Mars zu bringen.

Verhältnismäßig kurz vor dem Einschlag auf den Mars sollte man den Eisball in viele Bruchstücke zertrümmern damit diese bereits in der Marsatmosphäre verdampfen und diese so anreichern können ohne eine Planetenweite Katastrophe durch einen Meteoriteneinschlag auszulösen. Ist die Atmosphäre erstmal dichter, beginnen die Prozesse wie oben beschrieben abzulaufen. Erdähnlicher Luftdruck, Temperatur, Flüsse, Seen und Ozeane ergeben allerdings noch keine zweite Erde. Pflanzen und Tiere müssen jetzt in großem Stil von der Erde importiert und auf dem Mars freigesetzt werden. Damit kann sich auch Vegetation ausbreiten. Erst wenn dieser Prozess abgeschlossen ist könnte der Mars einmal aussehen wie hier dargestellt: http://quanto.deviantart.com/art/Terraformed-Mars-53595798

Damit wäre ein zweiter erdähnlicher Planet in unserem Sonnensystem erschaffen. Der rote Planet wäre grün geworden.

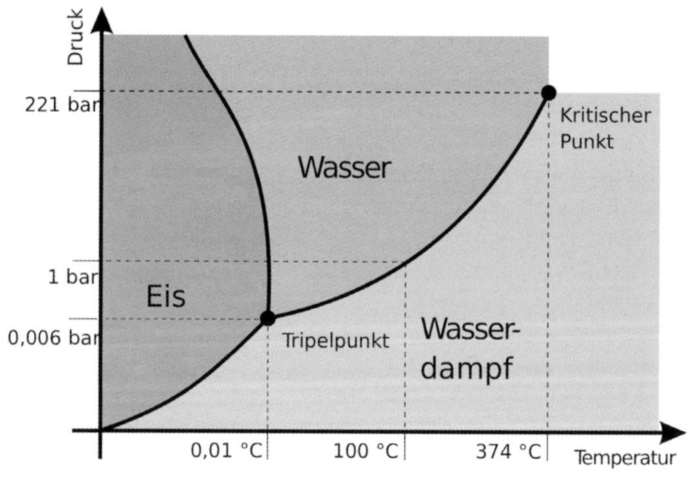

Phasendiagramm von Wasser. [120]

Zusammenfassung

Der Traum den Mars zu besiedeln beschäftigt die Menschheit seit Jahrhunderten, muss aber nicht länger ein Traum bleiben. Mit der Falcon Heavy steht ein Startgerät zur Verfügung, dass mit seinen 16,8 t Nutzlast zum Mars in der Lage ist ein bemanntes Raumschiff dorthin zu bringen. Das Bequemlichkeitsniveau der Crew während des 240 Tage dauernden Fluges hat verhältnismäßig großen Einfluss auf die Kosten.

Es wurde gezeigt, dass schnellere Marsflüge nur mit extremen Zusatzkosten realisierbar sind und damit nicht finanzierbar.

Abgesehen von Zeitdauer und beengten Verhältnissen, also Schwierigkeiten die sich aus der menschlichen Psyche ergeben erscheint die Distanz, trotz langer Flugdauer, Microgravitation und Strahlenbelastung für den Menschen überstehbar. Irdische Simulationen eines Marsflugs mit Testprobanden machen Mut, dass auch die psychologische Hürde kein Problem darstellt.

Die Pläne die Landung auf dem Mars, die wegen der geringen Erfolgsquote auch als „7 Minuten des Terrors“ bezeichnet wird, mit einem modifizierten Dragon Raumschiff auszuführen versprechen Erfolg bedürfen aber dringend eines unbemannten Testflugs.

Die Mindestaufenthaltsdauer für die Siedler auf dem Mars beträgt etwa 500 Tage. Die Errichtung einer Siedlung ist daher, auch bei einer Mission mit Rückflug, unumgänglich. Um Schutz vor Strahlung, Atmosphäre und Temperaturen zu gewährleisten bietet sich ein Siedlungsbau in einem Felsmassiv an. Ist diese Siedlung einmal errichtet wird das beibehalten und weiterer Ausbau der Siedlung einem Rückholen der ersten Pioniere deutlich vorgezogen. Evakuiert werden sollte nur im äußersten Notfall.

Für eine nachhaltige Besiedlung des Mars ist eine Mondsiedlung nicht zwingende Voraussetzung aber eine sehr nützliche. Durch Start von einer Mondsiedlung können die Kosten um etwa 25% reduziert werden. Vor allem erlaubt die Mondsiedlung den Bau eines größeren und damit effizienteren Siedlungsschiffs, dass auch für weitere Missionen tiefer in das Sonnensystem verwendbar ist.

Um die für die Besiedlung des Mondes entwickelten Komponenten weiter verwenden zu können ist es erforderlich die auf dem Mars sicher anlandbare Nutzlast von derzeit etwa 1 t auf 20 t zu steigern.

Auch eine kleine Marssiedlung wie sie ohne vorhandene Mondsiedlung realisierbar ist hat die Chance auf Wachstum und Nachhaltigkeit wird allerdings auf längere Zeit von der Erde abhängig bleiben.

Sofort mögliche Varianten der Marsbesiedlung sind Beispielsweise ohne Rückflug ab etwa 11,3 Mrd. USD für eine minimale Basis die das Überleben von zwei Siedlern sicherstellen kann oder eine größere Basis die auch Forschung unterstützt und vier Astronauten den Rückflug zur Erde erlaubt kann für 35,6 Mrd. USD realisiert werden. Vom Mond aus könnte eine leistungsfähige Siedlung die sofort zur Produktion von Treibstoff und Materialien für den Siedlungsbau in der Lage ist, für 52 Personen, für 149 Mrd. USD erreicht werden – etwa die Kosten des Apollo Programms.

Eine Besiedlung des Mars ist bereits heute mit überschaubarem finanziellem und technischem Risiko möglich. Trotzdem wird zur weiteren Reduzierung von Kosten und technischen Risiken zuerst die Etablierung einer Mondsiedlung empfohlen.

Bildnachweis

[1B], MIKE HOCHACHKA, CC BY-SA 4.0, https://commons.wikimedia.org/wiki/File:Mars_and_Milky_Way.jpg
[1], NASA, Public Domain, https://commons.wikimedia.org/wiki/File:Curiosity_Approaching_Mars,_Artist%27s_Concept.jpg
[2], Étienne Léopold Trouvelot, Public Domain, https://de.wikipedia.org/wiki/Datei:Trouvelot_-_The_planet_Mars_-_1877.jpg
[3], Meyers Konversations-Lexikon (German encyclopaedia), 1888, Public Domain, https://commons.wikimedia.org/wiki/File:Karte_Mars_Schiaparelli_MKL1888.png
[4], JPL/Piotr A. Masek, CC BY-SA 4.0, https://commons.wikimedia.org/wiki/File:M01Bx6Sx5C.jpg
[5], Mariner 4 - NASA, Public Domain, https://commons.wikimedia.org/wiki/File:Mariner_4_craters.gif
[6], NASA, Public Domain, https://commons.wikimedia.org/wiki/File:Mariner09.jpg
[7], NASA, Public Domain, https://commons.wikimedia.org/wiki/File:Mars_propm_rover.jpg
[9], Roel van der Hoorn (Van der Hoorn), NASA, Public Domain, https://commons.wikimedia.org/wiki/File:Mars_Viking_12a001.png
[10], NASA/JPL, Public Domain, https://commons.wikimedia.org/wiki/File:First_Color_Image_of_the_Viking_Lander_2_Site.jpg
[11], Jim Secosky selected nasa image, Public Domain, https://commons.wikimedia.org/wiki/File:Branched_Channels_from_Viking.jpg
[12], Viking 1, NASA, Public Domain, https://commons.wikimedia.org/wiki/File:Martian_face_viking.jpg
[13], NASA/JPL-Caltech/Corby Waste, Public Domain, https://commons.wikimedia.org/wiki/File:Mars_global_surveyor.jpg
[14], NASA, Public Domain, https://commons.wikimedia.org/wiki/File:Sojourner_on_Mars_PIA01122.jpg
[15], NASA/JPL-Caltech/Corby Waste, Public Domain, https://commons.wikimedia.org/wiki/File:2001_mars_odyssey_wizja.jpg
[16], NASA/JPL/Cornell University, Maas Digital LLC, Public Domain, https://commons.wikimedia.org/wiki/File:NASA_Mars_Rover.jpg
[17], NASA/JPL-Solar System Visualization Team, Public Domain, https://commons.wikimedia.org/wiki/File:Opportunity_PIA03240.jpg
[18], James919, CC BY-SA 4.0, https://commons.wikimedia.org/wiki/File:Opportunity_rover_lifetime_progress_map.jpg
[19], NASA / JPL / University of Arizona, Public Domain, https://commons.wikimedia.org/wiki/File:HiRISE_face.jpg
[20], NASA/JPL/Corby Waste, Public Domain, https://commons.wikimedia.org/wiki/File:Phoenix_landing.jpg
[21], NASA/JPL, Public Domain, https://commons.wikimedia.org/wiki/File:Evaporating_ice_on_Mars_Phoenix_lander_image.jpg
[22], NASA/JPL-Caltech/Malin Space Science Systems
Derivative work including grading, distortion correction, minor local adjustments and rendering from tiff-file: Julian Herzog, Public Domain, https://commons.wikimedia.org/wiki/File:PIA16239_High-Resolution_Self-Portrait_by_Curiosity_Rover_Arm_Camera.jpg"
[23], MOLA Science Team, MGS, NASA, Public Domain, Annotation of original: http://www.planetary.org/blogs/emily-lakdawalla/2010/2638.html
[24], NASA, Public Domain, https://commons.wikimedia.org/wiki/File:MAVEN_Mission_Logo.png
[25], Nesnad, CC BY-SA 4.0, https://en.wikipedia.org/wiki/File:Mars_Orbiter_Mission_-_India_-_ArtistsConcept.jpg
[26B], ESA/DLR/FU Berlin (G. Neukum)
[27B], Daein Ballard, CC BY-SA 3.0, https://commons.wikimedia.org/wiki/File:TerraformedMarsGlobeRealistic.jpg
[28B], SpaceX, CC0 1.0, https://commons.wikimedia.org/wiki/File:Starship_2019.png
[26], NASA, Public Domain, https://commons.wikimedia.org/wiki/File:ExoMars_Trace_Gas_Orbiter.jpg
[27], Rivi, CC BY-SA 3.0, https://commons.wikimedia.org/wiki/File:Mainbelt.png
[30B], Space Exploration Technologies Corp., CC0 1.0, https://commons.wikimedia.org/wiki/File:BFR_at_stage_separation-2018_design.jpg
[28], SpaceX, CC0 1.0, https://commons.wikimedia.org/wiki/File:Falcon_Heavy_Demo_Mission_(40202121122).jpg
[29], NASA/MSFC, Public Domain, https://commons.wikimedia.org/wiki/File:SLS_on_MLP_at_night.jpg
[30], ESA/A. Gerst, CC BY-SA 2.0, https://commons.wikimedia.org/wiki/File:SpaceX_Dragon_16_(46205223352).jpg
[31], NASA, Public Domain, http://spaceflight.nasa.gov/gallery/images/shuttle/sts-88/html/sts088-719-059.html
[32], NASA, Public Domain, http://www.archive.org/details/STS097-702-061
[33], NASA, Public Domain, http://spaceflight.nasa.gov/gallery/images/shuttle/sts-100/html/sts100-396-007.html
[34], NASA, Public Domain, https://commons.wikimedia.org/wiki/File:Columbus_module_-_cropped.jpg
[35], NASA / JPL / USGS, Public Domain, Annotated in Powerpoint
[36], Jim Secosky modified NASA image., Public Domain, https://commons.wikimedia.org/wiki/File:Wikimolaamazonisarcadia.jpg
[37], NASA, Public Domain, https://commons.wikimedia.org/wiki/File:Mars_atmosphere.jpg
[38], NASA/JPL-Caltech/Cornell/NMMNH , Public Domain, https://mars.nasa.gov/mer/spotlight/20070612.html
[39], NASA/JPL-Caltech/Cornell/NMMNH , Public Domain, https://mars.nasa.gov/mer/spotlight/20070612.html
[40], NASA/JPL, Public Domain, https://www.nasa.gov/sites/default/files/thumbnails/image/pia19087_webster-2.jpg
[41], MOLA Science Team, MGS, NASA, Public Domain, Annotation of original: http://www.planetary.org/blogs/emily-lakdawalla/2010/2638.html
[42], NASA/JPL-Caltech/ASU/USGS, Public Domain, http://mars.jpl.nasa.gov/odyssey/gallery/martianterrain/20070921_Cave_02.html
[43], NASA / JPL-Caltech, Public Domain, http://astronews.com/news/artikel/2010/04/1004-036.shtml
[44], Public Domain, http://grs.lpl.arizona.edu/latestresults.jsp?lrid=37
[45], NASA/JPL/Malin Space Science Systems, Public Domain, https://commons.wikimedia.org/wiki/File:Martian_north_polar_cap.jpg
[46], NASA/JPL/MSSS, Public Domain, https://commons.wikimedia.org/wiki/File:South_Polar_Cap_of_Mars_during_Martian_South_summer_2000.jpg
[47], NASA/JPL-Caltech/University of Guelph, Public Domain, https://commons.wikimedia.org/wiki/File:PIA16572-MarsCuriosityRover-RoverSoils-20121203.jpg
[48], Shown on image, Public Domain, https://grs.lpl.arizona.edu/latestresults.jsp?lrid=29
[51B], ESA/DLR/FU Berlin (G. Neukum)
[49], Shown on image, Public Domain, https://grs.lpl.arizona.edu/latestresults.jsp?lrid=28
[50], Shown on image, Public Domain, https://grs.lpl.arizona.edu/latestresults.jsp?lrid=27

[51], Shown on image, Public Domain, https://grs.lpl.arizona.edu/latestresults.jsp?lrid=26
[52], NASA, Public Domain, https://commons.wikimedia.org/wiki/File:Magnetosphere_rendition.jpg
[55B], ESA/DLR/FU Berlin (G. Neukum)
[55C], NASA/JPL/University of Arizona, Puplic Domain, https://static.uahirise.org/images/2009/deimos/Deimos.png
[53], NASA/JPL-Caltech/SwRI, Public Domain, https://www.nasa.gov/mission_pages/msl/multimedia/pia17061.html
[54], NASA/JPL-Caltech/SwRI , Public Domain, https://www.nasa.gov/jpl/msl/mars-rover-curiosity-pia17600.html#.XKulVKRpyhc
[55], NASA, Public Domain, https://www.astropage.eu/sonnensystem/planeten/mars/mars-magnetfeld/
[56], NASA/JPL/USGS, Public Domain, https://commons.wikimedia.org/wiki/File:-Phobos_deimos_diff.jpg
[58], , Public Domain, https://commons.wikimedia.org/wiki/File:Mars_oppositions_2018-2035.png
[60], NASA/JPL, Public Domain, https://commons.wikimedia.org/w/index.php?curid=12679010
[64B], ESA/DLR/FU Berlin (G. Neukum)
[63], Colin Marquardt, Public Domain, https://commons.wikimedia.org/wiki/File:Biosphere2_Inside_big.jpg
[66B], ESA/DLR/FU Berlin (G. Neukum)
[66C], NASA's Mars Exploration Rover, Puplic Domain, https://de.wikipedia.org/wiki/Datei:MarsSunset.jpg
[66D], ESA/DLR/FU Berlin (G. Neukum)
[64], NASA/JPL translated by Nova13, CC BY-SA 3.0, https://commons.wikimedia.org/wiki/File:MSL_Entry_edit_german.png
[65], SpaceX Photos, CC0 1.0, https://commons.wikimedia.org/wiki/File:Dragon_to_Mars_(21424800115).jpg
[66], NASA Kennedy, https://commons.wikimedia.org/wiki/File:KSC-20180517-PH_SPX01_0002_(28557696438).jpg
[70B], ESA - European Space Agency & Max-Planck Institute for Solar System Research for OSIRIS Team ESA/MPS/UPD/LAM/IAA/RSSD/INTA/UPM/DASP/IDA, CC BY-SA 3.0 IGO, https://en.wikipedia.org/wiki/File:OSIRIS_Mars_true_color.jpg
[70C], NASA / JPL-Caltech, Puplic Domain,
[70D], NASA/JPL/University of Arizona, Puplic Domain, https://photojournal.jpl.nasa.gov/catalog/PIA08813
[70E], ESA/DLR/FU Berlin (G. Neukum)
[70F], NASA/JPL-Caltech/University of Arizona, Puplic Domain, https://photojournal.jpl.nasa.gov/jpeg/PIA23527.jpg
[70], Ryan Bechtel, U.S. Department of Energy., Public Domain, http://en.wikipedia.org/wiki/File:MMRTG_schematic_-_english_labels.png
[80], Scott Anderson, CC BY 2.0, https://commons.wikimedia.org/wiki/File:P%26O_Cruises_-_MV_Azura_-_Twin_Cabin.jpg
[81], Chris 73 / Wikimedia Commons, CC BY-SA 3.0, https://commons.wikimedia.org/wiki/File:CapsuleHotel.jpg
[82], NASA, Public Domain, https://www.nasa.gov/sites/default/files/thumbnails/image/16938569907_90b5c8a831_o.jpg
[84], Conrad Nutschan, CC BY-SA 2.0, https://commons.wikimedia.org/wiki/File:In_der_Krypta_des_V%C3%B6lkerschlachtdenkmals_Leipzig_mit_Totenw%C3%A4chter_September_2005.JPG
[87], NASA/JPL/University of Arizona, Public Domain, https://www.uahirise.org/ESP_036311_2485
[88], NASA/JPL-Caltech/University of Arizona/Canadian Space Agency, Public Domain, https://www.jpl.nasa.gov/spaceimages/details.php?id=PIA11199
[89], , Public Domain, https://grs.lpl.arizona.edu/latestresults.jsp?lrid=37
[90], USGS (United States Geological Survey), Public Domain, https://commons.wikimedia.org/wiki/File:USGS-Mars-MC-12-ArabiaRegion-mola.png
[91], NASA, Public Domain, https://www.astropage.eu/sonnensystem/planeten/mars/mars-magnetfeld/
[92], NASA / JPL / GSFC / Arizona State University, Public Domain,
[93], NASA / JPL / Arizona State University, Public Domain,
[96B], Kevin Gill mit Daten von NASA/JPL/University of Arizona/USGS, CC BY 2.0, https://www.flickr.com/photos/kevinmgill/33574627340/in/photostream/
[94], NASA / JPL / GSFC / Arizona State University, Public Domain,
[95], NASA / JPL / GSFC / Arizona State University, Public Domain,
[96], NASA / JPL / GSFC / Arizona State University, Public Domain,
[97], NASA/JPL-Caltech/Cornell, Public Domain, https://commons.wikimedia.org/wiki/File:Victoria_Crater,_Cape_Verde-Mars.jpg
[98], Martin Pauer (Power), CC BY-SA 2.0, http://commons.wikimedia.org/wiki/File:-MOLA_apollinaris_patera.jpg
[99], NASA/JPL/MSSS, Public Domain, https://commons.wikimedia.org/wiki/File:Apollinaris_Patera_(PIA02006).jpg
[102B], NASA/Ames Research Center, Puplic Domain, https://www.nasa.gov/centers/ames/images/content/72676main_GSFC_7.jpg
[100], NASA / JPL / GSFC / Arizona State University, Public Domain,
[101], NASA, Public Domain, http://en.wikipedia.org/wiki/File:PIA10214.jpg
[102], NASA / JPL / Arizona State University, Public Domain,
[103], © Sémhur / Wikimedia Commons / CC-BY-SA-3.0, CC BY-SA 3.0, http://en.wikipedia.org/wiki/File:France_OlympusMons_Size.svg
[104], NASA / JPL / GSFC / Arizona State University, Public Domain,
[105], NASA / JPL / MSSS/ GSFC / Arizona State University, Public Domain,
[106], NASA/JPL/University of Arizona, Public Domain,
[107], NASA/JPL/University of Arizona, Public Domain,
[108], NASA/JPL/University of Arizona, Public Domain,
[109], NASA/JPL/University of Arizona, Public Domain,
[111], NASA/JPL/University of Arizona, Public Domain,
[113], G%C3%BCrkan Seng%C3%BCn, Public Domain, https://commons.wikimedia.org/wiki/File:Ice_cave_hole.jpg
[114], bjaglin from Lund, Sweden, CC BY 2.0, https://commons.wikimedia.org/wiki/File:Ice_Hotel_Church_Jukkasj%C3%A4rvi.jpg
[118B], ForgottenLord , CC BY-SA 4.0, https://commons.wikimedia.org/wiki/File:LeTourneau_LCC-1_Sno-Train_Whitehorse_YK.jpg
[116], NASA / JPL / MSSS / Arizona State University, Public Domain,
[117], ESA/DLR/FU Berlin (G. Neukum), CC BY-SA 3.0 IGO, https://commons.wikimedia.org/wiki/File:Perspective_view_of_the_eastern_scarp_of_Olympus_Mons,_looking_south-west_ESA238463.jpg
[117B], ESA - European Space Agency, CC BY-SA IGO 3.0, https://commons.wikimedia.org/wiki/File:Mars_Express.jpg
[118], NASA/JPL/GSFZ/Arizona State University, Public Domain
[118B], Wikipedia: ForgottenLords
[119], NASA/Ames/JPL-Caltech, Public Domain, https://commons.wikimedia.org/wiki/File:Kepler-22_diagram.jpg
[120], Public Domain, https://commons.wikimedia.org/wiki/File:Phasendiagramme.svg
[200], Space Exploration Technologies Corp, CC0 1.0, https://commons.wikimedia.org/wiki/File:BFR_in_flight-2018_version.jpg
[201], Space Exploration Technologies Corp, CC0 1.0, https://commons.wikimedia.org/wiki/File:BFR_at_stage_separation-2018_design.jpg
[202], ESA/DLR/FU Berlin, CC BY-SA 3.0, https://commons.wikimedia.org/wiki/File:-Perspective_view_of_Korolev_crater.jpg